兰州大学教材建设基金资助

草学文献检索与阅读

袁明龙　段廷玉　编

科学出版社

北　京

内容简介

本书是兰州大学教材建设基金资助的研究生教材，由编者在多年文献检索与科技论文写作教学实践中积累总结而来。全书描述了文献检索的基本知识，介绍了草学文献检索的平台、方法、案例及文献资源，提供了文献的管理、分析及阅读等方面的指导。本书紧密结合草学专业，提供了操作性强、可借鉴的文献检索及阅读案例，案例力争具有全面性、典型性和专业性。

本书结构清晰、文字精练、语言生动、图文并茂、案例丰富、可读性强，可供草学、农学、生态学等相关专业的研究生及本科生使用，也可作为农业科学领域科研工作者和教师进行文献检索及阅读时的参考书。

图书在版编目（CIP）数据

草学文献检索与阅读 / 袁明龙，段廷玉编. —北京：科学出版社，2023.11
ISBN 978-7-03-076508-6

Ⅰ.①草⋯ Ⅱ.①袁⋯ ②段⋯ Ⅲ.①草原学-信息检索技术-研究生-教材 Ⅳ.①S812 ②G254.91

中国国家版本馆 CIP 数据核字（2023）第 189476 号

责任编辑：丛　楠　林梦阳 / 责任校对：严　娜
责任印制：赵　博 / 封面设计：无极书装

科学出版社 出版
北京东黄城根北街 16 号
邮政编码：100717
http://www.sciencep.com
固安县铭成印刷有限公司印刷
科学出版社发行　各地新华书店经销

*

2023 年 11 月第　一　版　开本：787×1092　1/16
2024 年 11 月第二次印刷　印张：14
字数：302 000

定价：69.80 元
（如有印装质量问题，我社负责调换）

前言

党的二十大报告指出，教育、科技、人才是全面建设社会主义现代化国家的基础性、战略性支撑。高校作为人才的汇聚地与培养地，肩负落实科教兴国战略、人才强国战略、创新驱动发展战略的重要职责。研究生是科技创新的生力军，编写高质量教材有助于全面提高研究生的培养质量、着力造就青年拔尖创新人才。笔者在多年讲授研究生"文献检索及科技论文写作"课程的过程中，一直受教材之困扰。不是文献检索教材太少，而是虽然很多，但都针对性不强。这些文献检索教材要么是综合性教材，要么偏重其他研究专业方向。绝大部分文献检索书籍的主题都不是农业科学，更不是草学，主题离得最近的是医学类，但医学与草学差别仍然很大，内容针对性不强，在教材中很难找到具有草学专业亲和力的案例。储济明对1984~2019年出版的文献检索教材的分析发现，在1021种教材中，通用型教材占比达57.4%，而农学相关的仅出版16本（1.5%）。笔者检索发现，草学还未见文献检索教材出版。在这种情况下，笔者不得不针对草学专业特点及实际需求自己编写教案，在教学过程中积累的素材、资料及案例成为了编写本教材的基本来源。

已有文献检索教材的另外一个特点是，基本是清一色的本科教材，严重缺乏研究生教材。研究生的文献检索需求，与本科生的不完全相同。最明显的两个特点，一是研究生已有一定的文献检索基础；二是研究生文献检索的深度增加了，不仅仅满足于"找"文献，更大的现实需求是文献管理、分析，还有很多研究生并没有意识到的阅读问题。基于这样的特点，研究生教材应该弱化一些概念的介绍，尽可能通俗易懂、易操作，将一些概念、原理抽象的内容放到不影响整体阅读的地方供查阅（或提供已出版书籍的进一步阅读）。研究生教材的编写不需要面面俱到地逐个介绍文献检索工具，而应该提供思路、途径，培养研究生真正的检索技能，即在掌握这几个关键文献检索工具后，具备使用其他并未接触过的文献检索工具的技能。因此，在编写本书时，笔者的一个理念就是要突出需要重点掌握的关键内容，力争达到举一反三、触类旁通的效果，培养学生的自主学习能力。

纵观已有文献检索教材，要么仅限于文献检索，要么将文献检索与文献利用结合在一起，但这种情况下通常都是概要性介绍科技论文写作。目前，已出版的国内外有关科技论文写作的书籍已有很多，但很少涉及文献检索的问题。这就造成了一种困境或尴尬局面，文献检索与科技论文写作严重脱离。文献检索的根本目标是开展科学研究，进而撰写科技论文，但为何文献检索与论文写作脱离的问题多年没有得到解决？笔者认为，这是因为现有教材，无论是文献检索教材，还是科技论文写作教材，集体性缺失文献阅读部分。很多人（包括研究生导师）可能认为，文献阅读不是问题，问题是读得太少；但根据笔者多年指导研究生及参与论文评审的体会，研究生文献阅读问题不单是读得少的问题，还至少存在缺少阅读章法和技巧的困境。事实上，对于普通大众而言，阅读都需要指导和学习。古今中外有很多知名人士及学术大家都谈过自己的阅读体会，市面上有不少关于如何阅读的图书出版。习近平总书记也多次谈到如何读书，值得我们借鉴、学习。因此，研究生不能局限于文献检索，而更应该进行文献阅读；只有进行高质量的文献阅读，反过来才能有高效的文献检索。笔者前面已谈到的看法：检索仅是途径、手段，阅读才是目标。因此，要很好地利用文献（集中体现在科技论文写作上），阅读才是关键，进而将文献内化到自己的研究中才是根本目标。

最后一个特点就是，市面上已有的一些文献检索教材，文字往往偏多（甚至堆砌），语言较为生涩，篇幅较长，层次性不够清晰简洁，影响阅读的兴趣和热情。文献检索案例大多数较为简单，综合性不强，与专业结合不深，达不到启发研究生开展高质量文献检索的现实需求。综上所述，本教材的编写具有以下特色：

（1）结构清晰。很少用到或在其他书中详细阐述的内容，提供框图进行拓展阅读，或仅提供附录及参考文献，供必要时查阅使用。

（2）文字精练，较短的时间就可以阅读全书。章节具有一定的独立性，可选择性学习。

（3）图文并茂。每章前提供章节内容导图，提升易读性。

（4）突出案例。案例与草学专业紧密结合，提供文献检索与阅读的综合案例。

（5）强化文献阅读，搭建文献检索与文献利用（写作）之间的桥梁。

本教材得到了兰州大学教材建设基金资助，教材的编写和最终出版离不开兰州大学草地农业科技学院的大力支持。本教材第三章的第二节和第三节、第五章的第四节及附录由段廷玉编写，其余章节由我编写并进行全书统稿。在编写过程中，已毕业硕士研究生李敏（现在浙江大学攻读博士学位）参与了第四章第二节的编写，在读硕士研究生陈雯婷参与了第四章第三节的编写，在读硕士研究生赵家瑞、陈雯婷和刘敏阅读了全书初稿，并对部分内容提出了建议及修改，在此一并感谢。

由于编者水平有限，不足之处在所难免，恳请读者批评指正。

袁明龙

2023年9月

目 录

前言

第一章 绪论 1

第一节 为何学习文献检索 2
一、文献检索能力是个人持续发展的必备条件 2
二、文献检索能力是研究生做好科学研究的基石 2
三、文献检索能力是研究生开展创新性科学研究的前提 2

第二节 文献阅读的重要性 3
一、阅读是一种态度和生活方式 3
二、检索是途径，阅读才是目标 3

第三节 学习本教材的建议 4
一、反复操练，熟练掌握 4
二、举一反三，触类旁通 4
三、专业知识提升 4
四、工具无法替代自己 4

第二章 文献检索基础知识 5

第一节 文献的概念、类型及特点 6
一、文献的概念 6
二、文献的类型 8
三、文献的特点 14

第二节 文献检索的概念及原理 15
一、文献检索的概念 15
二、文献检索的类型 15
三、文献检索语言 16

第三节　文献检索的途径与方法　19
　　一、文献检索工具　19
　　二、文献检索方法　21
　　三、文献检索途径　21
　　四、计算机检索技术　24
第四节　文献检索策略与结果优化　27
　　一、文献检索策略的构建步骤　27
　　二、文献检索效果的评价　28
　　三、文献检索策略的调整与优化　29

第三章　草学文献检索平台　31

第一节　常用草学文献检索平台　32
　　一、中国知网　32
　　二、维普中文期刊服务平台　34
　　三、万方数据知识服务平台　36
　　四、中国生物医学文献服务系统　39
　　五、中国科学文献服务系统　44
　　六、Web of Science　48
　　七、PubMed　50
　　八、SpringerLink　53
　　九、Wiley Interscience　56
　　十、Elsevier ScienceDirect　58
　　十一、bioRxiv　59
　　十二、Google Scholar　60
　　十三、百度学术　62
第二节　草学文献检索案例　64
　　一、使用中国知网进行草学文献检索　64
　　二、使用Web of Science进行草学文献检索　67
第三节　草学文献资源　71
　　一、草学相关的英文学术期刊　71
　　二、草学相关的中文学术期刊　73
　　三、草学相关的重要网络资源　75

第四章　文献管理与分析　77

第一节　文献管理的方法　78
　　一、文献管理的必要性　78
　　二、文献管理软件　78

第二节　EndNote的使用　　82

一、EndNote简介　　82

二、EndNote文献条目的导入　　82

三、EndNote文献管理　　88

四、使用EndNote撰写文章　　92

五、EndNote使用中的一些问题　　95

第三节　文献分析　　98

一、文献分析的必要性　　98

二、基于数据库平台的文献分析　　98

三、基于专业软件的文献分析　　103

第四节　文献追踪与获取　　124

一、文献追踪的必要性　　124

二、文献追踪的方法　　125

三、文献全文的获取途径　　130

第五章　草学文献阅读　　132

第一节　文献阅读相关问题　　133

一、文献阅读的重要性　　133

二、文献阅读的量与质　　133

三、文献阅读的始与末　　133

四、文献阅读存在的问题　　134

五、文献阅读的六个建议　　134

第二节　如何有效地阅读文献　　136

一、标题必读懂　　136

二、摘要应读懂　　137

三、前言通读，理解逻辑性　　138

四、材料与方法选择性深入阅读　　138

五、结果看图表，细读　　138

六、讨论看结构，重在理解　　138

七、结论是关键信息　　139

八、参考文献需重视　　139

第三节　文献阅读方法　　139

一、身临其境阅读法　　139

二、拓展延伸阅读法　　139

三、追根溯源阅读法　　140

四、批判性阅读法　　140

第四节　草学文献阅读案例　　　　　　　　　140
　　【案例1】草原退化与恢复　　　　　　　　140
　　【案例2】丛枝菌根真菌与植物病害　　　　157
　　【案例3】家畜放牧与草地多样性及多功能性　186

附录　　　　　　　　　　　　　　　　　　　205

　　附录1　草学英文期刊名录　　　　　　　　205
　　附录2　草学相关的其他英文期刊名录　　　206
　　附录3　草学相关的高质量中文期刊目录　　210
　　附录4　国外草学相关高校单位名录　　　　212

主要参考文献　　　　　　　　　　　　　　214

第一章 绪 论

学习目标

- 了解学习文献检索的必要性。
- 了解文献阅读的重要性。
- 了解学习本教材的四个建议。

本章导图

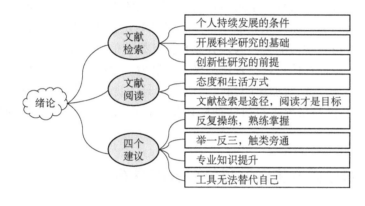

第一节 为何学习文献检索

一、文献检索能力是个人持续发展的必备条件

21世纪是信息时代，信息是宝贵的资源，每个人能力的提升和发展都离不开对信息资源的利用，而文献是最重要的信息。美国学者彼得·圣吉在其《第五项修炼》一书中就曾断言："在未来，信息素养是你所拥有的唯一持久的竞争优势，或许是具备比你的竞争对手学习得更快的能力"。可见，利用各种信息资源的能力，是每个人必备的重要能力素质，可为个人的终身学习、更好地生存和发展奠定基础。

据统计，一个人在学校接受的教育、学到的知识，在将来的工作和生活中能用到的大约只占10%，其余都要通过自主学习来获取。自主学习离不开信息的获取、管理、评价和利用等。一个具有良好自主学习能力的人，必然具有良好的信息素养；也只有接受过良好信息素养教育的人，才能在信息社会表现出极大的潜力，才能适应信息社会的需要。因此，在信息大爆炸及知识更新加速的当代，研究生具备良好的文献信息检索、管理、阅读和利用能力，不仅与研究生科研活动密切相关，而且还关乎个人今后的持续发展。

二、文献检索能力是研究生做好科学研究的基石

科学研究的一般思路是发现问题、设计试验、分析数据和科学发现等4部分，包括了科研选题、科学假说的形成、制定并实施科研试验、数据的收集与整理、数据分析及解释、论文撰写等众多环节，而每一环节都离不开文献信息的获取、分析和利用。美国科学基金会的统计表明，科研人员在做科研工作时，花费在查找、整理和消化文献资料的时间占整个科研工作时间的51%，计划与思考占8%，实验研究占32%，科研总结占9%。可见，科研工作中大部分时间用于文献信息的获取及加工利用。正所谓"磨刀不误砍柴工""工欲善其事，必先利其器"。研究生应该有意识地构建自己良好的文献检索能力，从而显著提高文献信息获取的效率和质量，这是做好科学研究的基础性保障。

三、文献检索能力是研究生开展创新性科学研究的前提

党的二十大报告指出，必须坚持科技是第一生产力、人才是第一资源、创新是第一动力，深入实施科教兴国战略、人才强国战略、创新驱动发展战略。创新是民族进步的灵魂，是一个国家兴旺发达的不竭动力。习近平总书记指出，"科技创新，就像撬动地球的杠杆，总能创造令人意想不到的奇迹"；"实现中华民族伟大复兴的中国梦，必须坚持走中国特色自主创新道路，面向世界科技前沿、面向经济主战场、面向国家重大需求，

加快各领域科技创新，掌握全球科技竞争先机。"实施科技创新，就需要在前人研究的基础上，通过学习、分析、判断、消化、质疑等创造性思维活动，经过反复试验而取得新成果。科学技术发展史一再告诉我们，没有一项研究不是站在巨人的肩膀上的。牛顿曾说，如果我看得更远一点的话，是因为我站在巨人的肩膀上。可以说，文献就是最重要的巨人肩膀。我国古代思想家荀子在《劝学》中也表达了类似的意思，"君子生非异也，善假于物也。"著名文献搜索引擎 Google Scholar（谷歌学术搜索）的宣言就是：站在巨人的肩膀上。党的二十大报告指出，培养造就大批德才兼备的高素质人才，是国家和民族长远发展大计。研究生既要培养开展创新性研究的高度自觉性，还要具备快速、全面、准确地掌握科学研究前沿动态的能力。在文献信息资源急剧增长的新时代，文献信息量大、质量参差不齐，对于研究生获取文献信息的能力提出了很高的要求。研究生具备良好的文献检索能力，是开展创新性科学研究的前提。

第二节 文献阅读的重要性

一、阅读是一种态度和生活方式

读书的重要性不言而喻，阅读的重要性也不言而喻。

韩愈：业精于勤，荒于嬉；行成于思，毁于随。读书患不多，思义患不明；患足已不学，既学患不行。

颜真卿：三更灯火五更鸡，正是男儿读书时。黑发不知勤学早，白首方悔读书迟。

普希金：阅读是最好的学习。追随伟大人物的思想，是最富有趣味的一门科学。

林语堂：智者阅读群书，亦阅历人生。

余秋雨：阅读最大的理由是想摆脱平庸，早一天就多一份人生的精彩；迟一天就多一天平庸的困扰。

一代伟人毛泽东自小就热爱读书，一生饱览群书，诗词文章俱佳。

习近平总书记在7年知青岁月里读《资本论》，仅做的笔记就达18本之多。担任国家领导人以来，习近平总书记多次谈到了阅读的重要性，并语重心长地指出，"读书不仅要有明确的目标、有不移的恒心，还要提高读书效率和质量，讲求读书方法和技巧，在爱读书、勤读书、读好书、善读书中提高思想水平、解决实际问题、实现自我超越。"习近平总书记热爱阅读，并将其作为一种生活方式，是我们学习、借鉴的好榜样。

二、检索是途径，阅读才是目标

文献信息检索不单单是将所需文献从海量的信息资源中找出来，更关键的是找到高质量的文献；找到高质量的文献资料仅仅是二万五千里长征的第一步，分析、阅读、利用文献才是文献检索的终极目标，即检索是途径，而阅读才是目标。在文献信息大爆炸的新时代，我们一定不能做个文献收集的爱好者，而要做文献的创造者，即科技论文写作。从文献收集到文献创造的桥梁，就是文献阅读。

当前，我国已迈入实现第二个百年奋斗目标的历史时期。坚定不移实施创新驱动发展战略，关键在人才。2020年，国家发布了《教育部基础教育课程教材发展中心 中小学生阅读指导目录（2020年版）》，更加精准地提供了阅读内容，更加明确了阅读方向，更为重要的是将阅读上升到了国家战略高度，凸显了我国教育事业立德树人的根本任务，对于全民阅读型社会的构建具有重要意义。党的二十大报告提出，教育、科技、人才是全面建设社会主义现代化国家的基础性、战略性支撑。作为科技创新主力军的研究生，应自觉树立阅读意识，培养阅读习惯，读经典、读原著、读专业文献、读一流文章，广泛涉猎各种书籍文献，成为新时代德才兼备的创新型人才。

第三节 学习本教材的建议

一、反复操练，熟练掌握

文献检索与文献阅读，都具有极强的实践性特点。学生在理解相关概念、原理和方法的基础上，绝不能眼高手低，而要根据示范案例动手反复操练，才能熟练掌握。

二、举一反三，触类旁通

本教材不是众多知识的汇编，也不是文献领域的专业论著，故仅在文献检索部分选择性介绍草学常用、必备的检索工具和方法。因此，在使用本教材时，仅仅停留在练习上还不够，更要勤于探索、思考、总结，从而达到举一反三、触类旁通的学习效果。

三、专业知识提升

文献检索不是一蹴而就的，文献阅读更是永远在路上。要能够有效地进行文献检索、获取高质量的文献检索结果，仅掌握文献检索本身还不够，更需要深厚的专业知识作为支持，而深厚的专业知识依赖于对高质量文献的阅读。

四、工具无法替代自己

本教材介绍了常用软件、方法，但任何分析软件都不可能替代我们大量阅读文献，软件充其量只能辅助并提高我们的效率，或者从另外的角度将信息展示给我们。不应该为了检索而检索、分析而分析，而应该有目的、有针对性地去检索、分析并阅读，获得有效的文献信息，并将其内化到自己的研究课题中。

第二章 文献检索基础知识

学习目标

- 了解文献及文献检索的概念。
- 了解文献检索工具。
- 理解文献检索语言及其作用。
- 掌握文献的分类及特点。
- 掌握文献检索的方法、途径和步骤。
- 掌握文献检索结果的评价方法。

本章导图

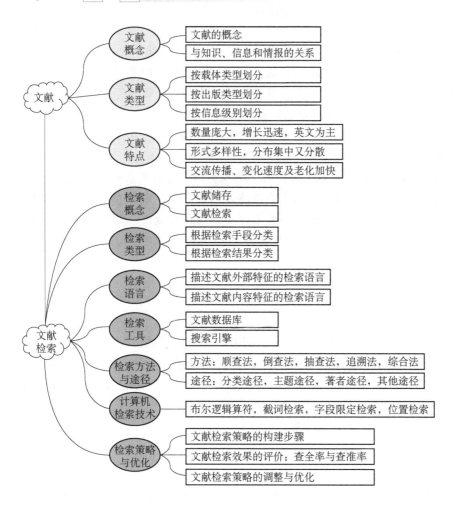

第一节　文献的概念、类型及特点

一、文献的概念

1. 文献

文献（literature，document）一词最早见于《论语·八佾》："子曰：夏礼，吾能言之，杞不足徵也；殷礼，吾能言之，宋不足徵也。文献不足故也；足，则吾能徵之矣。"关于文献的定义，不同的历史时期、不同的研究领域，对文献作出了不同的定义（框图2.1）。纵观国内外有关文献的概念，均包含了文献的三个关键特征：知识、记录和载体。

框图 2.1　文献的不同定义

- 南宋朱熹在《四书章句集注》将文献注释为"文，典籍也；献，贤也"。可见，文献是指典籍文章及古代先贤的见闻、言论，以及他们所熟悉的各种礼仪和自己的经历。文献泛指古籍，如历史文献、文献古籍等说法。到了近代，具有历史价值的古迹、古物、模型、碑石、绘画等也被列入文献的范畴。
- 1983年，国家标准局将文献定义为：记录有知识的一切载体［国家标准《文献著录总则》（GB/T 3792.1—1983）］。
- 国际标准化组织（ISO）将文献定义为：为了把人类知识传播开来和继承下去，人们用文字、图形、符号、音频、视频等手段将其记录下来，或写在纸上，或晒在蓝图上，或摄制在感光片上，或录到唱片上，或存储在磁盘上。这种附着在各种载体上的记录统称为文献［国际标准《信息与文献 术语》（ISO 5127—2017）］。

"知识"是文献的本质特征，是文献的具体内容。
"记录"是手段，包括文字、图像、符号、声频、视频等。
"载体"是知识赖以记录的物质存在。
由此可见，人类积累创造的知识，用文字、图形、符号、声频、视频等手段记录保存下来，并用以交流传播的一切物质形态的载体，都称为文献。因此，除书籍、期刊等文献外，凡载有文字的甲骨、金石、简帛、拓本、图谱乃至缩微胶片、视盘、声像资料等，也属文献的范畴。
记录科学技术知识的文献，即科技文献。

2. 信息

信息（information）的"信"和"息"分别指信号和消息，故信息可简单地理解为通过信号带来的消息。信息无处不在，无时不有，但有关信息的概念还未达成共识（框图 2.2）。信息的产生、传递、接收，是自然界和人类社会一种极为普遍的现象。通过捕捉、感受、提炼、加工丰富多彩的信息，人类逐渐认识了自然和自身。信息具有客观性、可知性和传递性等基本属性。

框图 2.2　信息的概念

- 信息是物质存在的一种方式、形态或运动状态，也是事物的一种普遍属性，一般指数据、消息中包含的意义，可以使消息中所描述事件的不定性减少［国家标准《情报与文献工作词汇　基本术语》(GB/T 4894—1985)］。
- 在信息论中，信息是指用符号传送的报道，报道的内容是接收者预先不知道的。
- 信息有自然信息和社会信息之分。自然信息可表现自然界中事物的形态及特征等，如风、雨、雷、电，春、夏、秋、冬；社会信息反映人类社会各种事物和现象的状态及性质，如语言、战争、贫困，人的喜、怒、哀、乐等。
- 在科学技术领域，人们将通过科学研究获得的或与科学研究活动相关的信息称作科技信息，如科学家破译紫花苜蓿基因组信息。

---

3. 知识

知识（knowledge）是人类在认识和改造客观世界的实践中所获得的认识和经验的总和。知识源于信息，是抽象化的信息，即知识是人类大脑中重新组合形成的有序化信息，涉及对信息的感知、获取、选择、处理、加工等一系列思维活动和过程。因此，知识是思维的结果，属意识范畴，体现了对客观事物本质和规律的认识。掌握和运用知识，实际上就是遵循事物的客观规律，是进一步认识和改造客观世界的前提和基础。知识就是力量，集中体现出知识蕴涵着推动社会发展和人类进步的无穷力量。

4. 情报

情报（intelligence）是指关于某种情况的消息和报告（框图 2.3）。情报本质上也是知识，但同时还强调传递功能。

框图 2.3　情报的不同定义

- 钱学森认为：情报就是为了解决一个特定的问题所需要的知识。
- 英国情报学家 B.C. 布鲁克斯（B. C. Brookes）认为：情报是使原有的知识结构发生变化的那一小部分知识。

5. 文献与信息、知识、情报的关系

综上所述，通过对表征客观世界之客观信息的获取、提炼、加工等一系列思维过程，形成了反映客观事物本质和规律的具有主观性色彩的知识，将知识以某种方式系统化地记录于某种载体之上，便形成了具有一定表现形态的文献。

目前我国图书情报学界对信息、知识、文献和情报的基本看法是（图 2.1）：信息是产生知识的原料；知识是对信息提取、加工、评价的结果，即系统化的信息成为知识；知识记录下来成为文献；文献经传递并加以利用成为情报，对情报的利用体现了人类应用知识、改造世界的能力。

图 2.1　信息、知识、情报与文献之间的关系

二、文献的类型

按照载体类型、出版类型和文献的信息级别，文献可划分为不同的类型（表 2.1）。

表 2.1　文献类型一览表

划分标准	文献类型
载体类型	印刷型文献，电子型文献，声像型文献
出版类型	图书，期刊，学位论文，会议文献，专利，标准等
信息级别	零次文献，一次文献，二次文献，三次文献

1. 按载体类型划分

（1）印刷型文献

印刷型文献是以纸张为载体，以印刷技术为记录手段而产生的文献，如传统的图书、期刊等。便于直接阅读，符合传统阅读习惯，因此成为人们信息交流和知识传递的最重要、最常用媒介。但缺点是存储密度小、占用空间大，易受虫蛀、水蚀，不宜长期保存。

（2）电子型文献

电子型文献是采用电子手段，将文献信息数字化储存于磁盘、光盘等载体上，并借助于计算机及现代化通信手段传播利用的文献类型。根据不同的分类依据，电子文献可分为不同类型（表 2.2）。电子文献的问世改变了文献的物理形态，开辟了文献信息传播新渠道，极大提高了文献信息的传递效率。电子文献具有信息容量大、形式多样、出版快、成本低、传递便捷、检索高效等优点，是信息时代、知识经济时代的重要标志。

表 2.2　电子文献的分类

分类依据	类型
载体形态	软磁盘（FD），只读光盘（CD-ROM），可擦写光盘（CD-RW）
电子格式	文本格式的 TXT 文件、DOC 文件和 PDF 文件，图像格式的 GIF 文件和 JPG 文件等，标记文件格式的 HTML 文件和 XML 格式
出版周期和内容特点	电子期刊，电子图书，电子报纸
内容性质和时效性	论文文献，动态消息
版权状况	有版权电子文献，无版权电子文献

（3）声像型文献

声像型文献是指以磁性或感光材料为载体，以特殊方式直接记录声音和图像而产生的文献类型，如唱片、录音带、录像带、光盘等，具有长期保存，反复播放和复制，形象逼真等特点。目前，数字多媒体与文献信息资源（文字、图片、声音、视频等）的深度融合已成为当前文献信息的显著特征。

2. 按出版类型划分

按照出版类型，文献可分为图书（monograph）、期刊（journal）、专利（patent）、学位论文（dissertation）、会议文献（conference literature）、标准文献（standard literature）、科技报告（scientific report）、政府出版物（government publication）、科技档案（technical record）等（表 2.3）。

表 2.3　部分常见文献类型及特点

类型	标识符	简介
图书 monograph	[M]	● 包括专著（monograph）、教科书（textbook）、文集（anthology）、词典（dictionary）、百科全书（encyclopedia）、手册（handbook）等 ● 系统性强，广泛接受，周期长，较陈旧 ● 国际标准书号（international standard book number，ISBN）
期刊 journal	[J]	● 学术期刊的刊名中常包含杂志（journal）、学报（acta）、通报（bulletin）、年鉴（annals）、档案（archive）、会刊（proceedings）、评论（review）、进展（frontier，advance）等字样 ● 周期短，速度快，内容新，影响面广 ● 国际标准连续出版物号（international standard serial number，ISSN）和国内统一连续出版物号（CN）
专利 patent	[P]	● 可分为发明专利、实用新型专利 ● 国际专利分类号码（international patent classification，IPC）
学位论文 dissertation	[D]	● 分为学士学位论文、硕士学位论文、博士学位论文 ● 博士论文具有选题新颖、论述系统、学术水平较高等特点，具有很高的参考价值
会议文献 conference literature	[C]	● 内容新颖，专业性强，交流量大 ● 出版发行快，时效性强
标准 standard literature	[S]	● 规范性技术文件 ● 使用范围：国际标准、国家标准、地方标准、行业标准、企业标准 ● 成熟程度：法定标准、推荐标准、试行标准 ● 内容：基础标准、产品标准、方法标准、安全卫生标准等 ● 有法律约束力，适用范围明确，时效性强

图书是最为古老、至今仍被广泛使用的一种文献类型。图书是传统图书馆最主要的馆藏内容，图书馆亦因收藏图书而得其名。图书是对某一领域的知识或已有的研究成果

及生产经验等做出的系统性论述。它带有总结性，内容成熟可靠，系统全面。但图书出版周期长，报道速度慢。事实上，图书出版的目的主要是传授知识，而不是传递最新信息。根据联合国教科文组织的规定，凡由出版社出版的，除封面外，篇幅不少于49页的非定期出版物称为图书，而49页以下的印刷品称为小册子。在每一种正式出版的图书的版权页或其他明显部位都标有一个由13位数字组成的国际标准书号（international standard book number，ISBN）（框图2.4）。

框图2.4 国际标准书号（ISBN）

- ISBN是一种国际通用的出版物代码，代表某种特定图书的某一版本，具有唯一性和专指性，读者可借此通过某些文献信息系统查询某种特定图书。
- ISBN由原来的10位数字升至13位，分成5段：前缀、组区号（代表地区或语种）、出版者号、书名号及校验码。
- 2023年由科学出版社出版的《植物与昆虫的相互作用》，其ISBN为：978-7-03-074011-3。978为前缀，由国际物品编码（EAN）组织提供；7代表国家、地区或语种（如0和1代表英文，2代表法文，3代表德文，4代表日文，5代表俄文，7代表中文等）；03为出版者号（由国家或地区ISBN中心分配）；074011为书名号（出版者按出版顺序给所出版的每种图书的编号）；末尾的3为校验码。
- 校验码用来验证标准书号编号的正确性，即验证ISBN前12位数字的"加权乘积之和加校验码，能被10整除，即正确"。从右到左共13位，校验码排第1位。除校验码外的12位数字，从右到左的奇数位和偶数位分别赋值1和3，将ISBN各位数字与同序位的加权值相乘得到乘积。
- 计算978-7-03-074011-3的校验码（表2.4）。

表2.4 国际标准书号校验码计算

序位	13	12	11	10	9	8	7	6	5	4	3	2	1
ISBN	9	7	8	7	0	3	0	7	4	0	1	1	3
加权值	1	3	1	3	1	3	1	3	1	3	1	3	—
乘积	9	21	8	21	0	9	0	21	4	0	1	3	—

乘积之和=9+21+8+21+0+9+0+21+4+0+1+3=97。

乘积之和+校验码=97+3=100，100可被10整除，即该ISBN的编号是正确的。

期刊是指具有相对固定的刊名、相对固定的编辑出版单位、相对固定的出版周期、相对固定的报道范围，旨在以分期形式报道最新知识信息且逐次刊行的连续出版物（periodical）。以报道最新科技知识、揭示最新科研成果为主的即为科技期刊。科技期刊主要刊载属一次文献范畴的科技论文，因而成为科研人员展示成果的主场地和实现知识更新的信息源泉。与图书的ISBN一样，每种期刊均有一个由8位数字组成的国际标准连续出版物号（international standard serial number，ISSN），例如：*Grassland Research* 的ISSN：2770-1743。ISBN具有唯一性和专指性，因而成为读者查询某种期刊的一个检索途径。在我国正式发行的期刊还具备国内统一连续出版物号，以中国国别代码"CN"为识别标志，由报刊登记号和分类号两部分组成，中间用斜线"/"隔开。例如，CN 50-1079/G4，斜线"/"之前为登记号，由6位数字组成，前2位为地区号，后4位为报刊序号，其间用"-"连接；"G4"为报刊的分类号，代表"教育类"，可从《中国图书馆分类法》中查到。ISBN、ISSN和国内统一连续出版物号常被用作区分正式或非正式出版物的判断标准。

期刊数量巨大，鉴别期刊质量的好坏是一个重要问题（框图2.5）。判断期刊学术质量的常用方法是看其是不是核心期刊、是否实行规范的同行评议制度。

框图 2.5　期刊质量评价方法

- 核心期刊（core journal）是指刊载某一学科的论文数量较多，学术水平较高，能够反映该学科最新成果和研究动态，因而备受该学科专业读者重视的期刊。虽然全世界每年出版的期刊数量庞大，但每个学科的核心期刊数量有限。某专业的核心期刊可通过文献计量学的方法来确定。
- 目前外文核心期刊基本以科睿唯安（Clarivate）出版的《引文索引》（Web of Science）与美国工程信息公司出版的《工程索引》（EI）中收录的期刊为准。
- 中文核心期刊以中国科学技术信息研究所编著的《中国科技期刊引证报告》和北京大学图书馆编著的《中文核心期刊要目总览》中收录的期刊为准。
- 同行评议（peer review）是指文章在发表之前，由编辑部聘请同行专家对论文进行评审，决定是否发表。这样做的目的是保证期刊所刊载的论文的质量。目前无论是纸本期刊还是电子期刊，都拥有大量的同行评审刊。

学位论文是作者为获得某种学位而撰写的研究论文，是学位授予的依据。学位论文是作者从事科学研究取得了创造性的结果或有了新的见解，并以此为内容撰写成文，作为提出申请授予相应的学位时评审用的学术论文。可见，学位论文是学生学习成果、学习水平、学习能力的一种标志和体现，但这种学习强调的是研究性质的学习，是以自己独立获取知识、掌握知识、运用知识，乃至创造知识为特点。学位论文包括学士学位论文、硕士学位论文和博士学位论文等3种，其中博士学位论文具有选题新颖、论述系统、学术水平较高等特点，具有很高的参考价值。

专利是指受到法律保护的技术发明，是知识产权的一种具体体现形式。专利文献，是各国及国际性专利组织在审批专利过程中形成并定期出版的各类文件的总称，是受专利法保护的有关技术发明的法律文件。专利文献记载着发明创造的详细内容及被保护的技术范围的各种说明书（即专利说明书），是集技术、法律及经济信息于一体的特殊类型的科技文献。

标准文献，简称为标准，是经过公认的权威机构批准的标准化工作成果。它反映了当时的技术工艺水平及技术政策。标准文献具有以下三个主要特点：①有法律约束力。标准文献是经权威部门批准的规范性文献，它对标准化对象描述详细、完整，内容可靠、实用，具有法律性质，是生产的法规。②适用范围明确。不同种类和级别的标准只能在不同的范围内执行。如果是相关标准，必须在技术上协调一致，相互配合，不能相互矛盾。③时效性强。它以某一时段的技术发展水平为上限，所反映的是当时普遍能达到的技术水平。标准文献都有标准号，它通常由国家（地区）或组织代码（表 2.5）、顺序号和年代组成，如国际标准 ISO 3297—2022 所示。随着经济发展和科学技术进步，标准需要不断地进行修订、补充、替代或废止。根据我国《国家标准管理办法》，国家标准的年限一般为 5 年。ISO 标准每 5 年复审一次。

表 2.5 标准文献中常见的国家（地区）或组织代码

代码	国家（地区）或组织	代码	国家（地区）或组织
ANSI	美国国家标准	GB	中国国家标准
BS	英国国家标准	IEC	国际电工委员会
CEN	欧洲标准化委员会	ISO	国际标准化组织
CENELEC	欧洲电子技术标准委员会	JIS	日本工业标准
CNS	中国台湾地区标准	NF	法国国家标准
DIN	德国国家标准	rOCT	俄罗斯国家标准

3. 按信息级别划分

根据文献中信息含量、内容加工深度和功能作用的不同，文献可分为以下四个级别（图 2.2）。

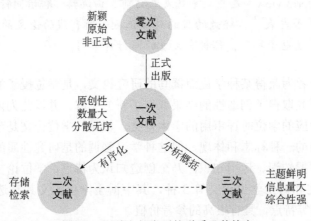

图 2.2 四种文献类型的联系及其特点

（1）零次文献

零次文献（zeroth literature）指未经正式发表或非正式渠道交流的最原始的文献，如实验记录、原始数据、会议记录、调查材料、私人笔记、书信、文章草稿等。这些未正式进入学术交流的文献信息，往往反映的是研究工作的最新发现，或是遇到的最新问题，或是针对某些问题的最新想法等，而这一切无疑是启发科研人员的思路、形成创造性思维的最佳思维素材。零次文献具有新颖度高、内容原始但不成熟、不公开交流、难以获取等特点。

（2）一次文献

一次文献（primary literature）是指作者以其本人的研究成果（如实验、观察、调查研究等的结果）为依据而撰写的论文、报告等经公开发表或出版的文献，也称为原始文献。一次文献具有鲜明的原创性特征，包含了作者的新发现、新发明，以及新见解、新理论、新技术、新方法等，通常包括期刊论文、专著、专利、学位论文、会议文献、技术标准、科技报告等。一次文献是最主要的文献类型，是文献检索、文献阅读的主要对象，也是产生二次文献、三次文献的基础。此外，一次文献还具有数量庞大、分散而无序等特点，给读者的查找与利用带来极大的不便。

（3）二次文献

二次文献（secondary literature）是将一定范围、时间或类型的大量一次文献，按照特定目的、采用一定的方法对文献的外部特征和内容特征进行收集、整理、筛选、分析、归纳及加工等，并按一定顺序编排而形成的文献，如索引、文摘、目录及其相应的文献数据库。二次文献是对一次文献的浓缩和有序化，主要功能是存储和报道一次文献，并为读者获取一次文献提供检索途径或线索。二次文献具有检索一次文献的功能，因而也被称为检索工具或检索系统（参见本章第三节）。

相对于一次文献而言，二次文献是从分散到集中、从无序到有序、从繁杂到简约，因而具备了可查检的便捷性，用以解决读者查阅所需特定文献线索的问题。文献信息的海量无限性与人们时间、精力的相对有限性，知识和信息的散乱无序性与用户使用的特定选择性之间的矛盾，一直是困扰学者学术生涯的两道永恒的难题。在知识爆炸、信息泛滥的大数据时代，这两个矛盾愈加突出。既要有"学海无涯苦作舟"的勤奋和坚韧，还需驾驭好二次文献这一叶方舟（工具），方可自由徜徉于知识和信息的海洋。因此，掌握二次文献及其利用方法，进而阅读一次文献自然是文献检索的核心内容。

（4）三次文献

三次文献（tertiary literature）是作者针对某一研究领域，借助于二次文献，在充分研究与利用大量一次文献的基础上，即经过阅读、分析、归纳、概括，撰写而成的新文献，或综述已取得的成果进展，或评论及预测今后的发展趋势。三次文献的类型包括综述（review）、述评（comment）、进展（advance，progress）、现状（update）、发展趋势（trend）等期刊文献，以及百科全书、年鉴、手册等参考工具书。许多学术期刊上均设有综述栏目，而且出版专门刊载三次文献的综述性期刊亦越来越多，如 *Annual Review* 系列期刊、*Nature Reviews* 系列期刊、*Trends* 系列期刊等。

与一次文献的产生所不同的是，三次文献是以现有一次文献中的知识信息为基本研究素材，对其进一步地加工、整理、重组，使之成为更加有序化的知识信息产品。三次文献具有信息含量大、综合性强和参考价值大等特点。通过阅读三次文献，可使读者不必大量阅读一次文献，就可借此比较全面地了解某一专题、某一领域当前的研究水平及动态。对于研究生而言，阅读三次文献不仅可节省阅读一次文献的时间，而且有助于系统了解自己的研究领域、拓展自己的研究视野。

三、文献的特点

1. 数量庞大，增长迅猛

据报道，全世界的科技期刊数量早已超过 10 万种，每年发表的论文数量超过 400 万篇。《中国科技期刊发展蓝皮书（2021 年）》显示，截至 2020 年年底，中国科技期刊总量为 4963 种。2019 年，中国知网（CNKI）收录的 4399 种中国科技期刊共发表可被引论文 129.8 万篇；2020 年，中国作者共发表《科学引文索引》（SCI）论文 54.99 万篇。目前，科技期刊及论文的数量仍在快速增加。

2. 语言繁多，英文为主

20 世纪中叶，世界科技发展中心转移到美国，英文逐渐成为科技交流的主要国际语言。在语言多样化的科技文献中，英文文献所占比重越来越高，许多非英文国家也创办了多种英文学术期刊。日本出版的英文学术期刊就 370 余种，占日本总刊数的 12%以上。截至 2020 年年底，中国科技期刊总量为 4963 种，其中英文科技期刊 375 种（7.56%），且几乎所有的中文核心期刊都配有英文摘要。2022 年 3 月，兰州大学创办的我国第一本全英文草学期刊 *Grassland Research*（《草地研究》）首期正式出版发行。

3. 内容交叉重复，文献寿命缩短

现代科学技术的快速发展使得学科不断分化，向着更专业、更深化的方向发展，表现为学科的划分越来越细、越来越专；同时，学科的交叉融合、综合化趋势更加明显，表现为交叉学科和边缘学科越来越多，众多高校及科研单位都成立了不同领域的前沿交叉科学研究中心。这种科技发展现状及未来趋势，势必导致科技文献内容上的交叉、重复。由于科学技术发展的速度越来越快，新知识的产生也日益加快和增多，致使已有知识越来越快地被新知识所淘汰，文献的使用寿命也必然随之缩短。由此，人脑中已掌握的知识也不得不随之不断更新以跟上时代发展的步伐。树立继续教育、终身学习的理念，以及构建学习型社会是时代发展的必然要求。

4. 文献既集中又分散，专辑化出版趋势明显

就农业领域而言，由于学科专业的专业化、综合化发展，使得农业文献不仅刊载在农学专业期刊上，还大量刊载在一些综合性期刊或其他相关学科领域的期刊上。加之文献数量和期刊骤增等因素，就使得与某一专题有关的文献往往分散在众多期刊上，给读者的特定需求造成不便。为此，许多医学期刊采取专题化或专辑化形式出版，即在期刊的某一期以数篇，甚至数十篇文献集中讨论一个专题。在这方面最为突出的有 Frontiers 系列期刊、MDPI 系列期刊，而一些综合性期刊、专业性期刊也时常出版专辑，如著名学术期刊 *Science* 于 2022 年 8 月出版了草学专辑 *The Unrecognized Value of Grass*。

5. 文献电子化发展迅猛，交流传播速度加快

传统学术交流以书信、纸质期刊论文为主要形式。目前，文献电子化发展迅猛，学术交流和文献传播速度显著加速，文献的编辑、出版、发行、查阅、阅读等一系列环节都高度电子化，借助互联网可实现快速交流、传播，多样化的文献信息极大丰富了多样化的需求。

第二节 文献检索的概念及原理

一、文献检索的概念

文献检索（document retrieval）是指根据文献需求，采用一定的策略和方法，从相关文献资源中获取所需文献信息的活动及过程。

文献检索的内涵有广义和狭义之分，广义的包括文献的存储（storage）和检索（retrieval）两个过程。文献的存储，是指将大量无序的文献信息集中起来，根据其内容特征和外部特征，进行分类、标引、浓缩等一系列的加工处理，并按照一定的工作规范和技术要求将其存储于一定的载体或介质之中，形成具有检索功能的有序化信息集合，表现为检索工具或检索系统（参见本章第三节）。文献检索，是指运用编制好的检索工具或检索系统，满足用户获取所需文献的活动。狭义的文献检索，往往仅限于后者，即利用检索工具获取特定文献。

二、文献检索的类型

1. 根据检索手段分类

（1）手工检索

手工检索是指用户通过手工方式检索文献。在计算机网络产生之前，基本采用手工的方法实现文献检索。手工检索使用的检索工具主要为书本型、卡片式的信息系统，即目录、索引、文摘和各类工具书（如百科全书、年鉴、手册、名录、字典、词典、表谱、图录等），检索对象主要为印刷型文献资料。

手工检索到的文献，在有复印机之前，必须用手抄下来，而摘抄的过程十分缓慢。在图书馆资料仅有一本时，仅可供一人查阅。在有复印机之后，手工检索的文献可以复印成纸质版进行保存，速度加快了很多，但纸质版的文献也不易保存，时间长了纸张发黄，而且不宜分类管理。

（2）计算机检索

计算机检索是指用户基于文献数据库、计算机软件技术、计算机网络及通信系统进

行的文献检索,其检索过程是在人机的协调作用下完成的。计算机检索的基础是数据库文献的电子化,检索对象是由印刷型文献发展而来的电子型文献。

印刷型文献是当前及今后相当长时间内的文献主体,而电子型文献是今后文献的发展方向。尽管20世纪90年代之前的不少文献可在网络上获得原文,但大多数更早的文献还是要通过印刷型文献才能获得。因此,尽管目前计算机检索已成文献检索的主流,但仍需要了解手工检索相关知识,在实际工作中加以灵活运用。

2. 根据检索结果分类

(1) 文献型检索

文献型检索(document retrieval)是以文献为检索对象,按照一定的检索途径或方法从文献集合中查找出特定的文献。文献型检索数量大、方式不一,是一种相关性检索,检索结果是文献本身或文献线索,在获得结果后需要进一步阅读才能够使用。

(2) 事实型检索

事实型检索(fact retrieval)是以特定的事件或事实为检索对象,包括事物的性质、定义、原理,以及发生的地点、时间、前因后果等。事实型检索是一种确定性检索,检出结果为事实性、知识性的答案,可直接使用。例如,"在我国,哪种牧草的栽培面积最大"。

(3) 数据型检索

数据型检索(data retrieval)是以数据为检索对象,从已收藏数据资料中查找出特定数据的过程,如科技数据、金融数据、人口统计数据等。

数据型检索是为了满足科技工作者对浓缩信息的特殊需求而出现的,这种浓缩的信息,用户可直接使用,无须查阅原始文献,因此可大大节约研究人员的时间,提高工作效率,如"中国草原面积"等。数据型检索是一种确定性检索,要直接回答用户所提的问题,提供所需的确切数据。

(4) 三种检索的区别

数据型检索和事实型检索的检索结果是"有"或"无"、"正确"或"错误",均属于确定性检索,获得的是包含在文献中的具体信息。文献型检索是三种检索类型中最主要、最基本的形式,是文献检索中最重要的部分。掌握了文献检索的方法,才能省时、高效地了解前人和他人已取得的相关经验和成果。

三、文献检索语言

1. 文献检索语言的概念

文献检索语言(retrieval language)是用来描述文献特征和表达检索提问的一种专用语言。它用于检索系统的构建、检索工具的编制和使用,并为检索系统提供统一的、基准的、用于信息交流的一种符号化或语词化的专用语言。检索语言因其使用的场合不同有不同的称呼。例如，在文献存储过程中用于文献的标引，称作标引语言；用于文献的索引，则称作索引语言；在文献检索过程中则为检索语言。

检索语言将文献的存储与检索联系起来，使文献的标引者和检索者取得共同理解，从而实现检索，即检索的运算匹配就是通过检索语言的匹配来实现的。检索语言是检索者与检索系统对话的基础，是文献检索的重要组成部分，检索效率的高低在很大程度上取决于所采用的检索语言的质量以及对它的使用是否正确。因此，检索者有必要学习检索语言其中的主要规则、基本原理，减少漏检和误检，提高检索效率。

从检索过程看，不同的检索语言构成不同的标识和索引系统，为检索者提供不同的检索点和检索途径。因此，将文献需求者的自然语言转化为系统规范化的检索语言对有效地进行文献检索至关重要。检索语言有多种分类方式，按照检索语言是否受控，可分为人工语言（artificial language）和自然语言（natural language），前者属规范化语言（controlled language），后者为非规范化语言（uncontrolled language）；按照检索时的组配实施状况，可分为先组式和后组式检索语言；按照描述文献特征的不同，可分为描述文献外部特征的检索语言和描述文献内容特征的检索语言。

2. 描述文献外部特征的检索语言

文献的外部特征是指从构成文献信息源的载体、符号系统和记录方式三要素中提取出来的特征构成，如书名、刊名、篇名、著者、来源等。根据文献信息的外部特征作为文献信息标引和检索途径的检索语言（表2.6），属于非规范化检索语言。基于文献的外部特征，构成了相应的检索途径：著者途径（著者）、题名途径（书名/刊名）、代码途径（ISBN和专利号等）和引文途径（引用文献）等。文献的外部特征与文献是一一对应的，因而利用外部特征检索出的文献具有确定性。

表 2.6 描述文献外部特征的检索语言

文献类型	外部特征
图书	书名，著者，出版社名，出版时间，出版地，总页数或页码范围，ISBN
期刊	篇名，著者，刊名，卷期号，出版年，起止页码，ISSN，CN
学位论文	论文题目，作者姓名，学位名称，导师姓名，学位授予机构，学位授予城市，学位授予时间，总页数等
专利	申请号，公开号，申请人，发明人，申请日，公开日，授权日期，专利号等
会议文献	论文题目，著者，编者，会议名称，会议论文集名称，会议地点，会议主办国，会议召开的具体日期，论文在会议论文集中的起止页码，会议论文号等
标准	标准级别，标准名称，标准号，审批机构，颁布时间，实施时间等

3. 描述文献内容特征的检索语言

根据文献所论述的主题及观点、所属学科或专业等作为文献存储标识和文献检索提问的出发点而设计的检索语言，主要有分类检索语言和主题检索语言。文献的内容特征与文献是多对一的关系，因而通过内容特征检出的文献通常需要经过进一步选择和处理。

（1）分类检索语言

分类检索语言是使用分类方法将文献按所属学科范畴进行分类、归类形成类目体系，然后以号码为基本字符，以代表类目的分类号作为文献标识的一类检索语言。分类检索语言集中体现了学科体系及其系统性，反映事物之间的从属、派生和平行等关系，并从总体到局部分层、分面展开，是一种等级分明的语言。这种语言按照学科所属等级排列文献，采用分类号（数字或数字与字母组合）作为检索标识来表达各种概念，使同一学科专业文献集中，提供了从学科专业角度查找文献信息的检索途径。

常用的分类检索语言有《中国图书馆分类法》（表 2.7）、《中国科学院图书馆图书分类法》《美国国会图书馆图书分类法》（Library of Congress Classification，LCC）和《杜威十进分类法》（Dewey Decimal Classification，DDC）等。

表 2.7　中国图书馆分类法的 5 大部类及 22 个基本大类

5 大部类	22 个基本大类	
马克思主义、列宁主义、毛泽东思想、邓小平理论	A 马克思主义、列宁主义、毛泽东思想、邓小平理论	
哲学、宗教	B 哲学、宗教	
社会科学	C 社会科学总论	D 政治、法律
	E 军事	F 经济
	G 文化、科学、教育、体育	H 语言、文字
	I 文学	J 艺术
	K 历史、地理	
自然科学	N 自然科学总论	O 数理科学和化学
	P 天文学、地球科学	Q 生物科学
	R 医药、卫生	S 农业科学
	T 工业技术	U 交通运输
	V 航空、航天	X 环境科学、安全科学
综合性图书	Z 综合性图书	

（2）主题检索语言

主题检索语言是以代表文献内容特征和主题概念的词语作为检索标识，并按字顺组织起来的一类检索语言。主题检索语言具有专指性和直接性的特点。根据其表达概念的不同形式又分为标题词语言、单元词语言、关键词语言和主题词语言，其中使用较多的是关键词语言和主题词语言。

标题词语言（heading）是最早使用的检索语言，其使用的词汇不是书名或篇名，而是来自于文献内容特征并规范化的检索语言。标题词语言属于先组式语言，故灵活性较差。

单元词语言（uniterm）亦称单元词，是指概念上不能再分的最小的语词单位，是一种非规范化语言。例如，"草地微生物"不是单元词，分割为"草地""微生物"才是单元词。单元词语言通过若干单元词的组配来表达复杂的主题概念，具有灵活的组配功能，因此该语言属于后组式检索语言。

关键词语言（keyword）是指从文献题目、文摘或正文中提取出来的并具有实质意义的、能代表文献主题内容的语词。关键词语言属于自然语言，直接来源于文献，未经过规范化处理，具有灵活性强、易于掌握、检索方便等特点，广泛应用于计算机检索，常能准确检索到含有最新出现的专业名词术语的文献。但关键词多由作者选定，未经规范化处理，使同一概念、术语出现形式不同、拼法不同或具有同义词、近义词等自然语言的现象。这种用词的不统一会造成同一主题内容的文献可能由于使用不同的关键词而被分散，从而导致漏检，影响查全率。因此，基于关键词语言的检索工具虽然易于上手，但应注意检索结果的全面性和准确性。

主题词语言（subject heading），也称为叙词（descriptor），是指能代表文献实质内容、经过严格规范化的专业名词术语或词组。主题词语言是采用表示单元概念（规范化语词）的组配来对文献主题进行描述的检索语言，属于后组式语言，是目前广泛使用的规范化语言。两个或两个以上的主题词组配在一起，形成一个新概念，数量不多的主题词可组成许多概念，从而提高了文献标引的专指性和检索的灵活性。主题词语言的特点：①它对一个主题概念的同义词、近义词等适当归并，以保证语词与概念的唯一对应，避免多次检索；②采用参照系统揭示非主题词与主题词之间的等同关系以及某些主题词之间的相互关系，以便正确选用检索词；③根据主题词之间的隶属关系，可编制主题词分类索引，从而选择更专指的主题词；④同一篇文献的每个主题词都可以作为检索词，从而提供多个检索入口点，便于查找。基于主题词特点，则需要构建一部供标引和检索使用的主题词表，以保证对主题词语言的正确使用。我国常用的主题词表有《汉语主题词表》和《中国中医药学主题词表》等，国外的有美国国家医学图书馆（NLM）编著的《医学主题词表》（*Medical Subject Headings*，*MeSH*）。

第三节　文献检索的途径与方法

一、文献检索工具

1. 文献检索工具的概念

文献检索工具是用于存储、查找和报道文献信息的系统化文字描述工具，是目录、索引、文摘、词典、百科全书、指南等的统称，包含了一切可以进行文献检索的文献数据库、电子工具书、网络搜索引擎等。在本书中，将文献检索工具统称为文献检索平台，主要考虑到这些工具已进行了深度融合，对一般文献检索用户而言没有进行严格区分的必要性。

文献检索平台是以各种原始文献为素材，在广泛收集并进行筛选后，分析和揭示其外部特征和内容特征，给予书目性的描述和来源线索的指引，从而形成一定数量的文献信息单元，再根据一定的框架和顺序加以排列，形成可供检索的工具。

任何检索工具都有存储和检索两方面功能：存储功能主要著录文献的特征，依据一定的规律组织排列，使文献由无序变为有序；检索功能能够从中检索出所需文献及其线索。

2. 文献检索工具的类型

（1）数据库

数据库（database）是按照数据结构来组织、存储和管理数据的数据集合，主要由文档（file）、记录（record）和字段（field）等3个层次构成。数据库通常由若干个文档组成，每个文档又由若干条记录组成，而每条记录则包含若干字段。文档是数据库中数据组织存储的基本形式，而记录是数据库中文档的基本单元组成。一条记录代表一篇文献的信息，描述了一篇文献的外部特征和内部特征。每个字段描述文献的某一特征，并且有唯一的供计算机识别的字段标识符（field tag）。凡可用作检索的字段为可检字段，是检索得以实现的基础。数据库检索实际上就是通过对字段检索获得文献记录的。

根据数据库中收录信息内容的类型不同，可将文献数据库分为不同的类型（表2.8）。

表 2.8 文献数据库的类型及特点

文献数据库类型	特点	举例
书目数据库 bibliographic database	存储二次文献信息，仅提供文献出处，检索结果为原始文献的线索	Web of Science、PubMed 等
全文数据库 full-text database	存储文献全文、期刊全文、学位论文全文、图书全文	CNKI、万方数据知识服务平台等
数值数据库 numerical database	存储以数字形式表示的具体数值信息，如科学实验数据、统计数据等	化学物质毒性数据库 RTECS
事实数据库 fact database	存储具体事实、知识数据，如机构名录数据库、人物数据库、术语数据库等	CNKI 工具书总库、知网词典等
图像数据库 image database	存储图形、图像等信息为主体的数据集合	Tufts 大学人体解剖学指导
多媒体数据库 multimedia database	存储数值、文字、表格、图像、图形、声音等多媒体信息	NLM 的医学史数据库（history of medicine）

（2）搜索引擎

搜索引擎（search engine）是目前收录与查找网络各种信息资源的主要工具，也是重要的文献检索工具。按照检索语言，搜索引擎可分为三类：关键词型搜索引擎、分类型搜索引擎和混合型搜索引擎。关键词型搜索引擎通过输入关键词来查找所需的文献信息资料，如百度等。分类型搜索引擎是将收集到的文献信息资源按照一定的主题进行分门别类，建立分类目录，大目录下包含子目录，建立具有包含关系的多级分类目录，如新浪新闻搜索。混合型搜索引擎兼有关键词型和分类型两种检索方式，如搜狗搜索和微软搜索引擎 Bing（必应）。在学术文献检索中，最常用的是百度学术搜索和谷歌学术搜索。

二、文献检索方法

1. 顺查法

顺查法是按时间顺序由远及近地进行文献检索，直到获得的文献满足检索目标为止。顺查法系统、全面，基本上可以检索到反映某一课题或研究方向的发展全貌，能体现出科技发展的脉络。该方法适用于较大研究课题或新研究课题的文献检索，也适用于申请专利查新。该方法具有较高的查全率和查准率，但费时费力，检索效率较低。

2. 倒查法

倒查法是由近及远、从新到旧，逆时间顺序进行文献检索的方法。该方法一般适用于原创性研究课题，更加关注近期文献，以便掌握最近一段时间该课题的研究现状及发展动态。倒查法具有检索效率高、文献新颖等优点，能够最快地获得最新文献，但可能遗漏目标文献而影响查全率。

3. 抽查法

抽查法是指针对学科发展特点，选取研究进展快、发表文献较多的一段时期，逐年进行文献检索的方法。该方法具有针对性强、节省时间的优点，能以较少的时间获得较多的关键文献。抽查法淡化信息的全面性和系统性，因此必须对学科发展动态具有很好的把握时才能使用，否则会极大影响查准率。

4. 追溯法

追溯法是指不利用一般的检索工具，而是利用文献后面所列的参考文献，逐一追查原文（被引用文献），然后再从这些原文后所列的参考文献目录逐一扩大文献信息范围，反复直至文献源头的方法。该方法就像滚雪球一样，根据文献间的引用关系，获得更好的检索结果。追溯法能够获得符合检索目标的文献而提高了文献检索效率（高的查准率），但因为文后所列参考文献的局限性（不完备性，引用文献时的选择性和随机性）会导致漏检而降低文献的查全率。

5. 综合法

综合法也称为循环法或分段法，是以上四种方法相结合的文献检索方法。首先采用顺查法、倒查法和抽查法，基于检索工具获得一批具有重要参考价值的目标文献；然后采用追溯法，对关键目标文献所列的参考文献进行逐次查找。综合法具有取长补短、相互配合的特点，通常可获得较理想的文献检索效果，在文献检索实践中广泛使用。

三、文献检索途径

文献检索途径是文献检索平台提供的检索入口，在数据库中通常表现为对字段的检索。常用的检索途径包括分类途径、主题途径、关键词途径、著者途径、标题（如书名、篇名和题名等）途径、机构途径、出版物名称途径等，这些检索途径往往对应数据库的各个字段或检索功能界面。

1. 分类检索途径

分类检索是以文献的内容在分类体系中的位置作为文献的检索途径，它的检索标志就是所给定的分类号码。分类检索途径主要包括图书期刊分类法和专利文献分类法。图书期刊分类法包括《中国图书馆分类法》（中图法）、《中国科学院图书馆图书分类法》（科图法）、《中国人民大学图书馆分类法》（人大法）、《美国国会图书馆图书分类法》和《杜威十进分类法》等。专利文献分类法一般是根据专利的功能或其用途所属的行业部门来分类的。目前，世界上大部分国家采用国际专利分类号（IPC）分类，分类表采用部、大类、小类、大组、小组的等级结构体系。

分类检索途径以课题的学科属性为出发点，按学科分类体系获得较系统的文献资料。分类检索途径要求检索者对所用的分类体系有一定的了解，熟悉分类语言的特点和学科分类的方法。分类检索途径具有族性检索功能，查全率较高，适合从学科体系出发检索泛指性比较强的研究课题，但不适合检索专指度高的研究课堂及新兴学科、交叉学科、边缘学科等。

2. 主题检索途径

主题检索途径是根据文献内容的主题特征而进行检索的途径，适合查找比较具体的课题。

利用主题检索途径时，只要根据所选用主题词的字顺找到所查主题词，就可查得相关文献。主题检索途径能集中获得分布于不同学科的某一研究主题的文献，检索质量的关键在于正确选择合适的主题词，特别应注意同义词、近义词、生物的拉丁学名及词组的使用。狭义的主题词仅指叙词，叙词是经过规范化处理的词或词组。广义主题词可分为规范化词汇和自由词汇，包括关键词、主题词、标题词和叙词。关键词一般由作者提供，是半规范化的词汇；主题词比较规范，主要用于外文数据库和中文图书数据库；标题词则一般是作者提供的，有些是不规范的。

（1）主题词的规范

主题词的规范通常分为 3 种情况：同义词（近义词）、多义词和相关关系词的规范化处理。

同义词规范处理包括：对完全等同的同义词的规范；对近义词的规范；对学名和俗名的规范；对不同译名、简称与全称的规范。

【案例】"实验"与"试验"是同义词；"污水"与"脏水"是同义词；"计算机"与"电脑"是同义词；"兰州大学"与"兰大"是同义词。

对多义词的规范是指限定多义的主题词含义或在特定的检索工具中规定只有一个特定含义，以排除歧义。

【案例】杜鹃既可表示一种鸟，也可表示一种花，就需限定说明为：杜鹃（动物）、杜鹃（植物）。

（2）主题词的提取

检索词词义应该具体。同一文献可供多种研究课题参考，可适应多种需要，因此，同一文献内容可用不同的检索词组合表达。

【案例】检索"草原毛虫线粒体基因组学研究"这个课题，如何提取关键词才能避免漏检情况？

①确定概念（选词依据）：草原毛虫、线粒体基因组。②收集同义词：昆虫、毛毛虫、蛾类；线粒体 DNA、细胞器基因组。③说明词间的逻辑关系：(草原毛虫 OR 昆虫 OR 毛毛虫 OR 蛾类) AND (线粒体基因组 OR 线粒体 DNA OR 细胞器基因组)。

主题检索途径具有直观、专指、方便等特点，主题途径表征概念准确、灵活，直接性好，并能满足多主题的研究课题、交叉学科及边缘学科检索的需要，具有特性检索的功能，查准率高。获取主题词的方法：可在图书的版权页找到在版编目里面的主题词和分类号码，也可在图书馆的馆藏数据找到主题词。

3. 著者检索途径

所谓著者，包括个人著者（personal author）、团体著者（corporate author）、专利发明人（inventor）、专利权人（patentee）、学术会议主办单位（sponsor）等。

著者检索途径是根据文献的外部特征，用文献的著者、编者、译者的姓名或团体著者名称作为检索入口查找文献的途径。以著者为线索可系统地、连续地了解他们的研究水平和研究方向，同一著者的文章往往具有一定的逻辑关系，著者检索途径能满足一定的族性检索功能要求。已知课题相关著者姓名，便可以依著者索引迅速准确地查到特定的文献信息，因此亦具有特性检索的功能。

4. 其他检索途径

其他检索途径包括题名检索途径、关键词检索途径、号码检索途径（如国际标准刊号、报告号、专利号、标准号、会议号等）和其他（如分子式、生物分类、属类等），不再赘述。

综上所述，主题检索途径和分类检索途径是文献检索的常用途径。前者直接用文字表达主题，概念准确、灵活，直接性较好；后者以学科体系为基础，按分类编排，学科系统性好。检索时一般遵循"以主题检索途径为主，多种检索途径综合应用"的原则，具体包括以下三种情况。

（1）从已知文献特征选择检索途径

如果事先已知文献名称、著者、序号等条件，应相应采用篇名目录、著者索引、号码索引或有关的目录索引，用这些途径进行检索比较快速、方便、有效。

（2）从课题检索要求选择检索途径

如果课题检索的泛指性较强，也就是说所需文献的范围广，选用主题途径为好。检索途径选择不当，将会造成误检和漏检，影响检索效果。

（3）从检索工具提供的索引选择检索途径

检索工具（平台）提供的每种索引，都是一种检索途径，应充分熟悉并灵活加以利用。目前国内外检索工具提供的索引情况不一，如美国《化学文摘》提供的索引达10多种，而有的检索工具只提供1~2种索引。因此，选择索引途径还要根据检索工具的具体情况来决定。

四、计算机检索技术

1. 布尔逻辑算符

布尔逻辑算符是用来表达各检索词之间逻辑关系的符号。在检索过程中，大多数研究课题都具有多主题、多概念的特点，而同一个概念又往往涉及多个同义词、近义词或相关词。为了正确地表达检索目标，采用布尔逻辑算符将不同的检索词组配起来，使简单概念的检索词通过组配成为一个具有复杂概念的检索式。常用的布尔逻辑算符主要有"与"（AND）、"或"（OR）和"非"（NOT）。

（1）逻辑"与"

逻辑"与"用"AND"表示，可用来表示其所连接的两个检索项的交叉部分，即交集部分。检索式为：a AND b，表示检索同时包含检索词 a 和检索词 b 的文献信息。

【案例】查找"草地放牧"的检索式为：grasslands（草地）AND grazing（放牧）。

（2）逻辑"或"

逻辑"或"用"OR"表示，用于连接并列关系的检索词。检索式为：a OR b，表示查找含有检索词 a、b 之一，或同时包括检索词 a 和检索词 b 的信息。"OR"常用来检索同义词或者词的不同表达方式、相同或相近概念，有助于尽可能查全所需的文献信息。

【案例】查找"线粒体、叶绿体等质体"的检索式可写为：mitochondria（线粒体）OR chloroplast（叶绿体）OR plast（质体）。

（3）逻辑"非"

逻辑"非"用"NOT"表示，用于连接排除关系的检索词，即排除不需要的和影响检索结果的概念。检索式为：a NOT b，表示检索含有检索词 a 而不含检索词 b 的信息，即将包含检索词 b 的文献信息排除掉。

【案例】查找"含有线粒体，排除叶绿体"的检索式为：mitochondria NOT chloroplast。

用布尔逻辑算符表示检索需求时，不同的运算次序会产生不同的检索结果。布尔逻辑算符在有括号的情况下，优先执行括号内的逻辑运算，有多层括号时最内层括号中的运算最先执行。

2. 截词检索

截词检索又称为通配符检索。所谓截词，是指将检索词在合适的地方截断，保留相同的部分，用相应的截词符号代替可变化的部分。由于英文的构词特性，在检索中经常会遇到：名词的单复数形式不一致；同一个意思的词，英、美拼法不一致；词干加上不同性质的前缀和后缀就可以派生出许多意义相近的词等。截词检索就是为了解决这种在检索中既耗费大量时间，还可能存在漏检问题而设计的检索策略，既可尽可能保证不漏检，又可节约输入检索式或多次检索的时间。

截词符具有 OR 算符的功能，能够扩大检索范围，减少输入检索词的时间。但使用截词检索，有可能检出无关词汇，尤其注意使用无限后截词时，所选词干不能太短，否则将造成大量误检。

不同的文献检索系统中截词符的表示形式及截词检索方式不完全相同。常用截词符有："*"，表示 0 个或多个字符，且前后无限截断；"$"，表示 0 或 1 个字符；"?"表示有且仅有 1 个字符。

（1）字符截词

无限截词：一个无限截词符可代表多个字符，常用符号"*"表示，代表在检索词的词干后可加任意个字符或不加字符。

【案例】"physic*" 可检索出 physic、physician、physicist、physics 等；"child*" 可检索出 child、children、childhood 等。

有限截词：一个有限截词符只代表一个字符，常用符号"?"表示。

【案例】检索 "mitocondri??" 可检索出 mitocondrial、mitocondrion 等。

（2）位置截词

后截词：将截词符放在一个字符串之后，用以表示后面有限或无限个字符，不影响其前面检索字符串的检索结果。它是将截词放在一串字符的后面，表示以相同字符串开头，而结尾不同的所有词。

【案例】"genom*" 可检索出 genome、genomes、genomic、genomics 等；"gene*" 可检索出 gene、genetic、genetics、generation 等。

中间截词：指将截词符置于字符串的中间，表示这个位置上的任意字符不影响该字符串的检索。它对于解决英美不同拼写、不规则的单复数检索等很有用。

【案例】"en?oblast" 可检索出 entoblast、endoblast 等；"colo$r" 可检索出 color 和 colour；"wom?n" 可检索出 woman 和 women。

前截词：与后截词相对，前截词是将截词符放置在一个字符串前方，以表示字符串的前面有限或无限个字符不影响该字符串的检索结果。

【案例】"*genome" 可检索出 genome、mitogenome、metagenome、pangenome 等；"*computer" 可检索出 macrocomputer、minicomputer、microcomputer、computer 等。

3. 字段限定检索

字段限定检索是指限定在数据库记录中的一个或几个字段范围内查找检索词的一种

检索方法。

在检索系统中，数据库设置、提供的可供检索的字段通常分为表示文献内容特征的主题字段和标识文献外部特征的非主体字段两大类。其中，主题字段有题名（title）、叙词（descriptor）、关键词（keyword）、摘要（abstract）等，非主题字段有作者（author）、文献类型（document type）、语种（language）、出版年份（publication year）等。每个字段用两个字母组作为代码来表示。使用字段限制检索时，基本检索字段用后缀表示，即由"/"与基本检索字段代码组成，放在检索词或检索式的后面，如"青藏高原/TI"，表示将检索词"青藏高原"限定在题名字段（TI）中。需要注意的是，不同文献数据库中使用的字段代码不完全相同，即使同一字段也可能采用不同的字段代码。因此，在进行字段限定检索时，应事先参阅文献检索数据库的相关说明。

4. 位置检索

位置算符用于表示词与词之间的相互关系和前后次序，通过对检索词之间位置关系的限定，可进一步增强检索的灵活性，提高查全率与查准率。布尔逻辑算符只是规定几个检索词是否需要出现在同一记录中，不能确定几个词在同一记录中的相对位置。当需要确定检索词的相隔距离时，可以使用位置算符。

不同的文献检索平台所采用的检索符号可能不同，应注意查阅文献检索平台的使用说明。例如，欧洲专利局数据库使用"#"代表1个字符；美国专利商标局数据库中使用"$"作为截词符；中国国家知识产权局数据库中使用模糊字符"%"等。

（1）W算符（with）

W算符通常写成a(nW)b，表示词a与词b之间允许间隔最多n个其他词，同时词a和词b保持前后顺序不变。当n=0时，(W)也可写成()，表示该算符两侧的检索词相邻，且两者之间只允许有1个空格或标点符号，不允许有任何字母或词，且顺序不能颠倒。

【案例】"mitochondrial(W)genome"，检索出含有 mitochondrial genome 的文献记录。

当n≥1时，表示在该算符两侧的检索词a和b之间，最多允许间隔n个词（实词或虚词），且词a和词b的相对位置不能颠倒。

【案例】"insect(1W)genome"，可检索出含有 insect genome 和 insect mitochondrial genome 的文献记录。

（2）N算符（near）

N算符通常写作a(nN)b，表示该算符两侧的词a和词b之间允许间隔最多n个其他词，且词a和词b的顺序可以颠倒。

【案例】"control(1N)system"，可检索出 control system、control of system 和 system of control 等文献记录。

（3）F算符（field）

F算符通常写作a(F)b，表示该算符两侧词a和词b必须同时出现在文献记录的同一字段中，词 a 和词 b 的次序可随意变化，且词 a 和词 b 可间隔任意个词。

【案例】"昆虫(F)线粒体/TI"，表示两个词同时出现在题名字段中即为检索的目标文献。

（4）S 算符（subfield）

S 算符通常写作 a(S)b，表示词 a 与词 b 必须同时出现在同一个句子中，词 a 和词 b 的次序可随意变化，且词 a 和词 b 可间隔任意个词。

第四节　文献检索策略与结果优化

一、文献检索策略的构建步骤

文献检索策略是指为实现检索目标，在深入分析研究课题内容的基础上，运用文献检索方法和技术而制定的检索方案。狭义的文献检索策略，通常仅指检索策略式，即检索表达式，是计算机检索时用来表达用户检索提问的逻辑表达式，是一个既能反映检索课题内容，又能被文献检索平台识别的式子。文献检索策略是对整个检索过程的谋划和指导，不仅能够保证检索过程的顺利实现，而且直接影响检索效果。构建良好的文献检索策略，有助于提高检索效率，节省检索时间。

1. 解析研究课题，明确检索目标

在实施文献检索前，首先要做的是对研究课题进行深入解析，明确检索目标。主要包括：明确研究课题的学科性质及学科范围，选择合适的文献检索平台；明确研究课题对查全、查准、查新的目标要求；明确所需文献的年代范围、文献类型、语种等；明确主题概念及其逻辑关系。

2. 选择合适的文献检索平台

文献检索平台的选择，直接影响文献检索的效果。检索前要全面了解各种文献检索平台的特点，包括学科范围、文献类型、语种、年限、检索途径及使用方法等，再结合研究课题的检索目标选择合适的检索平台，并确定最佳的检索方法。

3. 选择文献检索途径，确定检索词，编制检索式

根据选定的文献检索平台提供的检索功能，首先确定适合的检索途径（见本章第三节），再确定检索词。其次，优先选用主题词和通用的专业概念及相关术语，找出潜在的检索词，放弃没有检索价值的普通词汇，并尽量将检索词的同义词、近义词等考虑全面。最后，将选定的检索标识根据相应的逻辑关系，用各种计算机检索算符（如布尔逻辑算符、位置算符等；见本章第三节）加以有机组合，完成文献检索式的构建。

4. 检索文献，评价检索结果，优化检索策略

用编制的文献检索式进行检索后，应根据检索目标对检索结果进行评价。如果检索结果不符合检索目标，应不断修改和优化文献检索策略，直到获得相对满意的检索结果为止。

5. 筛选检索结果，获取原始文献

获得检索结果后还需进行人工评价，并根据检索目标进一步筛选。根据目标文献结果中的题名、著者、出版来源、年、卷、期、页码、摘要等文献线索或链接获取所需文献信息，将文献导入文献管理软件，如有必要再下载全文进行阅读。文献管理及全文获取方法，分别见第四章的第二节和第四节。

二、文献检索效果的评价

文献检索效果是采用文献检索平台进行检索时所获得的有效结果，反映了文献检索的有效性、准确性和特异性等。文献检索效果的评价通常采用查全率（recall ratio）和查准率（precision ratio）等两个指标进行衡量，它们表达了文献检索平台的"过滤能力"，即让所需的目标文献"通过"，并"阻止"无关文献。

1. 查全率

查全率指系统在进行某一次检索时，数据库中的全部相关文献能查出多少，衡量系统从文献集合中检出相关文献的能力。

$$查全率（R）= \frac{检索出的相关文献量}{数据库中的全部相关文献} \times 100\% = \frac{检索出的有用文献数量}{（检出的 + 检漏的）有用文献数量} \times 100\%$$

2. 查准率

查准率指系统在进行某一次检索时，从系统文献库中查出的文献有多少是相关的，是检索准确性的测度。

$$查准率（P）= \frac{检索出的相关文献量}{检出的文献总量} \times 100\% = \frac{检索出的有用文献数量}{检出的有用文献数量 + 误检数量} \times 100\%$$

在查全率相同的情况下，查准率越高，则分离相关文献与无关文献所需的时间越少。漏检率与查全率是一对互逆的检索指标，查全率高，漏检率必然低；误检率与查准率是一对互逆的检索指标，查准率高，误检率必然低。

3. 查全率与查准率的关系

1957年，英国克兰菲尔德大学（Cranfield University）航空学院图书馆馆长、情报学家C. W. 克里文敦（C. W. Claverdon）领导下的研究小组进行了著名的Cranfield试验，发现查全率与查准率之间存在着相反的相互依赖关系，可用 R-P 曲线关系表示（图2.3）。

无论怎样调整检索策略和改进检索方法，都无法使 P 和 R 同时接近100%。查全率一般为60%~70%，查准率约为50%；当查全率超过70%时，再提高查全率就必然会降低查准率。对于专利新颖性审查，需要全面检索某一研究主题的所有文献，更注重查全率，对应于 A 点；对于需要检索某一研究主题相关文献时，更注重查准率，对应于 B 点；若要检索某一研究主题为数不多的"好"文章时，在查准率可以接受的情况下，尽可能查全，对应于 C 点和 D 点（图2.3）。因此，应当根据具体研究课题的检索需求，合理调整查全率和查准率，提高检索效果。

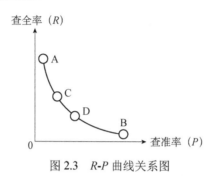

图 2.3　R-P 曲线关系图

三、文献检索策略的调整与优化

对文献检索效果的评价，主要是为了进一步优化检索策略，以期获得更好的检索效果。因此，根据文献检索效果的评价结果，并结合文献检索需求，通常从调整查全率和查准率两个方面对文献检索策略进行优化。

1. 扩大检索范围，提高查全率的方法

- 扩大检索课题的目标，使用主要概念，少用次要概念。
- 增加检索词的同义词、上位词、近义词及相关词，并用"OR"算符连接检索词。
- 跨文献检索平台进行检索。
- 调整检索途径，选择较大范围的检索字段，如将篇名或关键词字段改为摘要或全部字段。
- 适当放宽检索范围和限定条件，如扩大时间范围，取消文献类型限制等。
- 减少"AND"算符的使用次数。
- 外文单词使用截词检索，中文使用更简短的检索词。

2. 缩小检索范围，提高查准率的方法

- 明确检索课题的目标，使用更准确的概念及专业词汇。
- 增加检索词，并用"AND"算符进行检索。
- 选择专业性文献检索平台。
- 缩小检索途径的检索范围，限定检索字段。例如，将检索范围限定于某一子集或子库，将检索词限定在篇名、摘要、关键词或主题词等特定字段中。

- 增加限定条件，如缩小出版时间范围、限定文献类型、限定核心期刊等。
- 提高检索词的专指度。

3. 同时兼顾查全率和查准率的方法

- 跨文献检索平台的检索。
- 分类检索和主题检索等结合使用。
- 尝试多次检索，采用不同的检索词，编制不同的检索式。
- 防止操作错误，仔细核对检索词和检索式的准确性。

第三章 草学文献检索平台

学习目标

- 了解草学文献检索平台及其特点。
- 掌握 CNKI、维普和万方等文献检索平台的使用方法。
- 掌握 Web of Science、PubMed 等文献检索平台的使用方法。
- 熟练使用学术搜索进行文献检索。
- 了解草学相关的中英文学术期刊。
- 了解草学相关的重要网络资源。

本章导图

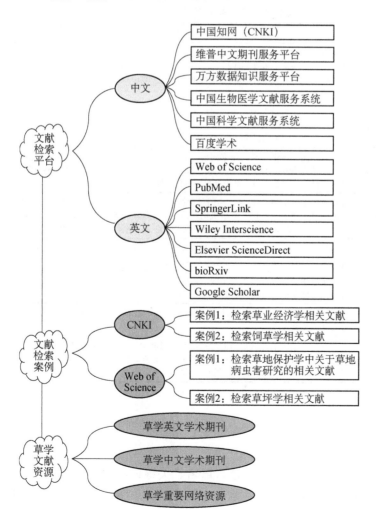

第一节 常用草学文献检索平台

一、中国知网

1. 简介

中国知网（https://www.cnki.net/）是国家知识基础设施工程（China National Knowledge Infrastructure，CNKI）的简称，由清华大学、清华同方发起，始建于1999年6月，面向海内外读者提供中文文献、外文文献、学位论文、标准、专利、报纸、会议文献、年鉴、工具书等各类资源的检索、在线阅读及下载服务（表3.1）。中国知网数据库内容以学术、技术、政策指导、高等科普及教育类期刊为主，内容覆盖自然科学、工程技术、农业、哲学、医学、人文、社会科学等各个领域。

表 3.1 CNKI 主要全文数据库及简介

数据库名称	起始收录时间	数据库简介
中国学术期刊（网络版）	1915年	实现中文、外文学术期刊的整合检索。中文期刊8480余种，共计5970万余篇全文文献。外文学术期刊包括来自80个国家及地区900余家出版社的期刊7.5万余种，覆盖JCR期刊的96%，Scopus期刊的90%，共计1.2亿余篇外文题录，可链接全文
中国优秀硕士学位论文全文数据库	1984年	内容全面、质量上乘、数据规范、出版迅速、实用便捷的硕士学位论文全文数据库。覆盖基础科学、工程技术、农业、医学、哲学、人文、社会科学等各个领域。目前已收录来自790余家培养单位的优秀硕士学位论文510万余篇
中国博士学位论文全文数据库	1984年	内容全面、质量上乘、数据规范、出版迅速、实用便捷的博士学位论文全文数据库。覆盖基础科学、工程技术、农业、医学、哲学、人文、社会科学等各个领域。目前已收录来自510余家培养单位的博士学位论文50万余篇
中国重要会议论文全文数据库	1999年	重点收录自1999年以来，中国科学技术协会、社会科学界联合会系统及省级以上的学会、协会，高校，科研机构，政府机关等举办的重要会议上发表的文献。目前已收录出版3万次国内重要会议投稿的论文，累计文献总量260万余篇
中国专利全文数据库	1985年	包含发明公开、发明授权、外观设计和实用新型四个子库，准确地反映中国最新的专利发明。目前，共计收录专利4550万余项
国家标准全文数据库	1950年	收录了由中国标准出版社出版的，国家标准化管理委员会发布的所有国家标准，占国家标准总量的90%以上。目前，共收录国家标准约6万项
中国重要报纸全文数据库	2000年	收录自2000年以来500余种国内重要报纸刊载的学术性、资料性文献的连续动态更新的数据库
中国年鉴网络出版总库	1949年	目前国内较大的连续更新的动态年鉴资源全文数据库。内容覆盖基本国情、地理历史、经济、科学技术、教育、文化体育事业、医疗卫生、社会生活、人物、统计资料等各个领域。目前年鉴总计5390余种，4万本，4070万余篇

2. 检索方法

（1）基本检索

在基本检索页面（图3.1），可实现对主题、篇名、关键词、作者、单位、刊名、ISSN、CN、期、基金、摘要、全文、参考文献、中文分类号、DOI、栏目信息等16个字段进行检索，并可实现各个字段之间的组配检索。

图 3.1 CNKI 的基本检索界面

DOI 是数字对象唯一标识符（digital object unique identifier）的缩写，从统一资源定位符（uniform resource locator，URL）发展而来，它与 URL 的最大区别就是实现了对资源实体的永久性标识。DOI 码由前缀和后缀两部分组成，两者之间用"/"分开。前缀由国际数字对象识别号基金会（international DOI foundation，IDF）确定，以"."分为两部分，前部分是目录代码，所有 DOI 的目录都是"10."，后部分是登记机构代码。后缀由资源发布者自行指定，可以是一个机器码或者一个已有的规范码（ISBN、ISSN 等），如 10.1126/science.abf6671，是来自 *Science* 的一篇文献（Nosil et al., 2021，*Science*）。

（2）高级检索

在高级检索页面（图 3.2），为读者提供了分栏式检索词输入方式，可选择逻辑运算符、检索字段、匹配度等条件以提高查准率。同时，还可通过文献发表时间、来源期刊、作者、作者单位等条件，最大限度缩小检索范围。

图 3.2 CNKI 高级检索界面

（3）专业检索

可在检索框中直接输入逻辑运算符（AND、OR 和 NOT）、检索词（指出检索字段）等编写检索表达式进行检索，还可对发表时间进行限制以提高查准率。检索字段有 SU=主题，TI=题名，KY=关键词，AB=摘要，FT=全文，AU=作者，FI=第一责任人，AF=机构，JN=中文刊名或英文刊名，RF=引文，YE=年，FU=基金，CLC=中图分类号，

SN=ISSN，CN=国内统一连续出版物号，IB=ISBN，CF=被引频次。专业检索表达式编写规则见中国知网（https://www.cnki.net/）。

（4）出版来源检索

出版来源检索（图3.3），可实现对期刊的基本信息、出版信息及收录情况的了解，并可快速浏览期刊历年发表文献的标题。

图3.3　CNKI出版来源检索界面

（5）知识元检索和引文检索

除了文献检索外，CNKI还提供了知识元检索和引文检索服务，前者提供了知识问答、百科、词典、手册、工具书及统计数据等功能，后者即中国引文数据库（https://ref.cnki.net/ref），提供引文索引功能。两者的检索方法与文献检索类似，在此不做赘述。

（6）检索结果

读者可采用CNKI自带的CAJViewer（https://cajviewer.cnki.net/）或PDF打开检索结果，阅读全文。

二、维普中文期刊服务平台

1. 简介

维普中文期刊服务平台（http://lib.cqvip.com/）源于1989年重庆维普资讯有限公司创建的中文科技期刊数据库，以中文期刊资源保障为核心，以数据检索应用为基础，以数据挖掘与分析为特色，面向教、学、产、研等多场景应用的期刊大数据服务平台。平台采用了先进的大数据构架与云端服务模式，通过准确、完整的数据索引和知识本体分析，着力为读者及信息服务机构提供优质的知识服务解决方案和良好的使用体验。截至2023年10月，该数据库平台累计收录中文期刊15 300余种，文献总量7400万余篇。所有文献被分为社会科学、自然科学、工程技术、农业科学、医药卫生、经济管理、教育科学和图书情报 8 个专辑，涉及医药卫生、农业科学、机械工程、自动化与计算机技术、化学工程、经济管理、政治法律、哲学宗教、文学艺术等 35 个学科大类、457 个学科小类。截至 2019 年 2 月，维普中文期刊服务平台收录现刊 9456 种，其中核心期刊 1960 种（《中文核心期刊要目总览（2020 年版）》），文献总量 5928 万条（表 3.2）。

表 3.2　维普中文期刊服务平台期刊及文献总量（截至 2019 年 2 月）

专辑	现刊/种	文献量/万条
社会科学	2078	1213
经济管理	918	1223
图书情报	135	188
教育科学	1594	1164
自然科学	962	438
医药卫生	1242	1204
农业科学	614	384
工程技术	2518	1950
总计	9456	5928

2. 检索方法

（1）基本检索

在维普中文期刊服务平台首页即可进行基本检索（图 3.4），首先选择检索字段，在检索框中输入检索词即可。检索字段包括任意字段、题名或关键词、题名、关键词、摘要、作者、第一作者、机构、刊名、分类号、参考文献、作者简介、基金资助和栏目信息等。检索框中输入的所有字符均被视为检索词，不支持任何逻辑运算；如果输入逻辑运算符，将被视为检索词或停用词进行处理。

图 3.4　维普中文期刊服务平台首页及基本检索框

（2）高级检索

在高级检索界面（图 3.5），检索框中可支持 AND、OR 和 NOT 三种简单逻辑运算。逻辑算符前后均须空格，其优先级为 NOT>AND>OR。此外，可通过英文半角符号"()"进一步提高优先级。当检索式中存在特殊字符时，需加半角引号单独处理，如"pan-genome"。检索词可以选择精确或模糊匹配，还可限定文献的发表时间、期刊范围及学科领域等检索条件，同时支持同义词扩展。

图 3.5　维普中文期刊服务平台高级检索界面

（3）检索式检索

检索式检索，是在检索框中使用布尔逻辑运算符对多个检索词进行组配检索。执行检索前，也可通过文献发表时间、期刊来源、学科领域等检索条件对检索范围进行限定。每次调整检索策略并执行检索后，均会在检索区下方生成一个新的检索结果列表，方便对多个检索策略的结果进行比对分析。

逻辑运算符 AND、OR 和 NOT 大小写兼容，所有运算符号必须在英文半角状态下输入，前后须空一格，逻辑运算符优先级为()>NOT>AND>OR，英文半角引号表示精确检索，即检索词不做分词处理，作为整个词组进行检索。字段标识符必须为大写字母，每种检索字段前，都须带有字段标识符，相同字段检索词可共用字段标识符（表 3.3）。例如，M =（草地 OR 草原）AND R = 退化。

表 3.3　检索字段标识符对照表

符号	字段	符号	字段
U	任意字段	S	机构
M	题名或关键词	J	刊名
K	关键词	F	第一作者
A	作者	T	题名
C	分类号	R	摘要

三、万方数据知识服务平台

1. 简介

万方数据知识服务平台（https://www.wanfangdata.com.cn/index.html）整合数亿条全球优质知识资源（表 3.4），包括期刊论文、学位论文、会议文献、科技报告、专利、标准、科技成果、法规、地方志、视频等十余种知识资源类型，覆盖自然科学、工程技术、医药卫生、农业科学、哲学政法、社会科学、科教文艺等全学科领域，实现海量学术文献统一发现及分析，支持多维度组合检索，适合不同用户群使用。

表 3.4　万方主要全文数据库及简介

数据库	简介
中国学术期刊数据库	收录始于 1998 年，包含 8000 余种期刊，其中包含北京大学、中国科学技术信息研究所、中国科学院文献情报中心、南京大学、中国社会科学院历年收录的核心期刊 3300 余种，年增 300 万篇，每天更新，涵盖自然科学、工程技术、医药卫生、农业科学、哲学政法、社会科学、科教文艺等各个学科
中国学位论文全文数据库	收录始于 1980 年，年增 35 万余篇，涵盖基础科学、理学、工业技术、人文科学、社会科学、医药卫生、农业科学、交通运输、航空航天和环境科学等各学科领域
中国学术会议文献数据库	包括中文会议和外文会议，中文会议收录始于 1982 年，年收集约 2000 个重要学术会议，年增 10 万篇论文，每月更新。外文会议主要来源于 NSTL 外文文献数据库，收录了 1985 年以来世界各主要学协会、出版机构出版的学术会议论文共计 1100 万篇全文（部分文献有少量回溯），每年增加论文约 20 万篇，每月更新
中外专利数据库	涵盖 1.3 亿余条国内外专利数据。其中，中国专利收录始于 1985 年，共收录 3900 万余条专利全文，可本地下载专利说明书，数据与国家知识产权局保持同步，包含发明专利、外观设计和实用新型三种类型，准确地反映中国最新的专利申请和授权状况，每月新增 30 万余条。国外专利 1 亿余条，均提供欧洲专利局网站的专利说明书全文链接，收录范围涉及中国、美国、日本、英国、德国、法国、瑞士、俄罗斯、韩国、加拿大、澳大利亚、世界知识产权组织、欧洲专利局等十一两组织及两地区数据，每年新增 300 万余条
中外标准数据库	收录了所有中国国家标准（GB）、中国行业标准（HB），以及中外标准题录摘要数据，共计 200 万余条记录，其中中国国家标准全文数据内容来源于中国质检出版社，中国行业标准全文数据收录了机械、建材、地震、通信标准，以及由中国质检出版社授权的部分行业标准
中国科技成果数据库	收录了自 1978 年以来国家和地方主要科技计划、科技奖励成果，以及企业、高等院校和科研院所等单位的科技成果信息，涵盖新技术、新产品、新工艺、新材料、新设计等众多学科领域，共计 64 万多项。数据库每两月更新一次，年新增数据 1 万条以上
中外科技报告数据库	中文科技报告收录始于 1966 年，源于中华人民共和国科学技术部，共计 10 万余份。外文科技报告收录始于 1958 年，涵盖美国政府四大科技报告（AD、DE、NASA、PB），共计 110 万余份
中国法律法规数据库	收录始于 1949 年，涵盖国家法律法规、行政法规、地方性法规、国际条约及惯例、司法解释、合同范本等，权威、专业。每月更新，年新增量不低于 8 万条

2. 检索

（1）基本检索

在基本检索页面（图 3.6），点击"全部"选择检索的数据库，单击输入框选择字段（题目、作者、作者单位、关键词和摘要）即可进行检索。基本检索可以使用双引号进行精确匹配的限定，也可以使用括号以及运算符构建检索表达式。

（2）高级检索

在高级检索页面（图 3.7），首先选择文献类型，在"检索信息"的下拉框里选择想要检索的字段名称（全部、主题、题名、题名或关键词、作者、作者单位、关键词、摘要、中图分类号、DOI、第一作者、期刊-基金、期刊-名称、期刊-ISSN/CN、期刊-期、学位-专业、学位-学位授予单位、学位-导师、学位-学位、会议名称、会议-主办单位），选择检索词精确还是模糊匹配，并可在输入框内使用括号以及运算符构建检索表达式。此外，还可限定文献的发表时间，支持中英文扩展和主题词扩展的智能检索。查看检索历史，可订阅最新文献推送服务。

图 3.6 万方数据库的基本检索界面及检索数据库

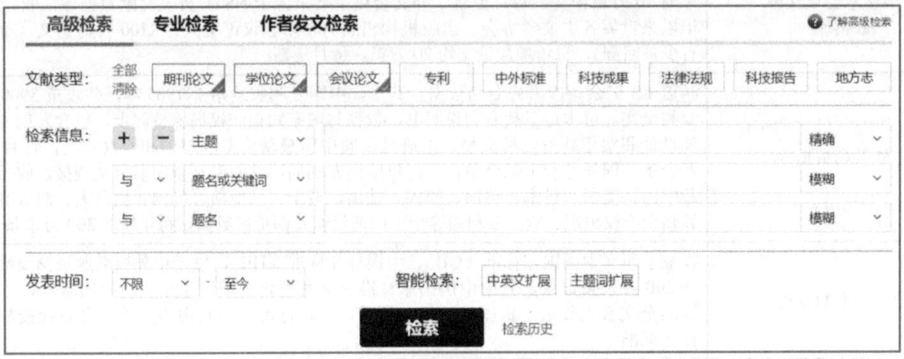

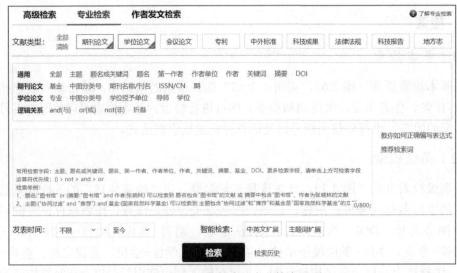

图 3.7 万方数据库的高级检索页面

（3）专业检索

专业检索需要编写检索表达式（图 3.8），通过点击系统提供的检索字段，采用逻辑运算符说明检索字段间的逻辑关系，可使用双引号对检索词进行精确匹配限定。此外，专业检索还提供了"推荐检索词"功能。

图 3.8 万方数据库的专业检索页面

（4）作者发文检索

在检索框输入作者姓名及作者单位可精确查找相关作者的学术成果，系统默认精确匹配。若某一行未输入作者或作者单位，则系统默认作者单位为上一行的作者单位。如图 3.9 所示，检索结果为同时包括兰州大学的南志标和段廷玉两位作者发表于 2012 年至 2022 年的期刊论文。

图 3.9　万方数据库的作者发文检索页面

四、中国生物医学文献服务系统

1. 简介

中国生物医学文献服务系统（http://www.sinomed.ac.cn/index.jsp），即 SinoMed，由中国医学科学院医学信息研究所/图书馆研制，2008 年首次上线服务，整合了中国生物医学文献数据库（CBM）、中国生物医学引文数据库（CBMCI）、北京协和医学院博硕学位论文库（PUMCD）、中国医学科普文献数据库（CPM）等多种资源，是集文献检索、引文检索、期刊检索、文献传递、开放获取、数据服务于一体的生物医学中外文整合文献服务系统（表 3.5）。

表 3.5　SinoMed 主要全文数据库及简介

数据库	简介
中国生物医学文献数据库（CBM）	收录 1978 年至今国内出版的生物医学学术期刊 2900 余种，其中 2019 年在版期刊 1890 余种，文献题录总量 1080 万余篇。全部题录均进行主题标引、分类标引，同时对作者、作者机构、发表期刊、所涉基金等进行规范化加工处理；2019 年起，新增标识 2015 年以来发表文献的通讯作者，全面整合中文 DOI（数字对象唯一标识符）链接信息，以更好地支持文献发现与全文在线获取
中国生物医学引文数据库（CBMCI）	收录世界各国出版的重要生物医学期刊文献题录 2900 万余篇，其中协和馆藏期刊 6300 余种，免费期刊 2600 余种；年代跨度大，部分期刊可回溯至创刊年，全面体现协和医学院图书馆悠久丰厚的历史馆藏
北京协和医学院博硕学位论文库（PUMCD）	收录 1981 年以来北京协和医学院培养的博士、硕士学位论文全文，涉及医学、药学各专业领域及其他相关专业，内容前沿丰富
中国医学科普文献数据库（CPM）	收录 1989 年以来近百种国内出版的医学科普期刊，文献总量达 43 万余篇，重点突显养生保健、心理健康、生殖健康、运动健身、医学美容、婚姻家庭、食品营养等与医学健康有关的内容

2. 检索

按检索资源不同，可分为多资源的跨库检索和仅在某一资源（中文文献、西文文献、博硕论文或科普文献）的单库检索，均支持快速检索、高级检索、主题检索和分类检索。同时，SinoMed 支持智能检索、精确检索、限定检索、过滤筛选等检索限定功能。

（1）跨库检索

进入 SinoMed，首先呈现的是跨库检索（图 3.10）。跨库检索能同时在 SinoMed 平台集成的所有资源库进行检索。首页的检索输入框即跨库快速检索框，其右侧是跨库检索的高级检索入口。

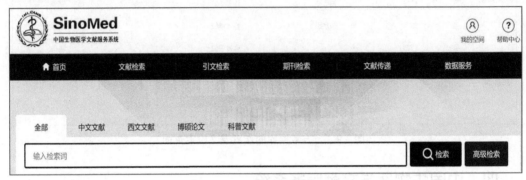

图 3.10　SinoMed 跨库检索页面

（2）快速检索与智能检索

快速检索默认在全部字段内执行检索，且集成了智能检索功能，使检索过程更简单，检索结果更全面（图 3.11）。当输入多个检索词时，词间用空格分隔，默认为"AND"逻辑组配关系。

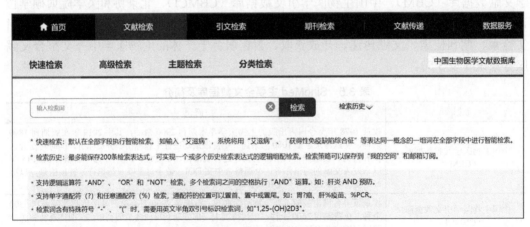

图 3.11　SinoMed 快速检索与智能检索

需要将多个英文单词作为一个检索词时，或者检索词含有特殊符号如"-""("时，需要用英文半角双引号标识检索词，如"mitochondrial DNA"。智能检索是基于词表系统，将输入的检索词转换成表达同一概念的一组词的检索方式，即自动实现检索词及其同义词（含主题词、下位主题词）的同步检索，是基于自然语言的主题概念检索。优化后的智能检索，支持词与词间的逻辑组配检索，取消了对可组配检索词数量的限制。

（3）高级检索

高级检索支持多个检索入口、多个检索词之间的逻辑组配检索，方便用户构建复杂检索表达式（图3.12）。高级检索主要新增功能有：①检索表达式实时显示编辑以及可直接发送至"检索历史"；②构建检索表达式每次可允许输入多个检索词；③扩展CBM检索项，新增"核心字段"检索及通讯作者/通讯作者单位检索；④在中文资源库中，针对作者、作者单位、刊名、基金检索项增加智能提示功能；西文库中增加刊名智能提示功能。

CBM"核心字段"由最能体现文献内容的中文标题、关键词、主题词三部分组成，与"常用字段"相比，剔除了"摘要"项，以进一步提高检索准确度。

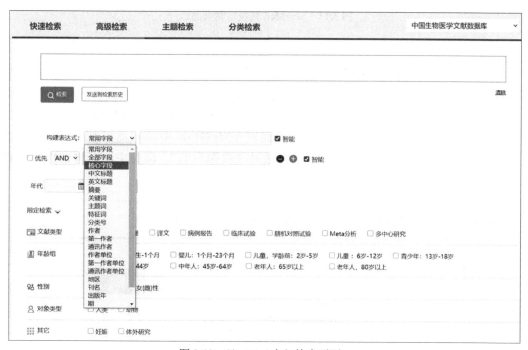

图3.12 SinoMed高级检索页面一

第一步：进入CBM高级检索（图3.13），在构建表达式中选择"第一作者"，如输入"侯扶江"，这里默认精确检索，在智能提示下选择其所在单位名称。

第二步：增加检索框，选择"核心字段"，输入"草地"；三个检索之间选择"AND"，点击"检索"按钮即可检索。

（4）限定检索

限定检索把文献类型、年龄组、性别、对象类型、其他等常用限定条件整合到一起，用于对检索结果的进一步限定，可减少二次检索操作，提高检索效率。一旦设置了限定条件，除非用户取消，否则在该用户的检索过程中，限定条件一直有效。

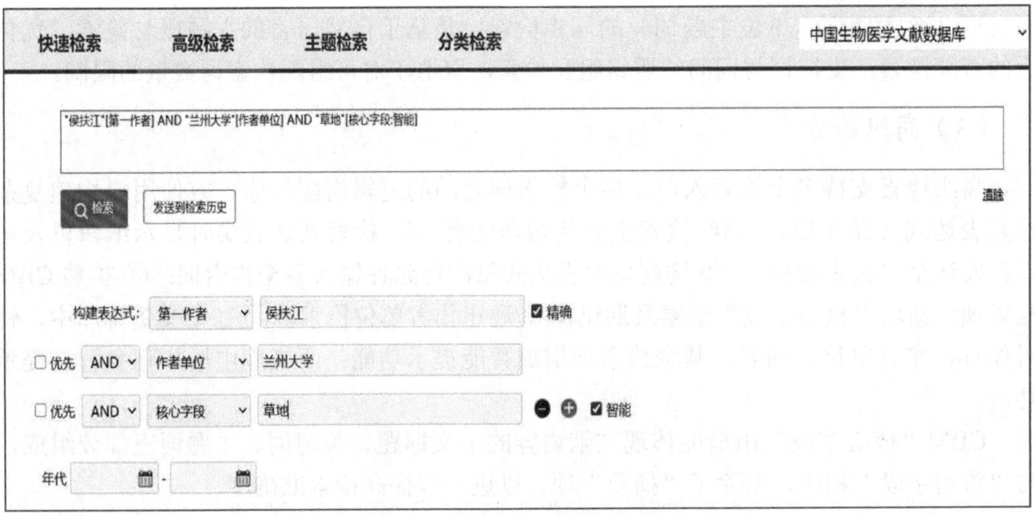

图 3.13 SinoMed 高级检索页面二

（5）主题检索

主题检索是基于主题概念检索文献，支持多个主题词同时检索，有利于提高查全率和查准率。进入主题检索页面（图3.14），通过选择合适的副主题词、设置是否加权（即：加权检索）、是否扩展（即：扩展检索），可使检索结果更符合用户需求。

输入检索词后，系统将在《医学主题词表（MeSH）》中译本及《中国中医药学主题词表》中查找对应的中文主题词。也可通过"主题导航"，浏览主题词树查找需要的主题词。

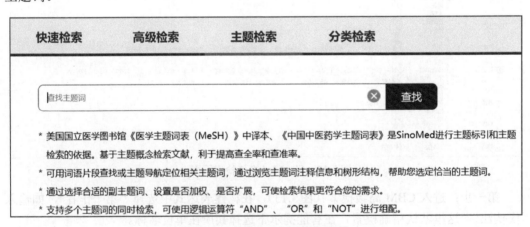

图 3.14 SinoMed 主题检索页面

（6）分类检索

分类检索是从文献所属的学科角度进行查找，支持多个类目同时检索，能提高族性检索效果（图3.15）。可用类名查找或分类导航定位具体类目，通过选择是否扩展、是否复分，使检索结果更符合用户需求。分类检索单独使用或与其他检索方式组合使用，可发挥其族性检索的优势。且支持多个类目的同时检索，可使用逻辑运算符"AND""OR"和"NOT"进行组配。

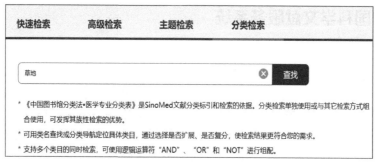

图 3.15　SinoMed 分类检索页面

（7）单篇搜索

单篇搜索是 SinoMed 为方便用户提供的一个小工具，帮助从 CBM 或 WBM 中快速精确查找特定文献（图 3.16，图 3.17）。

图 3.16　SinoMed 单篇搜索入口

图 3.17　SinoMed 单篇搜索界面

五、中国科学文献服务系统

1. 简介

中国科学文献服务系统（表 3.6），即 ScienceChina（http://sdb.csdl.ac.cn/）建立于 2002 年，是中国科学院知识创新工程——国家科学数字图书馆资助项目之一。该系统包含中国科学引文数据库、中国科学院学位论文数据库、中国科学文献计量指标数据库和中国科技期刊引证指标数据库，为用户构建了基于文献检索、引文链接、全文获取、网络咨询为一体的文献查找、全文获取、信息咨询的信息服务平台。

表 3.6　ScienceChina 主要全文数据库及简介

数据库	简介
中国科学引文数据库	即 Chinese Science Citation Database，简称 CSCD，是我国第一个引文数据库。CSCD 创建于 1989 年，收录我国数学、物理、化学、天文学、地学、生物学、农林科学、医药卫生、工程技术和环境科学等领域出版的中英文科技核心期刊和优秀期刊千余种，目前（截至 2022 年 10 月 7 日）已积累从 1989 年到现在的论文记录近 600 万条，引文记录 9300 万余条。中国科学引文数据库内容丰富、结构科学、数据准确。中国科学引文数据库还提供了数据链接机制，支持用户获取全文
中国科学院学位论文数据库	中国科学院学位论文数据库（CAS Thesis & Dissertation Database）收录自 1983 年以来中国科学院授予的博士、硕士学位论文及博士后出站报告，涵盖数学、物理、化学、地球科学、生物科学、农林科学、工程技术、环境科学、管理科学等学科领域，收录论文近 20 万篇，学位论文引文近 1200 万条（截至 2022 年 10 月 7 日），是全面了解中国科学院学位论文的重要数据库 本学位论文数据库除具备常规的检索功能外，还提供：中国科学院学位论文检索、中国科学院大学培养机构与教师信息、师承关系展示、发现引用经典文献、找到相关学位论文、学位论文与期刊论文关联、全文服务等服务
中国科学文献计量指标数据库	即 CSCD ESI Annual Report，其运用科学计量学和网络计量学的有关方法，以 CSCD 及 SCI 年度数据为基础，对我国年度科技论文的产出力和影响力及其分布情况进行客观的统计和描述。其从宏观统计到微观统计，渐次展开，展示了省市地区、高等院校、科研院所、医疗机构、科学研究者论文产出力和影响力，并以学科领域为引导，显示我国各学科领域的研究成果，揭示不同学科领域中，研究机构的分布状态，适用于科研管理者、情报分析工作者、科研政策制定者及科研工作者等
中国科技期刊引证指标数据库	是根据 CSCD 年度期刊指标统计数据创建的。该统计数据以 CSCD 核心库为基础，对刊名等信息进行了大量的规范工作，所有指标统计遵循文献计量学的相关定律及统计方法，这些指标如实反映国内科技期刊在中文世界的价值和影响力

2. 检索

中国科学引文数据库（CSCD）除具备一般的检索功能外，还提供新型的索引关系：引文索引，使用该功能，用户可迅速从数百万条引文中查询到某篇科技文献被引用的详细情况，还可以从一篇早期的重要文献或著者姓名入手，检索到一批近期发表的相关文献，对交叉学科和新学科的发展研究具有十分重要的参考价值。

（1）简单检索

来源文献检索是对来源期刊上发表的文章进行检索。检索字段包括：作者、第一作者、题名、刊名、ISSN、文摘、机构、第一机构、关键词、基金名称、实验室、开放研究者与贡献者身份识别码（open researcher and contributor ID，ORCID）、DOI（图 3.18）。现以"作者"（侯扶江）、"论文发表时间"（2018~2022）和学科范围（农业科学）三个字段为例进行检索（图 3.19）。

图 3.20 为侯扶江作者在 2018~2022 在农业科学这个领域发表的论文检索情况（部分结果）。

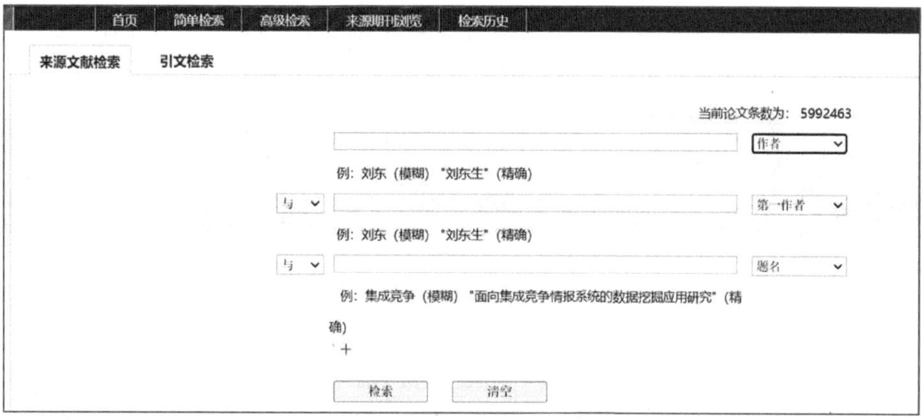

图 3.18　CSCD 来源文献检索界面

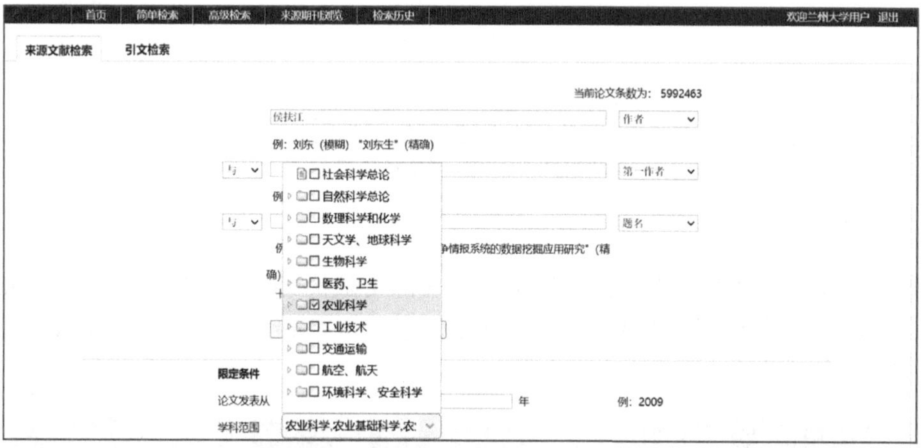

图 3.19　CSCD 来源文献检索实例

图 3.20　CSCD 来源文献检索结构示例

引文检索是对已收录的期刊文章的参考文献进行检索。检索字段包括：被引作者、被引第一作者、被引来源、被引机构、被引实验室、被引文献主编（图3.21）。

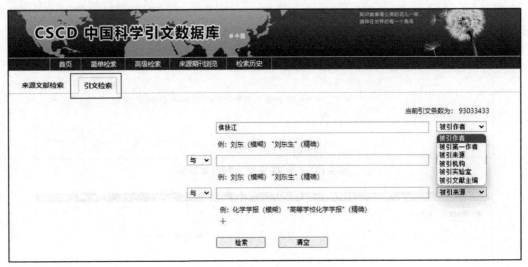

图 3.21　CSCD 引文检索界面

（2）高级检索

基本步骤为：高级检索（图3.22①）→来源文献检索（图3.22②）→输入检索式（图3.22③）或输入检索词生成检索式（图3.22④）→点击"检索"，即可获得检索结果（图3.23）。

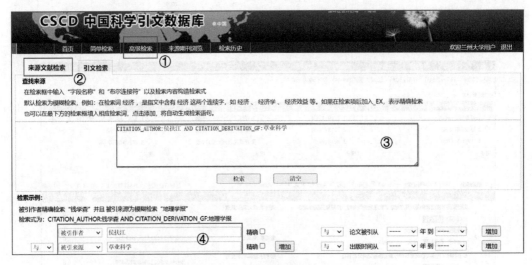

图 3.22　CSCD 高级检索界面

（3）CSCD 来源期刊浏览

1）刊名检索。可根据来源期刊首字母检索（图3.24①），也可输入目标期刊（图3.24②），来查询目标期刊收录论文的情况。如图3.25所示，收录了草业科学期刊从1999～2022年的文献。

图 3.23 CSCD 高级检索结果

图 3.24 CSCD 刊名检索界面

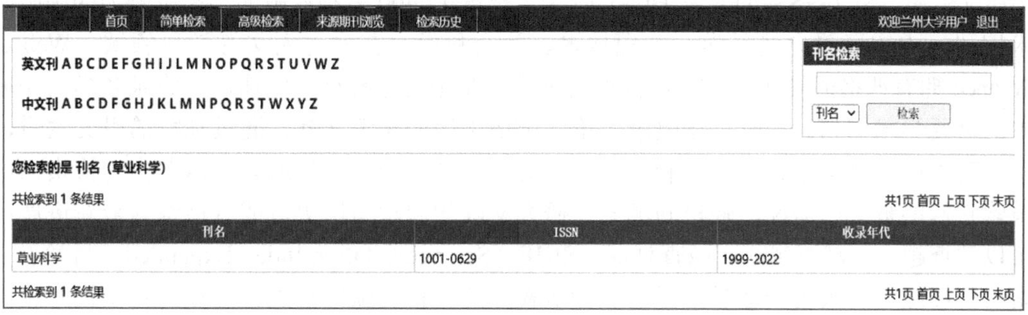

图 3.25 在 CSCD 中直接搜索目标期刊名称的结果

2)引文检索。在 CSCD 引文检索页面也可查询某一期刊,获得该期刊的发文情况。选择"被引来源",输入"草业科学"(图3.26),点击"检索"即可获得《草业科学》逐年发表的文献数量、发文量最大的作者、每条文献的概况及链接,并可将文献导出到 EndNote 等文献管理软件(图3.27)。

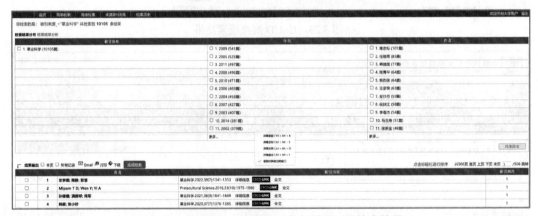

图 3.26　CSCD 引文检索页面查询期刊

图 3.27　CSCD 引文检索对《草业科学》的检索结果

六、Web of Science

1. 简介

Web of Science 是获取全球学术信息的重要数据库平台(图3.28),Web of Science 三大引文索引(SCIE+SSCI+A & HCI)收录了全球 12 400 多种权威的、高影响力的国际学术期刊,内容涵盖自然科学、工程技术、社会科学、艺术与人文等学科领域。Web of Science 拥有严格的筛选机制,其依据文献计量学中的布拉德福定律,只收录各学科领域中的重要学术期刊。同时,还收录了论文中所引用的参考文献,通过独特的引文索引,用户可以用一篇文章、一个专利号、一篇会议文献、一本期刊或者一本书作为检索词,检索它们的被引用情况,轻松回溯某一研究文献的起源与历史,或者追踪其最新进展;可以越查越广、越查越新、越查越深。SCIE(Science Citation Index Expanded,科学引文索引扩展版)历来被全球学术界公认为最权威的科技文献检索工具,提供科学技术领域最重要的研究信息,共收录了 8600 多种自然科学领域的世界权威期刊,覆盖了 176 个学科领域。SSCI（Social Sciences Citation Index，社会科学引文索引）是一个涵盖了社会科学领域的多学科综合数据库，共收录 3000 多种社会科学领域的世界权威期刊，覆盖了 56 个学科领域。A & HCI（Arts & Humanities Citation Index，艺术与人文引文索引）共收录 1700 多种艺术与人文领域的世界权威期刊，覆盖了音乐艺术、哲学、历史、戏剧、文学与文学评论、语言和语言学、舞蹈、民俗、中世纪和文艺复兴研究、亚洲研究等 28 个学科领域。

图 3.28　Web of Science 主界面

2. 检索方法

（1）基本检索

在 Web of Science 检索页面（图 3.29），首先从列表中选择可用的数据库。每个数据库都附有详细说明，可帮助决定选择最合适的数据库，默认选择所有数据库。文献检索时，可选择一个或多个检索词字段（表 3.7），如在一个检索中包含关键词、作者姓名或期刊名等论文相关信息。

图 3.29　Web of Science 检索界面

按出版物时间范围进行检索，可采用出版年份字段按年份检索，或采用出版日期字段以输入日/月/年范围检索，或采用索引日期字段检索目标文献添加到 Web of Science 的日期。

表 3.7 Web of Science 检索词字段标识

TS=主题	ED=编者	SO=出版物/来源出版物名称
TI=标题	AB=摘要	LD=索引日期
AU=作者	AK=作者关键词	DOP=出版日期
AI=作者标识符	KP=关键词+keyword Plus*	PMID=PubMed ID
GP=团队作者	DO=DOI	SU=研究方向
PY=出版年	AD=地址	IS=ISSN/ISBN

* 关键词+独立于文献标题和作者关键词，由 Web of Science 数据库提供

（2）高级检索

打开高级检索页面（图 3.30），就可以看到高级检索式生成器，可以将多个基本检索通过"添加到检索式"形成可预览的检索式。页面还提供了布尔逻辑算符和字段标识"检索帮助"，方便用户编辑特定的检索式。

图 3.30 Web of Science 高级检索及字段标识说明

（3）被引参考文献检索

通过"被引参考文献"（图 3.31），可搜索作者、某篇文献或某一主题文献的引用情况。

七、PubMed

1. 简介

PubMed 是一个免费的网络资源，支持生物医学和生命科学文献的搜索和检索，目的是改善全球和个人的生命健康。PubMed 数据库包含 3300 多万篇生物医学文献的引用和摘要。它不包括全文期刊文章；然而，当从其他来源，如出版商的网站或 PubMed Central（PMC）获得全文链接时，通常会出现全文链接。PubMed 自 1996 年起在网上向

图 3.31 Web of Science 被引参考文献检索界面

公众开放，由美国国家生物技术信息中心（NCBI）开发并维护，该中心是美国国家医学图书馆（NLM）的一个部门，位于美国国立卫生研究院（NIH）。

2. 基本检索

在检索框里直接输入关键词、词（词组）或短语、作者、期刊名等即可进行检索，也可采用布尔逻辑算符编写检索式进行检索。空格等同于 AND。关于检索规则，详细可见 PubMed 用户指南（PubMed User Guide）。

【案例】检索关于"mitochondrial genomes"的文献（图 3.32）。

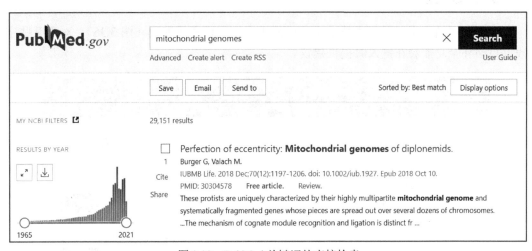

图 3.32 PubMed 关键词的直接检索

【案例】检索侯扶江发表的文章（图 3.33）。

【案例】检索 *Molecular Biology and Evolution* 期刊上的文章（图 3.34）。

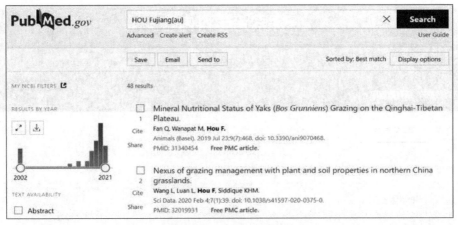

图 3.33　PubMed 作者检索

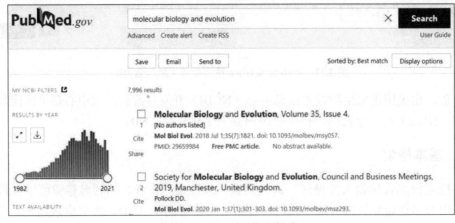

图 3.34　PubMed 期刊检索

3. 高级检索

使用高级搜索生成器搜索特定字段中的术语，如作者或期刊（图 3.35）。对于某些字段，自动补全功能会在键入时提供建议。

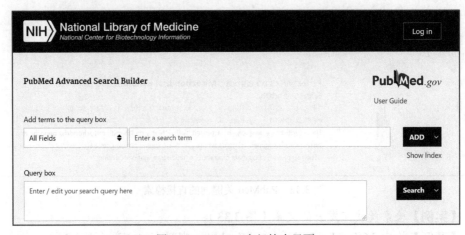

图 3.35　PubMed 高级检索界面

【案例】检索兰州大学李春杰教授发表的文章（图3.36）。

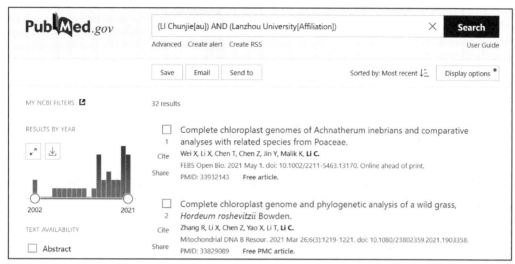

图3.36　PubMed高级检索示例

八、SpringerLink

1. 简介

德国斯普林格（Springer Verlag）出版社，简称Springer，是世界上最大的科技出版社之一，1842年创建于柏林，以出版学术性出版物而闻名于世，是最早将纸本期刊做成电子版发行的出版商。其网上出版系统SpringerLink（http://link.springer.com/）收录了1997年以来的1900多种学术期刊，还收录了丛书、电子图书和100多种参考工具书，以及"中国在线科学图书馆"和"俄罗斯在线科学图书馆"两个特色图书馆。学科涉及化学与材料科学、工程学、数学与统计学、资源环境与地球科学、计算机科学、物理学与天文学、专业电脑和计算机应用、行为科学、商业与经济管理、人文社科、法律、哲学、生命科学、医学等，其中包括了2005～2011版权年出版的 Lecture Notes in Computer Science（《计算机科学讲义》）、Lecture Notes in Mathematics（《数学讲义》）、Lecture Notes in Physics（《物理学讲义》）和 Lecture Notes in Earth Science（《地球科学讲义》）、Studies in Computational Intelligence、Topics in Current Chemistry 等著名丛书。

2. 检索方法

（1）浏览检索

按学科类型浏览。SpringerLink学科分类检索界面如图3.37所示。可单击相关学科，进入该学科的界面。

按内容类型浏览。SpringerLink内容类型检索界面如图3.37所示。

SpringerLink提供了6种内容类型：（期刊）文章、（图书）章节、会议论文、参考文献、实验指南和视频资料。

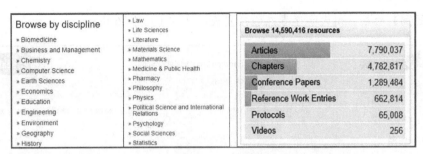

图 3.37　SpringerLink 学科分类及内容类型的检索界面

（2）简单检索

在 SpringerLink 数据库首页上方有一个简单检索框，可直接输入关键词进行全文检索，如图 3.38 所示。

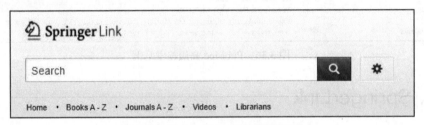

图 3.38　SpringerLink 基本检索界面

布尔逻辑检索。多个检索词之间可以使用逻辑算符"AND""OR"和"NOT"。

截词检索。检索词尾添加"*"表示检索出所有相同词根的词或表示检索出一个词的所有形式，如检索 hea*，可获得包含"head""heats""heating""health"等的检索结果。

位置检索。用位置算符"NEAR"连接检代词，表示两个检索词相互邻近，返回的检索结果按邻近的次序排序。

（3）高级检索

在 SpringerLink 主页上还提供高级检索（advanced search）和检索帮助（search help）。可以通过使用高级检索选项进一步缩小检索范围，也可以限定在本馆的访问权限内搜索（勾选 Include Preview-Only content）。SpringerLink 高级检索界面如图 3.39 所示。

（4）期刊检索

期刊检索和文章检索类似，不再赘述。

（5）检索结果

执行检索后，首先显示的是检索结果的数量和篇名目录项（图 3.40）。搜索结果的类型有丛书（图书）、期刊（文章）、图书（章节）等。在默认情况下，将显示所有的搜索结果，可以取消勾选 Include Preview-Only content，将显示本馆能查看的权限范围。在页面左方有聚类选项（Refine Your Search）可以帮助优化搜索结果。聚类选项包括文献内容类型、学科、子学科、语种等。在检索结果界面中还可以将检索结果按相关性排序、按时间顺序由新到旧排序、按时间顺序由旧到新排序。

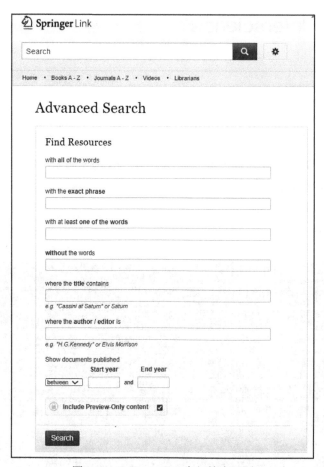

图 3.39　SpringerLink 高级检索界面

图 3.40　SpringerLink 检索结果示例

九、Wiley Interscience

1. 简介

Wiley 是一个有近 200 年历史的国际知名专业出版机构，在化学、生命科学和医学，以及工程技术等领域学术文献出版方面颇具权威性。Wiley Interscience（Wiley 数据库）是 Wiely 创建的综合性网络出版及服务平台，收录了 1600 多种科学、工程技术、医疗领域及相关专业期刊、30 多种大型专业参考书、13 种实验室手册的全文和 500 多个题目 Wiley 学术图书的全文，内容涉及农业、生命科学、医学、人类学、地球与环境科学、化学等 17 个学科（图 3.41）。

图 3.41　Wiley 数据库的主题分类

2. 检索方法

（1）基本检索

Wiley 数据库首页提供了基本检索（basic search）（图 3.42），只需要在检索栏中输入检索表达式，选择检索范围并点击 Go 即可完成检索。在基本检索输入中，可以使用布尔逻辑算符（AND，OR，NOT）和截词符（*）等（表 3.8）。

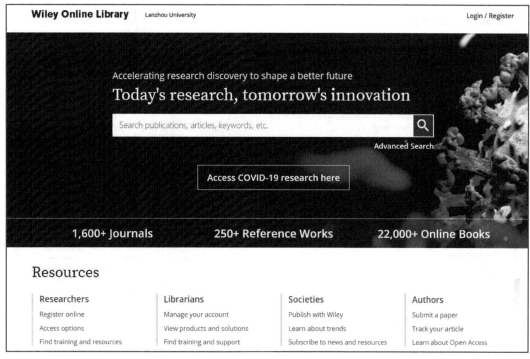

图 3.42　Wiley 数据库检索界面

表 3.8　Wiley 数据库支持的运算符

运算符	表达符号	含义	举例
逻辑算符	AND	两个检索词必须同时出现	Zhang AND Wang
	OR	两个检索词任何一个出现	butterfly OR moth
	NOT	NOT 后的检索词不出现	mitochondria Not chloroplast
邻近算符	NEAR	两个检索词紧挨着出现，前后位置任意	grassland <NEAR> degeneration
	NEAR/X	两个检索词之间必须有 X 个词隔开	grassland <NEAR/2> degeneration
通配符	*	代表零个或若干个字符	检索 mitochondr* 可以查到 mitochondria、mitochondrial、mitochondrion 等
词组	" "	表示括号内的检索词作为一个整体	"mitochondrial genome"

（2）高级检索

点击基本检索页面上"ADVANCED SEARCH"即进入高级检索（Advanced Search）界面（图 3.43）。

如果选择使用高级检索方式，在输入检索式后还需选择检索字段。Wiley 数据库的检索字段包括出版物名称、文章名称、作者、全文/摘要、关键词、出资机构、ISBN、ISSN、文章的 DOI 号和参考书目等。

为了使检索结果更加精确，可以限定产品类型、学科范围、时间等。此外，还可以选择检索结果的排序方式。

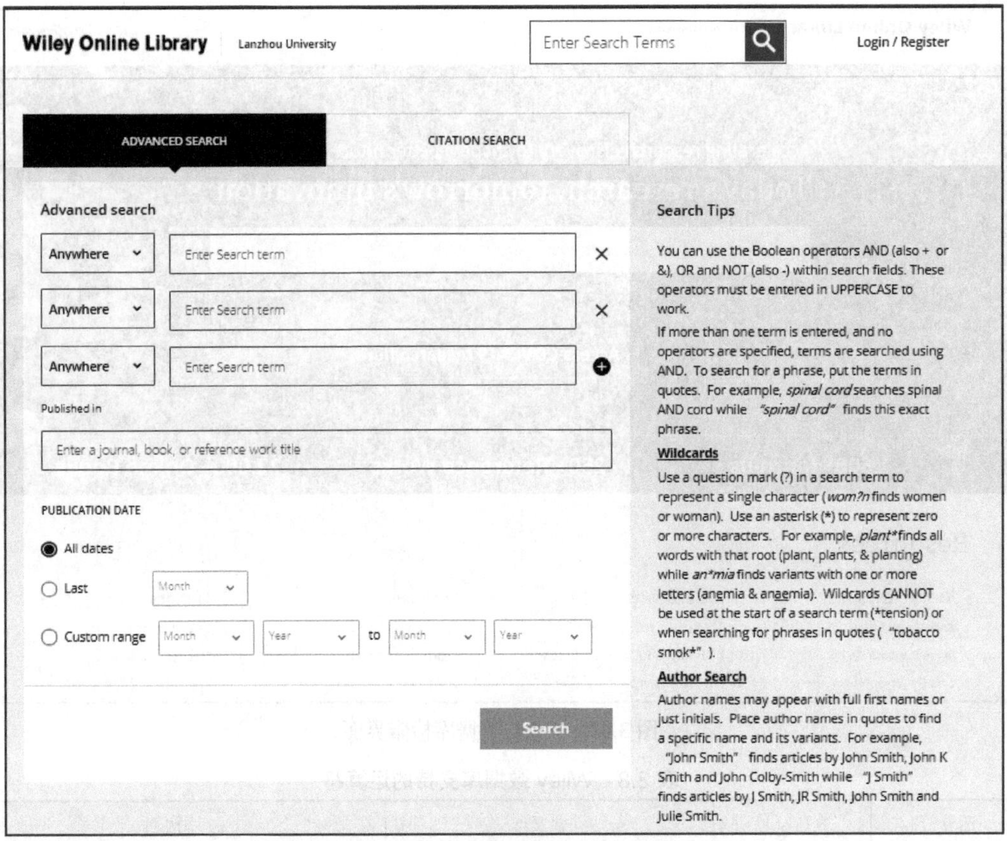

图 3.43　Wiley 数据库高级检索界面

十、Elsevier ScienceDirect

1. 简介

Elsevier ScienceDirect（简称 Elsevier 或 ScienceDirect 数据库）由荷兰爱思唯尔（Elsevier）出版集团提供，它包含了 Elsevier 出版集团所属的 2200 多种同行评议期刊和 2000 多种系列丛书、手册及参考书等，内容涉及数学、物理、化学、生命科学、科学、临床医学、环境科学、材料科学、航空航天、工程与能源技术、地球科学、天文学及经济、商业管理和社会科学等。

该数据库的文摘题录信息（收录始于 1823 年）可免费访问，但只有正式订购用户才能访问全文（1995 年至今）。若同时订购了回溯数据的用户则可访问 1823 年以来的全文。

Elsevier 的主站点为：http://www.sciencedirect.com。订购用户在网络浏览器中输入以上网址，即可进入 ScienceDirect 数据库平台的首页（图 3.44）。

2. 期刊浏览

ScienceDirect 数据库平台提供刊名字顺表（browse by title）和期刊分类目录（browse by subject）。

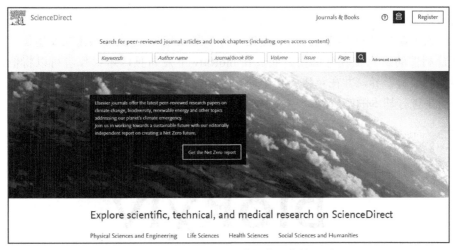

图 3.44 ScienceDirect 数据库平台的界面

（1）按刊名字顺浏览

从刊名字顺表中单击某一刊名，进入该刊卷期列表页面，逐期浏览。在期刊的卷期列表页面上，系统通常提供期刊出版者网页链接（为期刊封面图标），从中可以获得投稿指南等信息。此外，一些期刊提供在印文章（articles in press），它们是已录用但还未正式出版的文章。

（2）按学科浏览

系统将全部期刊分为四大类：物理科学与工程（physical sciences and engineering）、生命科学（life sciences）、健康科学（health sciences）、人文与社会科学（social sciences and humanities）。每大类下又分为若干个小类。如物理科学与工程大类下分为：化学工程（chemical engineering）、化学（chemistry）、计算机科学（computer science）、地球与行星科学（earth and planetary sciences）、能源（energy）、工程（engineering）、材料科学（materials science）、数学（mathematics）、物理与天文学（physics and astronomy）。从期刊分类目录中逐级单击某类别，即可看到该类别下的刊名字母顺序表。单击某一期刊后进入该刊的卷期列表页面，逐期浏览。

3. 检索功能

Elsevier 系统提供快速检索（quick search）、高级检索（advanced search）、专家检索（expert search）、本刊检索（search in this journal）及二次检索（search within results）五种检索方式。

十一、bioRxiv

1. 简介

bioRxiv（bio-archive，https://www.biorxiv.org/）是由 John Inglis 和 Richard Sever 于

2013 年 11 月共同创建的生命科学开放获取预印本知识库，是一个免费的在线档案和分发服务，为生命科学的未出版预印本提供服务（图 3.45）。它由冷泉港实验室运营，这是一个非营利性的研究和教育机构。通过在 bioRxiv 上发布预印本，作者可以将他们的发现立即提供给科学界，并在草稿提交给期刊之前收到反馈。bioRxiv 上的论文不进行同行评议，而是进行基本的筛选和剽窃检查，但读者可以对预印本提出意见。

图 3.45　bioRxiv 的主界面

由于 bioRxiv 的流行，一些生物学杂志更新了他们关于预印本的政策，并表示不认为预印本是"提前出版"。截至 2019 年 12 月 31 日，bioRxiv 已存有 68 000 多篇论文。

2. 检索方法

具有基本检索和高级检索（图 3.46），基本规则与其他数据库相似，但更容易上手操作，不再赘述。

十二、Google Scholar

1. 简介

Google Scholar（谷歌学术搜索，简称谷歌学术）是一个可以免费搜索学术文章的网络搜索引擎（图 3.47），它可以对各种出版格式和学科的学术文献的全文或元数据进行搜索，包括大多数同行评议的在线学术期刊和书籍、会议文献、学位论文、预印本、摘要、技术报告和其他学术文献。谷歌学术的广告标语是"stand on the shoulders of giants"（站在巨人的肩膀上）。

Google Scholar 为科研用户提供了一个强有力的学术搜索工具，帮助用户全面了解某一领域的学术文献，还可以通过强大的学术网页搜索立刻查证某一位专家到底对某学科做过多大贡献，有多少人引用或继续他的研究结果。Google Scholar 不仅补充了专业数据库（如 PubMed）学科面太窄的缺点，而且可以让科学家及其研究结果通过网络学术搜索引擎而公开化，使科学家的工作业绩变得更加透明，从而以防止学术造假、评审不公等弊病。此外，Google Scholar 补充了科学引文索引（SCI）只重视期刊影响因子（IF）而忽略了文章内容的水平评价，使科技评价更加公正和全面。

图 3.46　bioRxiv 的高级检索界面

图 3.47　谷歌学术搜索首页

2. 检索方法

（1）普通检索

在 Google Scholar 首页（图 3.47）直接在检索框中输入主题词、作者、期刊名或机构等，即可进行检索；也可通过布尔逻辑算符编写检索式进行精准检索。

（2）高级检索

Google Scholar 的高级搜索功能同其他常用商业学术数据库的检索平台类似（图 3.48），用户可以进入高级学术搜索界面进一步通过布尔逻辑组配缩小搜索范围，从而得到更加精确的检索结果。

图 3.48 谷歌学术搜索高级检索页面

十三、百度学术

1. 简介

百度学术（https://xueshu.baidu.com）于 2014 年 6 月上线，是百度旗下的免费学术资源搜索平台，致力于将资源检索技术和大数据挖掘分析能力贡献于学术研究，优化学术资源生态，引导学术价值创新，为海内外科研工作者提供最全面的学术资源检索和最好的科研服务体验。

百度学术收录了包括知网、维普、万方、Elsevier、Springer、Wiley、NCBI 等的 120 多万个国内外学术站点，索引了超过 12 亿学术资源页面，包括学术期刊、会议文献、学位论文、专利、图书等类型在内的 6.8 亿多篇学术文献，成为全球文献覆盖量最大的学术平台,在此基础上,构建了包含400多万个中国学者主页的学者库和包含1.9万多个中、外文期刊主页的期刊库。以上强大的技术和数据优势,为学术搜索服务打下了坚实的基础,目前每年为数千万学术用户提供近30亿次服务。

百度学术主要提供学术主页、学术搜索、学术服务三大主要服务(图3.49)。

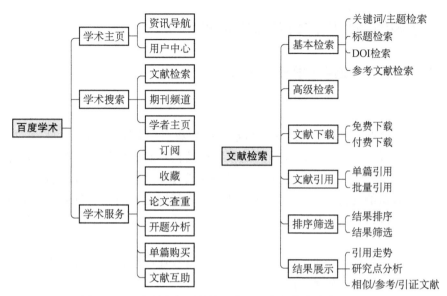

图3.49　百度学术主要板块(左)及文献检索内容(右)

(1)学术主页

学术主页提供站内功能及常用数据库导航入口,推送"高被引论文""学术视界"等学术资讯,开放用户中心页面。

(2)学术搜索

学术搜索支持用户进行文献、期刊、学者三类内容的检索,并支持高校或科研机构图书馆定制版学术搜索。

(3)学术服务

学术服务支持用户"订阅"感兴趣的关键词、"收藏"有价值的文献、对所研究的方向做"开题分析"、进行毕业论文"查重"、通过"单篇购买"或者"文献互助"的方式获取所需文献、在首页设置常用数据库方便直接访问。

2. 检索方法

百度学术能够识别并且满足多种不同表达方式的检索需求(图3.49),并提供一系列精细化小功能进一步提升用户体验。百度学术网站的"产品介绍"中有详细介绍,读者可进一步查阅,不再赘述。

第二节 草学文献检索案例

一、使用中国知网进行草学文献检索

案例 1：检索草业经济学相关文献

（1）检索分析

检索目标：检索"河西走廊地区以苜蓿生产为基础的草牧业发展"的相关文献。

科学问题：近年来，河西走廊地区的草牧业结构不断优化升级，苜蓿生产则是该地区草牧业发展的重要支撑。河西走廊荒漠绿洲区具有发展高产优质苜蓿的自然条件。在国家相关产业政策的支持下，河西走廊地区已成为我国重要的优质苜蓿生产基地之一。研究河西走廊地区以苜蓿生产为基础的草牧业发展现状对规划该地区经济发展方向具有重要意义。

关键词：①草牧业、草业、牧业、农牧业、畜牧业；②紫花苜蓿、苜蓿；③河西走廊、河西、张掖、酒泉、金昌、武威。

（2）检索过程

1）使用 CNKI 高级检索进行此次文献检索。打开知网首页，点击检索框右侧的"高级检索"按钮，进入文献高级检索页面，输入草牧业的主题词和其同义词，用 OR 连接，即"草牧业"OR"草业"OR"牧业"OR"畜牧业"OR"农牧业"。共计获得 12.09 万条文献记录，其中学术期刊文献 8.73 万篇（图 3.50）。

图 3.50 CNKI 高级检索界面及检索结果（1）

2）输入地区"河西走廊"OR"河西"OR"武威"OR"酒泉"OR"张掖"OR"金昌",选择"结果中检索",得出 387 篇学术期刊文献（图 3.51）。

图 3.51　CNKI 高级检索界面及检索结果（2）

3）输入"紫花苜蓿"OR"苜蓿",选择"结果中检索",最终得出 33 篇学术期刊文献（图 3.52）。

图 3.52　CNKI 高级检索界面及检索结果（3）

（3）结果分析

通过高级检索：主题（"草牧业" OR "草业" OR "牧业" OR "畜牧业" OR "农牧业"）AND 主题（"河西走廊" OR "河西" OR "武威" OR "酒泉" OR "张掖" OR "金昌"）AND 主题（"紫花苜蓿" OR "苜蓿"），共计检索到"河西走廊地区以苜蓿生产为基础的草牧业发展"学术期刊文献 33 篇。查看检索结果，可发现检索结果基本包括所有相关文献，实现了查全的目标，但是可能仍会有部分文献不属于此次检索的目标文献。鉴于文献只剩下 33 篇，可通过人工进一步筛选获得最终需要的文献。

案例 2：检索饲草学相关文献

（1）检索分析

检索目标：青藏高原地区紫花苜蓿抗寒机理研究相关文献，探究紫花苜蓿在高寒地区的越冬机制。

科学问题：在我国青藏高原地区，栽培牧草多以抗寒性强的禾草为主，家畜所需养分以能量类粗纤维为主，粗蛋白供应严重不足，难以满足草食家畜健康生长需求。紫花苜蓿含丰富的蛋白质，是世界上最重要的饲草。但在青藏高原地区，紫花苜蓿生产往往面临越冬率低的问题，制约着紫花苜蓿草地的建植与发展。查阅青藏高原地区紫花苜蓿抗寒性相关的文章，有助于理解紫花苜蓿抗寒机理，了解高寒区紫花苜蓿草地的建植技术，保障紫花苜蓿顺利越冬，为我国青藏高原地区紫花苜蓿生产提供技术支撑。

关键词：①紫花苜蓿、苜蓿；②抗寒、耐寒、越冬；③青藏高原。

（2）检索过程

1）使用 CNKI 专业检索功能进行检索。在高级检索状态下点击页面上方的专业检索，即可进入专业检索页面。首先编写检索式，为了较为"全"地查阅文献，均选择主题进行检索，根据关键词得出检索式为：SU=('紫花苜蓿'+'苜蓿') AND SU=('抗寒'+'耐寒'+'越冬') AND SU='青藏高原'（图 3.53）。共检索到 14 篇文献。

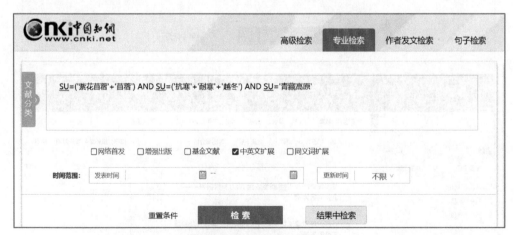

图 3.53　CNKI 专业检索界面

2）为进一步检索青藏高原地区紫花苜蓿抗寒性且为紫花苜蓿越冬的文献，可稍微调整检索式为 SU=('紫花苜蓿'+'苜蓿') AND SU=('抗寒'+'耐寒'*'越冬') AND SU='青藏高原'。共检索到 6 篇文献，包括 4 篇学术期刊文献和 2 篇学位论文（图 3.54）。

图 3.54　CNKI 专业检索界面及检索结果

（3）结果分析

使用 1) 中的检索式，较为准确地检索出了青藏高原地区紫花苜蓿抗寒性相关研究的文章，但如果想快速了解青藏高原地区紫花苜蓿抗寒越冬的文章，则可通过 2) 中的检索式进行检索。因此可以根据不同的需求调整检索式，最终实现文献检索的目标。

二、使用 Web of Science 进行草学文献检索

案例 1：检索草地保护学中关于草地病虫害研究的相关文献

（1）检索分析

检索目标：检索 2000～2022 年同时研究草地病害和虫害的文献，以期了解草地多胁迫下有害生物的相关研究。

科学问题：在草地生态系统中，草类植物通常同时遭受多种胁迫。植物病害和植食性昆虫作为植物最主要的危害因素，二者往往同时危害植物又可互相影响；且植物病虫害每年对我国造成数千亿元的经济损失，严重制约着牧草的质量与产量。深入探究草类植物病害和昆虫相互影响及其机制，对草地可持续发展以及牧草生产具有重要意义。

关键词：①草地或牧草：grassland、range、rangeland；②病害：pathogen、plant disease；③虫害：herbivore、herbivory、insect、pest。

（2）检索过程

使用高级检索功能进行全面的检索。首先编写检索式：((TS=(grassland OR range OR

rangeland)) AND TS=(pathogen OR "plant disease")) AND TS=(herbivore OR insect OR pest)，共计检索到 26 396 篇文献（图 3.55）。浏览检索结果发现，许多文献是单一的草地病害或者草地虫害的研究，并不是草地病虫害的研究。因此，我们使用摘要为主要字段进行检索，调整检索式为 ((AB=(grassland OR range OR rangeland)) AND AB=(pathogen OR "plant disease")) AND AB=(herbivore OR insect OR pest)。虽然这样更加集中于我们想要找的文献，但是仍存在摘要中均有相关检索词，仍不是我们需要的草地病虫害互作研究的文献，如文章主题为森林病虫害，在摘要中提到了"range"，就仍会被检索到。

图 3.55　Web of Science 高级检索界面（1）

基于上述原因，我们再次调整检索式，通过摘要和关键词结合的方式进行检索，即 ((KP=(grassland OR range OR rangeland)) AND AB=(pathogen OR "plant disease")) AND AB=(herbivore OR insect OR pest)，共检索到 165 篇文献，但是通过仔细筛选，仍存在很多不相关的文献。排查后发现是"range"这个单词造成了这种误解，很多研究中"range"的意思是范围，而不是天然草原。因此尝试删除"range"后进行检索，共获得 24 篇相关文献（图 3.56）。但为了既准确又全面地检索到所需文献，从包括"range"检索后的 165 篇文献中进一步通过题目和摘要筛选是更合适的。

（3）检索结果及分析

文献检索过程中，对存在多种意思的单词需要根据我们的需求进行准确的取舍。需要注意的是，无论怎样设置检索字段和检索词，检索出的文献并不一定全部都是我们需要的，这就需要我们耐心地通过进一步阅读来筛选文献。此次检索，我们最终获得的 24 篇文献是较为准确的，可让我们快速了解该科学问题下的相关研究进展。但是如果我们要进行文献综述，如完成综合分析（meta analysis），则建议还是使用最初通过"主题"检索到的文献，通过人工筛选，获得最终需要的文献。

第三章 草学文献检索平台　69

图 3.56　Web of Science 高级检索结果（1）

案例 2：检索草坪学相关文献

（1）检索分析

检索目标：了解近 10 年草坪杂草生物防治相关研究，综合归纳国内外草坪杂草生物防治方法和技术，跟踪国际前沿。

科学问题：随着城乡观赏草坪种植面积的不断扩大，草坪杂草的防治已成为草坪养护的一大难题。目前国内外在草坪杂草防治中，一般采取人工除草、化学除草、生物工程技术除草、生物防治法除草等方法，最常用的方法是人工除草法。鉴于草坪多用于休闲观赏、运动场等，化学防治存在危害人体健康的隐患，人工除草费时费力。因此，探究草坪杂草的生物防治技术，是草坪草可持续发展的重要途径。

关键词：①草坪：turf、turfgrass、lawn、sward、greensward、grass-plot 等；②杂草：weed、rank grass、hogweed 等；③生物防治：biological control。

（2）检索过程

进入检索页面，以关键词草坪为主题进行检索，即：主题 turf OR 主题 turfgrass OR 主题 lawn OR 主题 sward OR 主题 greensward OR 主题 grass-plot，共计检索到 30 126 篇文献（图 3.57）。

然后通过杂草和生物防治两个关键词进行检索，即：主题 weed OR 主题 "rank grass" OR 主题 hogweed AND 主题 "biological control"，选择时间为 2012-01-01 至 2022-10-31（图 3.58），共获得的 106 647 篇文献。

进入高级检索界面，使用 AND 选择之前检索的 1 和 2 检索式进行合并检索（图 3.59）。共计获得 790 篇文献（图 3.60）。

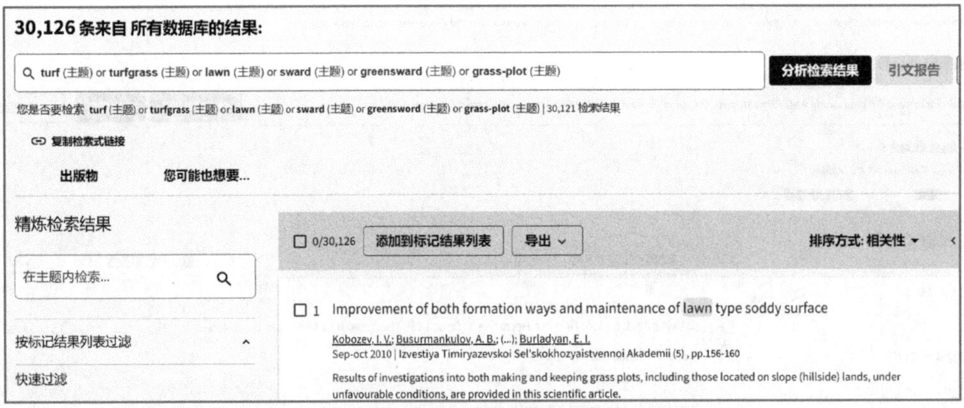

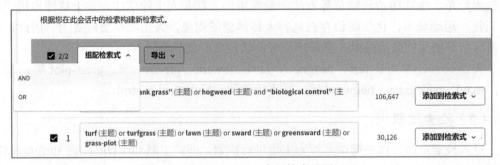

图 3.57　Web of Science 高级检索结果（2）

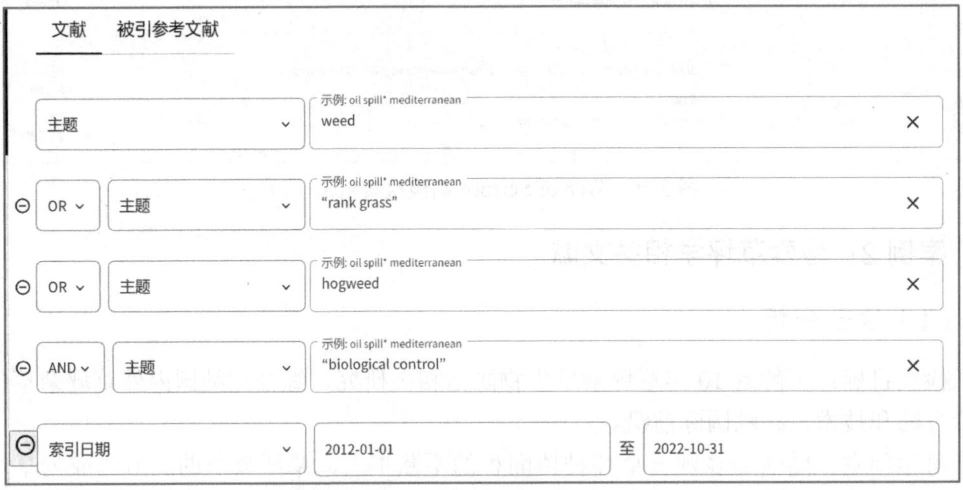

图 3.58　Web of Science 高级检索界面（2）

图 3.59　Web of Science 高级检索界面（3）

（3）结果分析

通过初步查阅题目，发现仍有草地杂草和果园杂草的文献，可以进一步通过 NOT 检索式去除不需要的字段。但是需要考虑国外 garden 这个单词是包含草坪草的，鉴于此为了准确查找需要的文献，我们进一步去除草地杂草的文献即可。同样，先通过主题"草地"检索，然后和上述的检索式使用 NOT 合并，去除草地杂草的文献。最终获得 295 篇文献（图 3.61），基本上都是草坪草杂草生物防治的文献。

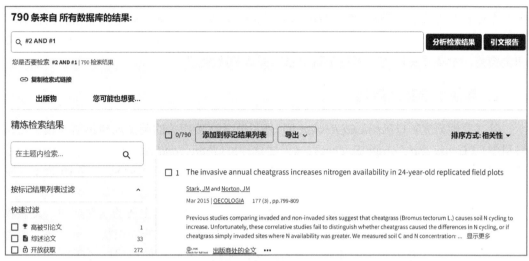

图 3.60　Web of Science 高级检索结果（3）

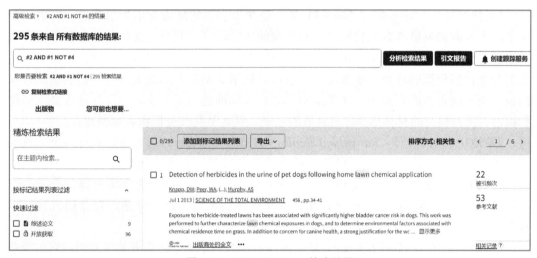

图 3.61　Web of Science 检索结果

第三节　草学文献资源

一、草学相关的英文学术期刊

1.《草地研究》（*Grassland Research*）

《草地研究》（*Grassland Research*）是国内草业科学领域第一本国际英文学术期刊，由中国草学会和兰州大学共同主办，于 2022 年 3 月正式由 Wiley 在全球范围出版发行（https://onlinelibrary.wiley.com/journal/27701743）。随着全球学者对草业科学研究的关注度持续增高，中国草业科技力量逐渐壮大，《草地研究》的创办应运而生。中国工程院院士、草业科学专家、《草地研究》(Grassland Research)主编南志标在接受光明网记者专访时表示:"《草地研究》创办的初心是要实现草业科学领域科技期刊的系统性、综合性和全覆盖,希望能够成为培养青年科学家的摇篮和阵地。"

2. 其他草学英文期刊

除《草地研究》(Grassland Research)外,草学直接相关的英文期刊包括《牧草与饲料科学》(Grass and Forage Science)、《天然草地》(Rangeland Journal)、《草地生态与管理》(Rangeland Ecology & Management)、《草原学》(Grassland Science)等10余本(附录1)。

《牧草与饲料科学》(Grass and Forage Science)是一份草学主要的英文期刊,发表牧草生产、管理和利用各方面的研究和开发成果;审查有关专题的知识状况和书评。作者也可邀请提交关于草原管理的非农方面的论文,如娱乐和舒适的使用以及所有草原系统的环境影响。

《天然草地》(Rangeland Journal)是一份澳大利亚牧场协会出版的杂志,发表原创文章,为理解影响世界各地牧场使用和管理的生物物理、社会、文化、经济和政策影响做出了重大贡献。牧场的定义很宽泛,包括所有自然生态过程占主导地位、价值和效益主要基于自然资源的环境。该杂志的文章可以展示原始研究的结果,对理论的贡献或从回顾一个主题得出的新结论。文章结构不必符合标准的科学文章,但写作风格必须清楚和简洁。所有提交的材料都必须有良好的记录,具备批判性分析和客观表述。

《草地生态与管理》(Rangeland Ecology & Management)杂志出版所有与全球牧场相关的主题——包括生态学、管理、社会经济和政策。该杂志的使命是向学术界、生态系统管理者和政策制定者提供基于科学的信息,以促进健全的牧场管理。作者提交的稿件分为五个类别:原创研究论文、备受关注的论坛主题、综述,以及研究和技术说明。

《草原学》(Grassland Science)是一本日本草原科学学会的官方英文期刊。它出版草原科学各个方面的原创研究论文、评论文章和简短报告,旨在展示和分享关于更好地管理和利用世界各地农业和非农业用途的草原、饲料作物和草坪植物的知识、思想和哲学。文章内容涉及草地环境、景观、生态与系统分析;牧场、草坪的建立、管理和栽培;草原利用、动物管理、动物行为、动物营养与动物生产;牧草的保护、加工、贮藏、利用及营养价值;植物的生理学、形态学、病理学和昆虫学;育种和遗传学;土壤理化性质、土壤动物和微生物及植物营养;草原系统的经济学等多学科领域。

3. CNS

CNS指《细胞》(Cell)、《自然》(Nature)、《科学》(Science)三大学术杂志,展示了各学科领域最顶尖的学术成果,涵盖内容相当丰富,是整个科学界的关注焦点。

《细胞》(https://www.cell.com/cell/home)是由荷兰爱思唯尔(Elsevier)出版公司旗下的细胞出版社(Cell Press)发行的关于生命科学领域最新研究发现的杂志,创办于1974年。该杂志在实验生物学的各领域发表过不同寻常的重要发现,包括但不限于细胞生物学、分子生物学、神经科学、免疫学、病毒学和微生物学、癌症、人类遗传学、系统生物学、信号传导和疾病机制和治疗学。其考虑论文的基本标准是，结果能为一个有趣而重要的生物学问题提供重大的概念进展，或提出了具有挑战性的问题和假设。除了四种格式的主要研究文章外，《细胞》在前沿部分以其广大读者感兴趣的近期研究进展以及对问题的评论和观点文章为特色。

《自然》（https://www.nature.com/nature）是世界上最早的国际性科技期刊，创刊于1869 年的英国，是一份每周出版的国际杂志，以其独创性、重要性、及时性、可获取性、优雅性和令人惊讶的结论为基础，发表科学和技术所有领域中最优秀的同行评议研究。《自然》提供快速、权威、深刻且引人注目的时事新闻和对未来趋势的解读。

《科学》（https://www.science.org/）是美国科学促进会（American Association for the Advancement of Science，AAAS）出版的一份学术期刊，由托马斯·爱迪生（Thomas Edison）于 1880 年投资创办，为周刊。《科学》杂志属于综合性科学杂志，旨在发表在各自领域或跨领域最有影响力并将显著促进科学理解的论文。杂志入选的论文需呈现新颖和普遍重要的数据、综合或概念。其科学新闻报道、综述、分析、书评等部分，都是权威的科普资料。

2022 年 8 月 5 日，《科学》在线出版了草学专辑，包括 1 篇观点文章（perspective）和 4 篇综述文章（review）（https://www.science.org/toc/science/377/6606），重点介绍了被忽视的草类植物的巨大价值。

4. 其他期刊

除了以上介绍的期刊外，草学研究也发表在生命科学的大量期刊上，如 *PLoS Series*、*BMC Series*、*Oxford Journals*、*Nature Reviewer Sereis*、*Trends Series* 和 *Annual Reviews* 等 100 余份期刊（附录 2）。

二、草学相关的中文学术期刊

2019 年 8 月，中国科协、中宣部、教育部、科技部联合印发《关于深化改革 培育世界一流科技期刊的意见》，明确提出要遴选发布高质量科技期刊分级目录，形成全面客观反映期刊水平的评价标准。目前，已发布了多个学科领域的高质量科技期刊分级目录。每个学科领域的期刊分为三个级别：T1 类表示已经接近或具备国际一流期刊，T2 类指国际知名期刊，T3 类指业内认可的较高水平期刊。草学领域的高质量科技期刊，主要分布在农林领域、生态学及植物科学等领域。

1. 国内草学高质量学术期刊

国内草学直接相关学术期刊主要为 5 种（表 3.9），均由中国草学会（Chinese Grassland Society）创办，分别为《草业学报》《草业科学》《中国草地学报》《草地学报》《草原与草坪》。

表 3.9　草学领域高质量科技期刊名录

期刊名称	网站首页链接
草业学报	http://cyxb.magtech.com.cn/
草业科学	http://cykx.lzu.edu.cn/
中国草地学报	http://zgcd.cbpt.cnki.net/
草地学报	https://manu40.magtech.com.cn/Jweb_cdxb/CN/1007-0435/home.shtml
草原与草坪	http://590.qikan.qwfbw.com/

《草业学报》（月刊）创刊于 1990 年，1993 年经国家科学技术委员会批准正式出版发行，是由中国科学技术协会主管，中国草学会和兰州大学共同主办的国内外公开发行的综合性学术期刊。目前，中国工程院院士任继周教授任名誉主编，中国工程院院士南志标教授任主编。该期刊开辟有研究论文、综合评述和研究简报等栏目，内容主要包括草业科学及其相关领域，如畜牧学、农学、林学、经济学等领域的高水平理论研究和技术创新成果，发表国内外草业领域创新性的研究论文，刊载学术价值较高的草业科学专论、综述、评论等，探讨草业发展的新理论与新构思，是草业新秀成长的园地、推动草业科学发展的论坛。其读者对象主要是从事农林牧渔、园林绿化、生态环境、国土资源等领域的科研管理及教学等专业人员。

《草业科学》（月刊）创刊于 1984 年（创刊名为《中国草原与牧草》），中国工程院院士任继周教授创刊并担任第一任主编，由中国科学技术协会主管，中国草学会和兰州大学草地农业科技学院共同主办。该刊以草地农业生态系统为指导，主要设有专论、前植物生产层、植物生产层、动物生产层、后生物生产层、基层园地、草人诗记、业界信息等栏目；涉及研究邻域包括草坪生物、草地营养生物、遥感、牧草栽培与耕作、草类植物遗传育种、草地保护、动物营养与饲料科学、动物遗传育种、养殖、草业经济与社会发展、农业经济管理、农村与区域发展等，涉及学科包括草业科学、生态学、植物保护学、畜牧学、经济学、管理学和相关交叉学科等。《草业科学》主要报道草业科学及其相关领域最新基础研究与技术研发成果和国内外草业科技政策动态，刊登院士、高层专家、草业政策制定者和执行者对热点问题的分析，为基层科技推广和政府决策人员提供草业科技、国内外草畜产品信息，为农牧民提供技术与市场咨询参考。

《中国草地学报》（月刊）创刊于 1979 年，是我国创办最早的草学期刊，由中华人民共和国农业农村部主管，中国农业科学院草原研究所、中国草学会共同主办，中国第一位草学领域中国科学院院士李博先生曾任本刊主编。该刊主要报道我国草学研究领域的新成果、新进展与发展动态，目标是促进国内外学术交流、培养专业人才、推动草学研究不断进步和草地畜牧业可持续发展。该刊立足全国，面向世界，内容以草学的基础理论研究与应用研究为主，兼纳高新技术研究和直接产生生态效益、经济效益的开发研究，包括：草地生态与修复；草地管理与利用；草地植物保护；草地、牧草、草坪与饲草料作物品种资源；牧草遗传育种与引种栽培；饲草料生产与加工；草地与牧草经济；国家草牧业及草原相关政策；草业可持续发展战略研究等。

《草地学报》（月刊）创刊于 1991 年，由中国草学会（原"中国草原学会"）创刊，是中国科学技术协会主管、中国草学会主办、中国农业大学草地研究所承办的草学领域高级中文学术刊物（兼发英文文章），旨在报道草学领域最新科研成果，促进学术交流，推动草业发展。该刊主要刊登国内外草地科学研究及相关领域的新成果、新理论、新进展，以研究论文为主，兼发少量专稿、综述、简报和博士论文摘要，为从事草地科学、草地生态、草地畜牧业、草坪与城市绿化及相关领域的高校师生和科研院所的科研人员服务。

《草原与草坪》（双月刊）创刊于1981年，是由中国草学会、甘肃农业大学主办的草科学刊物。该刊以反映我国草原和草坪科学与生产技术的最新发展动态、科研成果、管理技术及经验为宗旨，主要刊登草原科学、草坪科学、牧草科学、草原畜牧业、园林科学、资源与环境科学、草业经济学等领域的综述和研究报告。

2. 国内草学相关学术期刊

草学学科研究内容广泛，其以植物生命科学为基础，面向草食动物饲草料生产、生态环境治理和景观及运动场绿化等行业产业，集生物学基础研究、植物生产应用和草地工程技术于一体，涉及农学、畜牧学、生态学、景观学等多个学科专业，属于新兴交叉性专业。据此，相关学术期刊主要总结了生态学（9种）、农林（30种）、植物科学（6种）、作物学（1种）和动物科学（3种）5个领域内的49种期刊，具体期刊目录及网站见附录3。

三、草学相关的重要网络资源

本书整理了国内草学高校及其草业学院（单独成立草业学院的国内高校有11所）、重要草学单位（中国草学会、国家林业和草原局，以及美国农业部等）和国外草学研究单位信息，供读者查阅。国内草学高校及其草业学院和国内外草学相关重要单位信息见表3.10和表3.11，国外草学相关高校信息见附录4。

表3.10 国内草学高校及其草业学院名录

单位名称	网站首页链接
兰州大学草地农业科技学院	http://caoye.lzu.edu.cn/
中国农业大学草业科学与技术学院	http://cgst.cau.edu.cn/
西北农林科技大学草业与草原学院	https://cga.nwafu.edu.cn/
南京农业大学草业学院	https://cyxy.njau.edu.cn/
北京林业大学草业与草原学院	http://cxy.bjfu.edu.cn/
四川农业大学草业科技学院	https://cgst.sicau.edu.cn
甘肃农业大学草业学院	https://prata.gsau.edu.cn/
内蒙古农业大学草原与资源环境学院	https://grass.imau.edu.cn/
新疆农业大学草业学院	http://cyxy.xjau.edu.cn/
山西农业大学草业学院	http://cyxy.sxau.edu.cn/
青岛农业大学草业学院	https://cyxy.qau.edu.cn/

表 3.11　国内外草学相关重要单位名录

单位名称	网站首页链接
中华人民共和国农业农村部	http://www.moa.gov.cn/
国家林业和草原局（国家公园管理局）	http://www.forestry.gov.cn/
中国草学会	http://www.chinagrass.org.cn/
中国农业科学院草原研究所	https://gri.caas.cn/
中国畜牧业协会	https://www.caaa.cn/
美国农业部	http://www.usda.gov

第四章 文献管理与分析

学习目标

- 了解文献管理、分析和追踪的必要性。
- 掌握文献管理软件 EndNote 的使用。
- 掌握基于 Web of Science 的文献分析。
- 了解常用文献分析软件的特点。
- 掌握一款文献分析软件的使用。
- 了解文献追踪的方法。
- 了解获取文献全文的方法。

本章导图

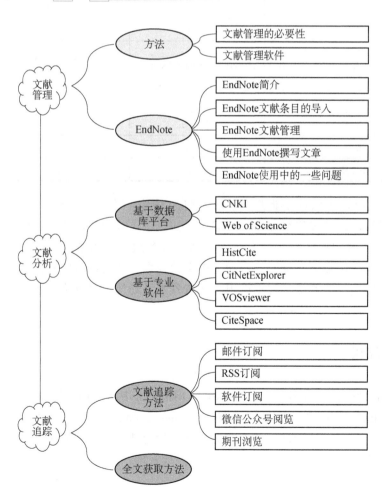

第一节　文献管理的方法

一、文献管理的必要性

掌握文献检索的途径和方法很重要，但如何高效管理文献、进而有效利用文献更为关键。文献管理已从卡片式管理、非专业文献管理工具，发展到专业的文献管理软件（表 4.1）。卡片式及非专业软件的文献管理，主要问题是管理效率低，写作时引用很不方便，仅适合少量文献的重点管理。专业文献管理软件的显著特点是高效性和多功能性，解决了大量文献管理难的问题，实现了文献管理、二次检索、文献阅读和写作时文献引用的一体化管理。

表 4.1　管理文献的方法及其特点

	卡片式管理	非专业文献管理工具	专业文献管理软件
管理对象	纸质文献	电子文献	电子文献
文献数量	很少	较少	大量
管理方式	手抄、复印或剪切等方式制作文献卡片，并按照主题、年代及期刊等分类及排序	资源管理器、Word 或 Excel 等	EndNote、NoteExpress 等文献管理软件
管理效率	极低	很低	很高
做笔记	方便	不方便	很方便
后续阅读	方便	不方便	很方便
写作引用	不方便	不方便	很方便

采用专业软件管理文献，可以对文献进行分类、排序、标记（如按重要性分级）、检索、做笔记、全文查找等，即使仅记得部分文献信息（如作者，或年代，或题目中的关键词，或获得文献的大致时间等）也可容易找到文献，对多次导入的重复文献轻松去重。在写作时，很方便地引用参考文献，并自动生成文献列表，并可以按照不同期刊的参考文献格式进行灵活转换，既规范了文献引用，又节省了手动修改文献格式所需的大量时间。

二、文献管理软件

目前，专业的文献管理软件已有不少，如 EndNote、Mendeley Reference Management、ProCite、RefWorks、Citavik、NoteExpress、Notefirst、Zotero、Papers、知网研学（原 E-study）、Refvize 等（表 4.2）。文献管理软件没有必要都去学习使用，选择其中一款文献管理软件，积极地在文献管理中熟练使用，实现文献的高效管理。

表 4.2　几种常用文献管理软件的比较

软件	特点
EndNote	单机，收费，更兼容英文文献。偶尔会出现 EndNote 与 Word 无法关联的情况
NoteExpress	单机，有收费版和免费版，中文版本。容易上手，很好地兼容中文文献
知网研学	知网产品，免费使用。更兼容中文文献
Mendeley Reference Management	联网使用，免费
Notefirst	可联机，有免费版
Zotero	免费，不需要注册账号，操作简单
RefWorks	在线使用，研究文献管理软件包
Refvize	文献分析软件，可以将现有文献进行分类并且以直观的图示显示出来

1. NoteExpress

NoteExpress 是北京爱琴海乐之技术有限公司开发的文献管理软件（图 4.1），其核心功能涵盖"文献采集、管理、应用、挖掘"等知识管理的所有环节，是学术研究、文献管理的良好工具，也是撰写论文的好帮手。

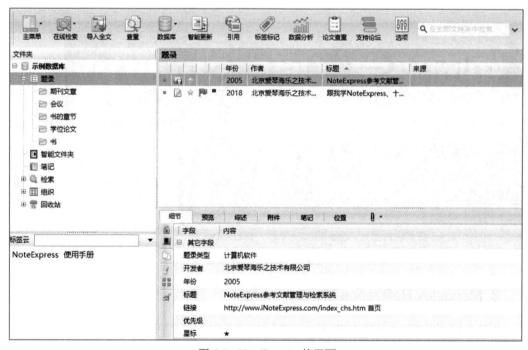

图 4.1　NoteExpress 的界面

目前 NoteExpress 版本有两种：①集团版：机构用户购买版或试用版。对于机构用户，授权方式是通过机构提供的 IP 范围进行授权，位于机构 IP 范围内的任何个人可下载、安装和使用。②个人版：对于个人用户，NoteExpress 提供免费版本以及收费版本。免费版可以终身免费使用，但是功能有限制。收费版必须通过注册码对软件进行授权注册后或者购买 VIP 账户才能使用。网站主页：http://www.inoteexpress.com/aegean/index.php/home/ne/index.html。

功能和特点：支持 Word 和 WPS 两大主流写作软件，拥有与文献相互关联的笔记功能，在阅读文献时能随时记录笔记，方便以后查看和引用。检索结果可以长期保存。NoteExpress 在中文文献的使用上体验感比较好。

2. 知网研学

知网研学（原 E-study）（https://estudy.cnki.net/）是一个免费的文献管理软件（图 4.2），有 Windows 和 IOS 版本。知网研学集文献检索、下载、管理、笔记、写作、投稿于一体，为学习和科学研究提供极大的帮助。知网研学既可以下载后在本地使用，也可作为浏览器插件（如 Chrome 浏览器和 Opera 浏览器）使用。知网研学支持将文献的题录从浏览器中导入、下载到知网研学的指定专题节点中，其中支持的网站有：中国知网、维普、百度学术、Springer、Wiley、ScienceDirect 等。

功能和特点：知网研学支持多类型文件的分类管理，支持目前全球主要学术成果文件格式，包括：CAJ、KDH、NH、PDF、TEB 等文件的管理和阅读。此外还新增图片格式文件和 TXT 文件的预览功能。支持将 DOC、PPT、TXT 文件转换为 PDF 文件。优点是易上手。

图 4.2　知网研学的界面

3. Mendeley Reference Management

Mendeley Reference Management（https://www.mendeley.com/），简称 Mendeley，是一款免费的跨平台文献管理软件（图 4.3），同时也是一个在线的学术社交网络平台，有 Windows、IOS 和 Linux 三种版本。

功能和特点：①研究者可以直接从浏览器下载资料到本地 Mendeley 中，也可将本地文献导入 Mendeley 中，并使用集合和标签将所有参考文献放到一个文件夹中，研究者可以通过关键字快速搜索、查找自己想要的参考文献。②同时 Mendeley 还支持一个文档多人在线协作。③Mendeley 可以在 Word 中"边写边引用"，在引用前需要了解 Word 中是否有 Mendeley 标识的插件，如果没有需要在 Word 中手动安装。

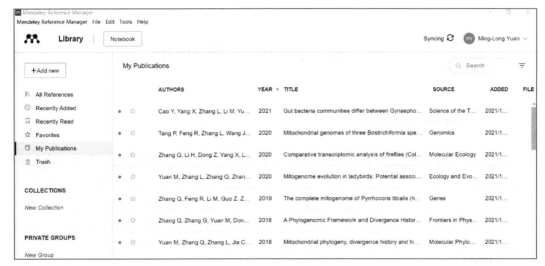

图 4.3　Mendeley 的界面

4. Zotero

Zotero（https://www.zotero.org/）是一款免费的文献管理软件（图 4.4），具有诸多功能与亮点，如：导入文献方便、跨平台实时同步、软件轻便、操作简单等。Zotero 可以直接下载到电脑上使用，而且不需要创建 Zotero 账户就可以使用。Zotero 支持 Windows、Linux 及 MacOS 三种操作系统。

功能和特点：①Zotero 可以保存从网站上下载下来的文献并进行管理，也可以将本地的文献上传到 Zotero 中进行管理。②功能较为复杂，上手有一定的难度。③与 NoteExpress 比较，Zotero 对中文文献参考格式不能很好地支持。

图 4.4　Zotero 的界面

第二节　EndNote 的使用

一、EndNote 简介

EndNote 是由 Thomson Corporation 下属的 Thomson ResearchSoft 开发的一款收费的文献管理软件（https://endnote.com/）（图 4.5）。该软件涵盖了各个领域的英文期刊，支持大部分国际期刊的参考文献格式。EndNote 在文献管理软件市场上拥有较大的使用率，是科研工作者最常用的软件之一，比较适合经常需要阅读英文文献的科研工作者。

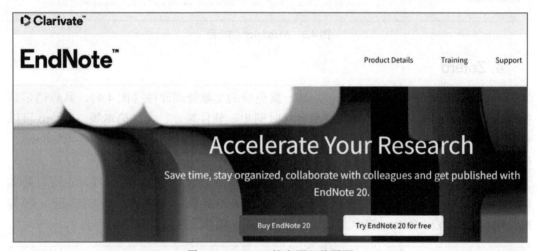

图 4.5　EndNote 的官网下载页面

EndNote 的界面（图 4.6）主要分为：①菜单栏；②快捷工具栏；③快捷搜索栏；④分组管理/在线检索窗口；⑤文献信息显示窗口；⑥文献编辑与预览窗口；⑦文献全文导入/预览/批注窗口。

EndNote 的功能与特点：
- 支持导入 RIS、EndNote 等多种格式的参考文献。
- 在线数据库丰富，在线检索方便，可快速获得参考文献的 PDF 文件。
- 支持用户在 EndNote 内阅读、注释和搜索已下载和上传的资料。
- 可以和不同用户相互分享文献库。
- 可以快速删除 EndNote 中内容重复的文献。

二、EndNote 文献条目的导入

使用 EndNote 导入参考文献主要有 5 种方式：从文献检索平台导入、从期刊的官网直接导入、从学术搜索引擎导入、使用 PDF 直接导入和手动输入。

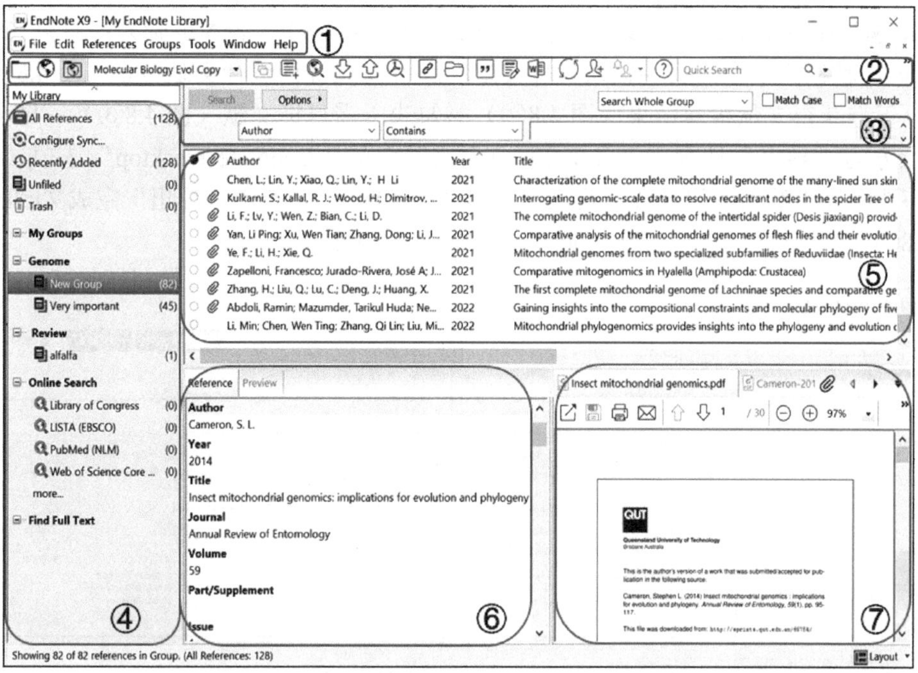

图 4.6　EndNote 的界面

1. 从文献检索平台导入

大多数文献都可以从文献检索平台（中国知网、Pubmed 和 Web of Science 等）直接导入到 EndNote 中。从中国知网导入参考文献到 EndNote（图 4.7），基本步骤为：打开中国知网网页→输入需要检索的文献信息（图 4.7①）→点击检索符进行检索（图 4.7②），下方获得检索结果（图 4.7③）→勾选需要进行导出的文献（图 4.7④）→点击"导出与分析"选项中的"导出文献"选项（图 4.7⑤）→选择"EndNote"格式进行导出（图 4.7⑥）→使用 EndNote 打开即可将文献导入。

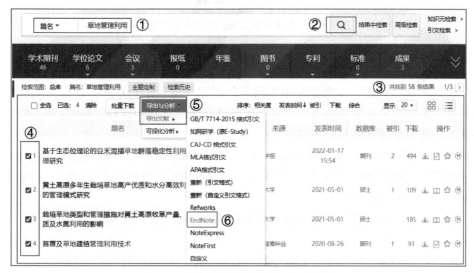

图 4.7　以中国知网为例导入参考文献

从 Web of Science 导入参考文献到 EndNote（图 4.8），基本步骤为：打开 Web of Science 文献检索平台网页→输入目标文献的题目或关键词进行文献检索（图 4.8①）→检索框下方获得文献检索结果（图 4.8②）→勾选所需目标文献（图 4.8③）→导出检索结果上方的"导出"选项（图 4.8④）→点击其中的"EndNote Desktop"选项（图 4.8⑤）→选择导出结果的记录选项及记录内容（图 4.8⑥）→点击"导出"完成文献的下载（图 4.8⑦）→下载后用使用 EndNote 打开完成文献的导入。

图 4.8 以 Web of Science 为例导入参考文献

2. 从期刊的官网直接导入

从期刊的官网直接导入文献基本步骤为：搜索并进入期刊官网→根据信息进行文献检索→勾选需要的目标文献→点击"引用"或"导出"选项→选择"EndNote"格式或方式→下载后使用 EndNote 打开完成文献的导入。

以 *Nature* 官网为例导出参考文献：搜索并进入 *Nature* 期刊官网→检索并打开需要的文献→点击"Cite this article"中"Download citation"连接进行下载→下载后使用 EndNote 打开完成文献的导入。

以 *Science* 官网为例导出参考文献（图 4.9）：搜索并进入 *Science* 期刊官网→根据信息检索需要的文献→点击页面中代表引用的引用符号（图 4.9①）→导出选项选择"EndNote"（图 4.9②）→点击"EXPORT CITATION"选项进行导出（图 4.9③）→下载后用 EndNote 打开完成文献的导入。

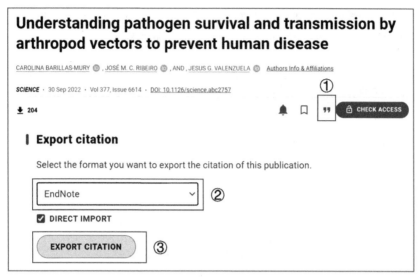

图 4.9　以 Science 为例导入参考文献

以《草业科学》官网为例导出参考文献（图 4.10）：搜索并进入《草业科学》期刊官网→检索需要的文献→点击"导出引用"选项→导出选择"RIS"格式→下载后用 EndNote 打开完成文献的导入。

图 4.10　以《草业科学》为例导入参考文献

以《草地学报》官网为例导出参考文献：搜索并进入《草地学报》期刊官网→检索需要的文献→点击"导出引用"选项→导出选择"RIS"格式→下载后用 EndNote 打开完成文献的导入。

3. 从学术搜索引擎导入

很多文献还可以从学术搜索引擎（谷歌镜像网站、百度学术网站）直接将参考文献导入到 EndNote 中（图 4.11 和图 4.12）。基本步骤为：打开学术搜索引擎→检索需要的文献→点击"引用"选项（图 4.11①和图 4.12①）→导出选项选择"EndNote"格式（图 4.11②和图 4.12②）→下载后用 EndNote 打开完成文献的导入。

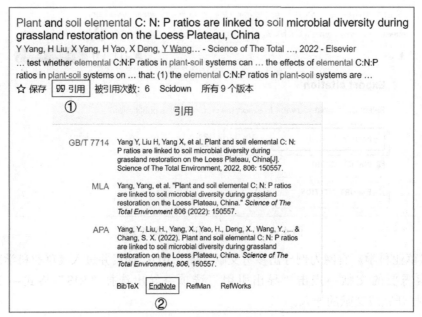

图 4.11　以谷歌学术为例导入参考文献

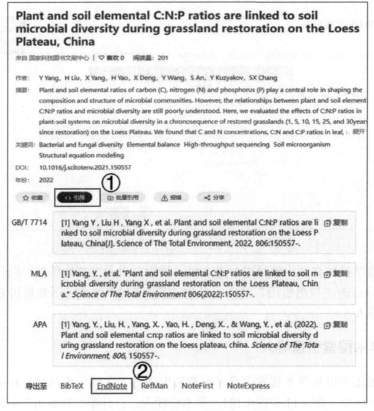

图 4.12　以百度学术为例导入参考文献

4. 直接导入 PDF

对于之前已保存在电脑中的本地文件，可以不用在文献检索平台重新搜索该文献再导入，最快捷的方式是直接将 PDF 拖入 EndNote 中完成导入。此外，还可以按以下步骤导入（图 4.13）：点击左上角菜单栏"File"选项（图 4.13①）→选择其中的"Import"（图 4.13②）→点击"File"（图 4.13③）→使用"Choose"选择本地 PDF 文献文件（图 4.13④）→点击"Import"完成导入（图 4.13⑤）。当具有多篇文献时，可以使用"Folder"选择包含多个 PDF 文件的文件夹→点击"Import File"，其他设置通常默认，最后点击"Import"完成导入。

但是对于较早时期发表的文献，EndNote 可能无法从 PDF 上直接获取题录信息，因此仍然需要手动编辑文献题录（方法见下文"5. 手动输入"）。

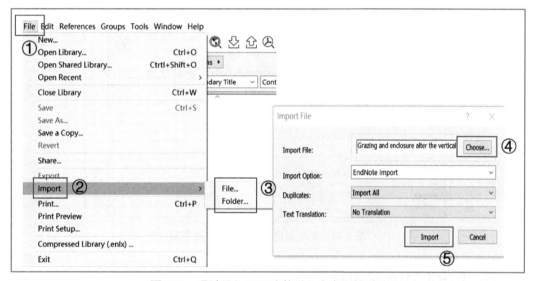

图 4.13 通过导入 PDF 直接导入参考文献题录

5. 手动输入

对于少数无法直接从网上下载的参考文献、书籍的格式，可以使用手动输入的方法（图 4.14）。基本步骤为：在 EndNote X9 窗口上方工具栏中点击"References"选项（图 4.14①）→选择其中的"New Reference"选项（图 4.14②）→弹出文献信息编辑窗口（图 4.14③）→点击"Reference Type"项目，下拉菜单选择参考文献类型（默认为期刊文献"Journal Article"）（图 4.14④）→根据需要选择参考文献类型（如 Book 或 Thesis）→逐一输入参考文献信息，包括作者（图 4.14⑤）、年份（图 4.14⑥）、文献题目（图 4.14⑦）、期刊名称（图 4.14⑧）等→使用快捷键"Ctrl+S"进行保存→完成参考文献的建立。也可用此方法对已录入的参考文献不正确信息部分进行修改。

注意：一个作者独占一行（图 4.14⑤）。

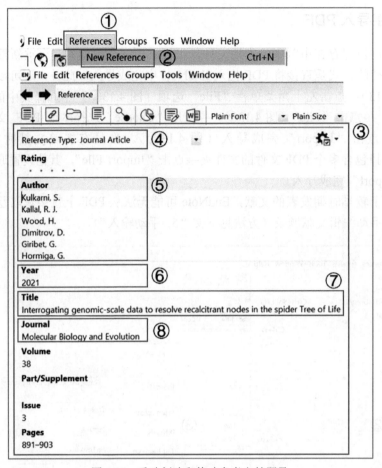

图 4.14　手动创建和修改参考文献题录

三、EndNote 文献管理

EndNote 对文献的管理主要涉及界面设置、文献管理、文献下载与阅读等三个方面。

1. 界面设置（图 4.15）

- 第一列灰色小圆点可以用来标记此参考文献是否已经阅读。
- 第二列回形针代表该参考文献的 PDF 已导入 EndNote。
- 第三列为参考文献的作者。
- 第四列为参考文献的年代。
- 第五列为参考文献的标题。
- 第六列可以用五角星表示参考文献的重要程度。
- 第七列为参考文献的期刊名或者书名。
- 第八列为参考文献的类型，如书籍、期刊、学位论文。
- 第九列为参考文献的更新时间。
- 文献编辑窗口"Research Note"处可添加阅读笔记。

		Author	Year	Title	Rating	Journal	Reference Type	Last Updated
●	🔗	Abdoli, Ramin; Mazu...	2022	Gaining insights into the composi...	★★★★★	International journal of biologica...	Journal Article	2022/10/3
●	🔗	Zhang, H.; Liu, Q.; Lu, ...	2021	The first complete mitochondrial ...	★★★★★	Insects	Journal Article	2022/10/3
○		Zapelloni, Francesco; Jur...	2021	Comparative mitogenomics in Hyale...	★★★★	Genes	Journal Article	2022/10/3
○		Ye, F.; Li, H.; Xie, Q.	2021	Mitochondrial genomes from two s...	★★★★	Genes	Journal Article	2022/10/3
○	🔗	Yan, Li Ping; Xu, Wen Tia...	2021	Comparative analysis of the mitoch...	★★★	International Journal of Biological M...	Journal Article	2022/10/3
○	🔗	Li, F.; Lv, Y.; Wen, Z.; Bian...	2021	The complete mitochondrial genom...	★★★	BMC Ecology and Evolution	Journal Article	2022/10/3
○	🔗	Kulkarni, S.; Kallal, R. J.; ...	2021	Interrogating genomic-scale data to...		Molecular Biology and Evolution	Journal Article	2022/10/3
○		Chen, L.; Lin, Y.; Xiao, Q.; ...	2021	Characterization of the complete mit...		Genomics	Journal Article	2022/10/3
○		Pekár, Stano; García, Luis...	2017	Trophic Niches and Trophic Adaptati...		Behaviour and Ecology of Spiders	Book Section	2022/10/5

图 4.15　EndNote 参考文献界面

2. 文献管理

（1）分组

在 EndNote 主界面左侧的分组管理/在线检索窗口（图 4.6④）可对参考文献进行分组，建立不同的 Group Set 和 Group，对文献进行分组管理，从而使参考文献更有条理。

基本步骤为：选中分组管理/在线检索窗口的"My Groups"栏目→使用鼠标右键点击"Create Group Set"可以新建与"My Groups"同级别的组别→使用鼠标右键点击"Create Group"可以新建比"My Groups"低一级别的小组别→可对参考文献进行批量选择后直接拖拽至新组完成分组，也可以选择参考文献后鼠标右键点击"Add References To"至新组别→在 EndNote 的预览窗口（图 4.6⑥）可以对相应条目进行编辑。

（2）排序

通过 EndNote 右侧预览窗口（图 4.6⑥）可看到参考文献的标题、作者、杂志、发表年份等信息。在主界面直接点击标题、作者、杂志、发表年份等任意标题，则可将文献按降序或升序进行排列。例如，点击"Year"，即可按年份顺序将所有文献进行排序；点击"Author"，即可将所有作者的姓名按 A→Z 顺序进行排序。

（3）在 EndNote 中去除重复参考文献

1）排序去重。按文献题目或发表年份或作者对参考文献进行排序，可快速找到重复导入的参考文献，并进行直接删除。

2）手动去重。

a. 使用 EndNote 菜单栏（图 4.6①）"References"工具→使用其中的查找重复"Find Duplicates"选项。

b. 单个逐一删除：此时弹出对话框（图 4.16），以左右双栏形式显示重复的参考文献，可通过鼠标手动选择保留对象（图 4.16①）。

c. 批量删除：点击右上方选择取消选项"Cancel"（图 4.16②），即可回到 EndNote 主页面并一次性删除所有重复的参考文献。

（4）本地检索

当用户希望快速在 EndNote 数据库中锁定某个之前已经导入的参考文献，可以在快捷搜索栏（图 4.6③）通过输入文献题目的几个单词、关键词、作者、年份等信息，快速定位所需参考文献。

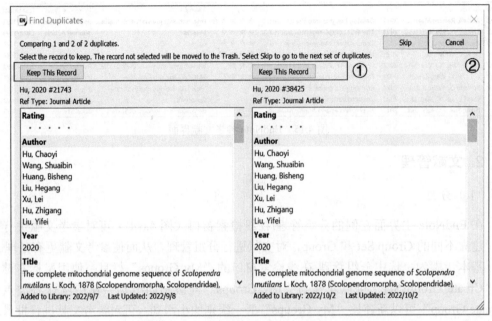

图 4.16　在 EndNote 中查找重复参考文献

（5）PDF 等附件管理

在 EndNote 全文导入/预览/批注窗口中（图 4.6⑦），在顶部有一个回形针标识（图 4.17①），点击此标识可直接导入电脑本地已保存的参考文献 PDF 文件。此外，参考文献可能还存在一些如 Word、Excel 等在线补充材料，也可以通过此方法导入。导入完成后在书目编辑与预览窗口（图 4.6⑥）"Reference"页面下的"File Attachments"可以查看导入的全部文件（图 4.17②）。

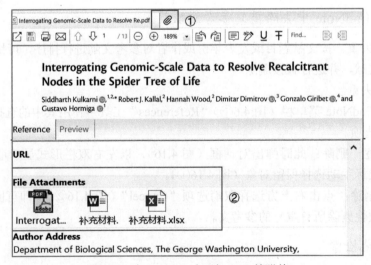

图 4.17　在 EndNote 中添加 PDF 等附件

（6）文献的重要性分级

"Rating"部分五角星的数量可用来对参考文献的重要程度进行分级，方便后续快速筛选重要文献（图 4.15）。

(7) 文献更新

有时参考文献的 PDF 在最开始下载时是预印版、部分文献题录在最初导入时缺少作者（图 4.18①）或缺少卷、期、页码等信息，因此需要不定期对参考文献进行更新，获得最终正式发表的最新版信息（图 4.18②）。

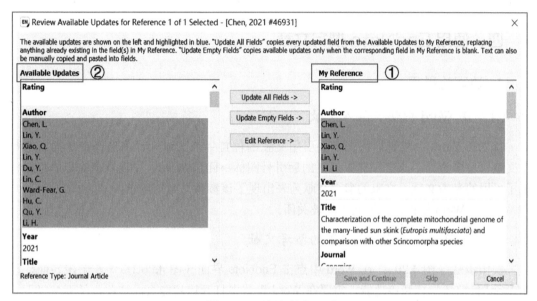

图 4.18　更新文献的界面

3. 文献下载与阅读

(1) EndNote 全文下载

对于已导入的参考文献条目，可以添加相应的 PDF 全文。获得 PDF 全文的途径主要有两种。

a. EndNote 全文下载功能：选中目标文献→右键点击→选择"Find Full Text"选项→EndNote 自动搜索并下载全文。EndNote X9 一次最多可选中 250 篇文献同时进行全文搜索和下载，相当比例的文献可获得全文，特别是在购买数据库平台的 IP 内可实现最大数量的全文下载。

b. 将其他途径获得的 PDF 全文添加至相应文献：右键点击或菜单栏"References"工具→选择"File Attachments"选项→选择"Attach File"选项→找到相应 PDF 文件进行附件添加。

(2) 文献阅读

EndNote 自带 PDF 阅读器（图 4.19），可对 PDF 文件进行翻页、旋转、批注等操作，同时在 Research Note 处可以添加阅读笔记。

图 4.19　文献的阅读界面

四、使用 EndNote 撰写文章

1. 边写边引用

（1）在 Word 中快速插入文献

首先在 Word 中将光标放在需要引用文献的位置→在 EndNote 中选择准备插入的参考文献（可多选）→点击快捷工具栏的后引号图标→回到 Word，发现原来光标的位置出现了引用的参考文献，文末的参考文献列表出现了该参考文献的题录。

注意：Word 软件在此期间不能被关闭。

（2）在 Word 中删除已引用的参考文献

操作步骤（图 4.20）：在 Word 中点击 EndNote 界面（图 4.20①）（若无该界面，说明 Word 目前还未打开该功能，需要在 Word 设置中打开该功能页面选项，见下文"五、EndNote 使用中的一些问题"）→选择"Edit & Manage Citation(s)"选项（图 4.20②）→选择想要删除的参考文献→点击"Edit Reference"旁的三角形图标（图 4.20③）→点击"Remove Citation"选项（图 4.20④）→点击"OK"（图 4.20⑤）→完成某一篇或多篇参考文献的删除。

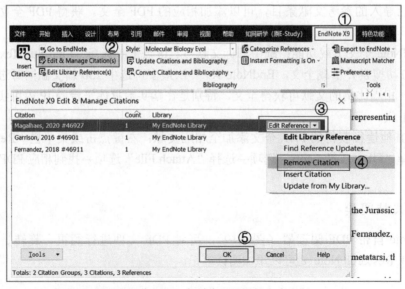

图 4.20　在 Word 中删除已引用的参考文献

2. 引文格式及其编辑

不同的学术期刊通常要求不同的参考文献格式,即"Style",可以在 EndNote 官网中(https://endnote.com/)查找可使用的目标期刊参考文献样式。新增目标样式的基本步骤为(图 4.21):通过 EndNote 默认安装路径[Program Files(x86)(图 4.21①)→EndNote X9(图 4.21②)],找到 Styles 文件夹(图 4.21③),将下载后的参考文献样式直接复制到 Styles 文件夹中即可(图 4.21④)。

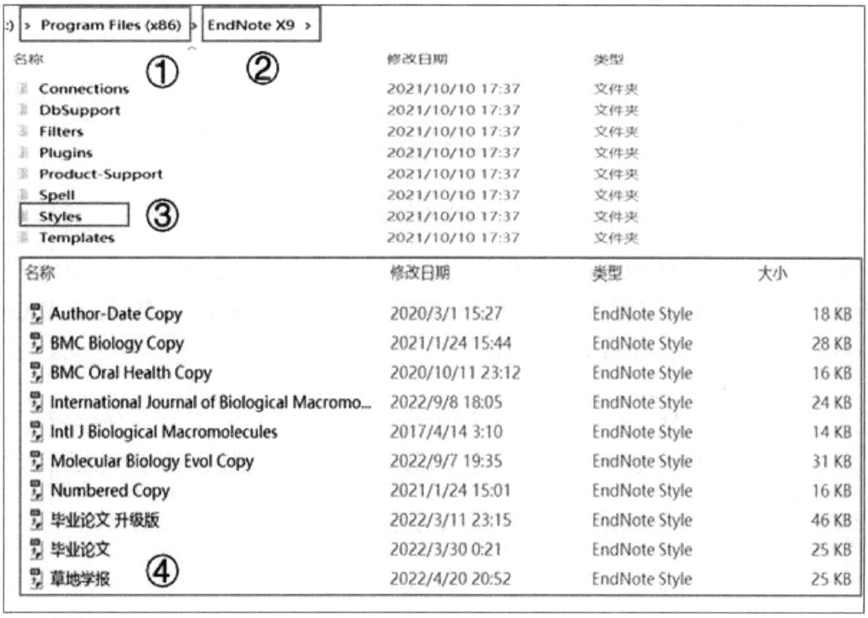

图 4.21 参考文献引用格式

后续进行如下操作:点击菜单栏(图 4.6①)编辑选项"Edit"→选择输出格式选项"Output Styles"→点击"Open Style Manager"选项→根据杂志名称查找所需期刊格式→点击确认进行选择→回到 Word,点击 EndNote 界面下"Update Citations and Bibliography"选项更新引文和文献目录。

(1)正文中引用格式的修改

如果在 EndNote 官网找不到目标期刊的参考文献格式,可以下载这个期刊最新发表的文章,查看其参考文献格式,参照最相近的其他期刊格式,将已有参考文献样式手动修改成目标期刊的文献样式。此外,在我们从网上导入参考文献时,刚开始就可能存在一些错误。例如:标题的标点符号乱码、标题中缺少空格、文献缺少卷号、缺少期号或页码等,这时候就要逐个检查并进行修改。操作方法如下(图 4.22):进入 EndNote 主页面→点击菜单栏(图 4.6①)下"Edit"功能选项(图 4.22①)→点击"Output Styles"选项并下拉菜单(图 4.22②)→选中最相近的、准备进行目标格式修改的期刊(如准备将 *Molecular Biology and Evolution* 期刊格式修改成为目标期刊格式)→点击 Edit"Molecular Biology Evol"(图 4.22③)进入引文格式编辑界面→选择文献目录"Citations"修改正文中的引用格式(图 4.23)。

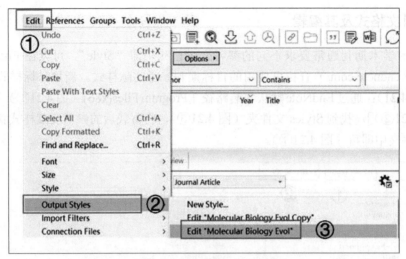

图 4.22 修改参考文献的引用格式

在"Citations"下可以编辑文中参考文献引用形式（图 4.23），如是以顺序编码制形式引用还是以著者-出版年制的格式引用。修改完回到 Word 使用"Update Citations and Bibliography"进行更新，即可看到修改。

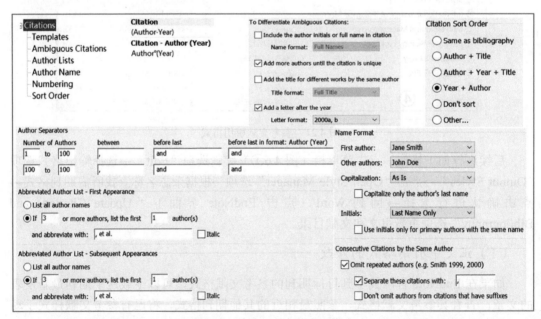

图 4.23 修改正文中的引用格式

（2）正文后参考文献列表的格式修改

修改正文后的参考文献列表格式的步骤（图 4.24）：进入引文格式编辑界面，选择文献目录"Bibliography"的模板选项"Templates"→找到需要改动的文献类型，如期刊论文"Journal Article"→对需要改动的部分进行相应编辑→如需要插入此前未展示的文献信息，选择插入菜单"Insert Field"→选择需要插入的内容（如期号"Issue"或 DOI 号）→修改完使用快捷键"Ctrl+S"进行保存或点击右上角退出"×"再点击保存→回到 Word

中，点击更新引文和文献目录"Update Citations and Bibliography"。

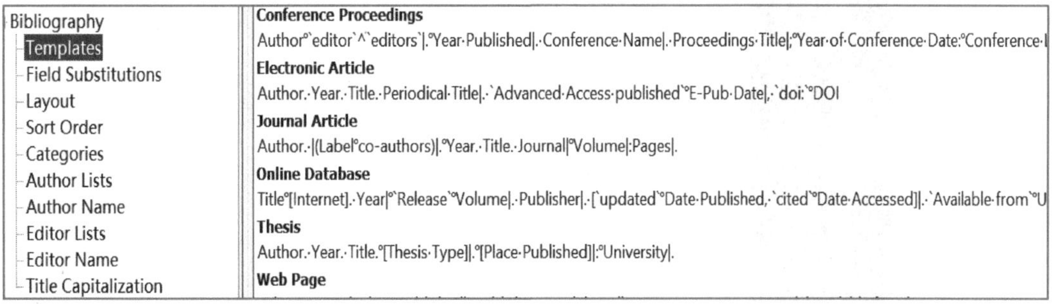

图 4.24　修改正文后参考文献列表的格式

注意：其他跟参考文献格式相关的问题，如参考文献标题使用斜体、设置输出全部作者、作者名称格式问题等，都可以采用类似的方法，在 EndNote 的"Edit"功能页面中使用"Output Styles"选择解决。

3. 去除 EndNote 格式

在完成所有参考文献格式的编辑之后，有时候需要将文档中的 EndNote 格式域去除，具体操作如下（图 4.25）：点击 Word 中的 EndNote 界面（图 4.25①）→点击"Convert Citations and Bibliography"选项（图 4.25②）→选择转换为纯文本"Convert to Plain Text"（图 4.25③）→点击确认，并将文档另存一份→在参考文献对应位置手动更改不合适的信息。

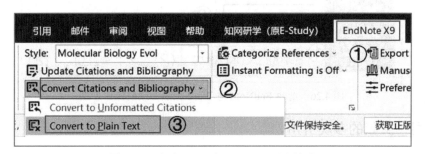

图 4.25　去除 Word 中 EndNote 引文格式

五、EndNote 使用中的一些问题

1. EndNote 与 Word 无法关联

有时候安装了 EndNote，但在 Word 中插入参考文献时却找不到 EndNote 板块界面，说明该功能界面还未开启工作状态，可进行以下操作打开（图 4.26）：打开 Word→选择左上角菜单栏中的"文件"选项→选择左下角的"选项"（图 4.26①）→选择"加载项"（图 4.26②）→下方"管理"选择"COM 加载项"（图 4.26③）→确定并点击"转到"（图 4.26④）→勾选 EndNote 相关选项→点击确定，完成开启。此时再回到 Word 主页面，上方菜单栏会出现 EndNote 板块界面。

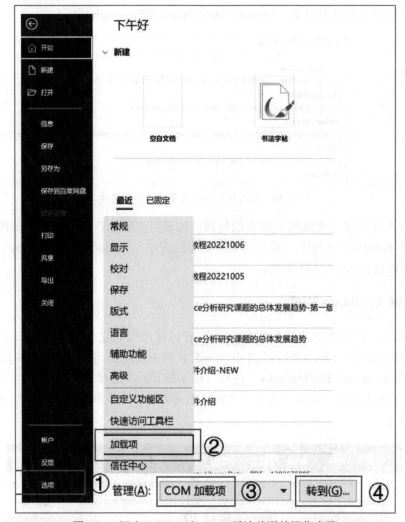

图 4.26　解决 EndNote 与 Word 无法关联的操作步骤

2. 同一文献的多次引用

操作步骤（图 4.27）：打开 EndNote 界面→找到左上角撰写的 Word 文档引用参考文献列表并打开→对导入的参考文献按照作者或者年代进行排序→查看是否存在重复的参考文献→若存在，按照图 4.16 所提供的方法对重复的参考文献进行删除。

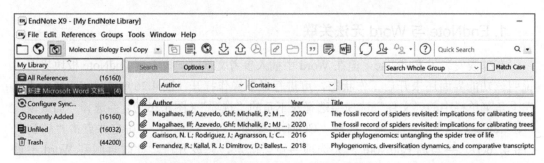

图 4.27　发现并去除同一文献的多次引用

3. 参考文献悬挂缩进问题

有时正文后参考文献列表的悬挂缩进有问题，可进行如下操作（图 4.28）：点击 Word 中的 EndNote X9 界面→找到"Bibliography"右下角的小三角形标识（图 4.28①）→选择"Layout"页面（图 4.28②）→将"Hanging indent"设置为期望数值（"Space after"表示行距：如单倍行距）（图 4.28③）→点击"确定"（图 4.28④）。

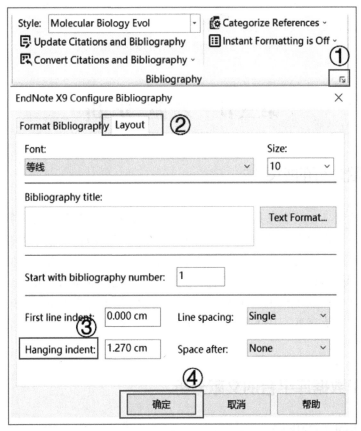

图 4.28　调整参考文献的缩进

4. 怎么修改格式都存在问题

有的时候按照正常操作修改后仍有部分错误的格式或者信息无法更正，这可能是边写作边插入导致的，或发给其他人查看、修改时，由于 Word 在不同电脑上打开造成的某种问题。针对这种情况可采取一种比较"笨"的方法，即取消 EndNote 和 Word 之间的链接，将文档另存一份后手动修改不合适的信息。

5. 插入参考文献时不正常显示

如本该显示为（Zhang et al., 2022）的文献，但显示了{Zhang 2022, #266}的错误格式。

解决方法（图 4.29）：点击 Word 中的 EndNote 功能界面（图 4.29①）→点击"Instant

Formatting is On"选项(图 4.29②)→点击"Update Citations and Bibliography"选项(图 4.29③),即可解决问题。注:#266 是文献的 record number,即这篇文献是从外部导入 EndNote 的第 266 篇文献,每一篇文献都有一个唯一的 record number。

图 4.29　更正 EndNote 不合适的引用形式

第三节　文献分析

一、文献分析的必要性

在大数据时代,文献信息具有数据量大、价值密度低、时效性强等特点。面对极为丰富的文献信息,我们没有时间去阅读所有相关的文献,即使阅读了也往往难以把握关键文献。如何从海量的文献信息中快速挖掘出自己想要的信息,并从不同的视角发现信息、解读信息,这就涉及文献分析。目前,文献分析可通过文献管理软件(如 EndNote)、数据库平台(如 Web of Science、CNKI)及文献分析专业软件(如 CiteSpace)等实现。通过文献分析,去伪存真,从不同的角度认识文献,有助于理解和掌握文献,并为文献阅读提供有效指导。

二、基于数据库平台的文献分析

1. 中国知网(CNKI)

中国知网对检索结果提供了基本的文献分析,可对总体趋势、主题、学科、研究层次、文献类型、文献来源、作者、机构及基金等进行分析。CNKI 的文献分析优势是能分析中文文献,但分析功能还不够强大,难以深度挖掘。

【例】以"青藏高原""草地"和"退化"进行"主题"检索,检索范围为"总库",检索式为:(主题:青藏高原(精确))AND(主题:草地(精确))AND(主题:退化(精确))。

共检索到 820 条记录,在检索结果页面点击"导出与分析"→"可视化分析"→"全部检索结果分析",即可进入文献分析页面。

通过总体趋势可知(图 4.30),CNKI 中有关青藏高原草地退化的文献最早见于 1993 年,发表的文献数量表现出逐年增加的趋势,表明该研究领域持续受到研究者的关注。从图中还可知,文献发表量在 2004 年和 2020 年出现明显增加。

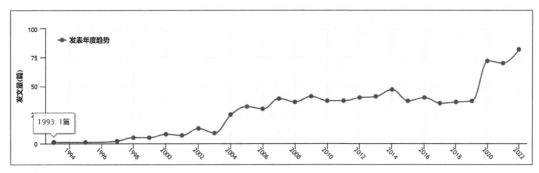

图 4.30 CNKI 的总体趋势分析

有关青藏高原草地退化的文献,"青藏高原""高寒草甸"和"高寒草地"是开展最广泛的研究主题(图 4.31)。

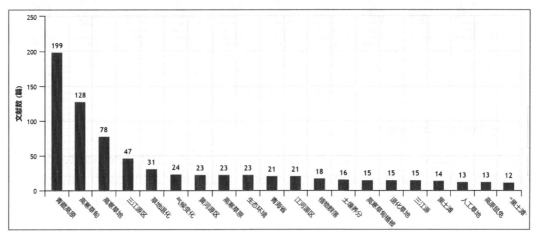

图 4.31 CNKI 的研究主题分析

青藏高原草地退化文献的所属学科中,"畜牧与动物医学"占一半以上,其次为"环境科学与资源利用"和"自然地理学和测绘学"(图 4.32)。

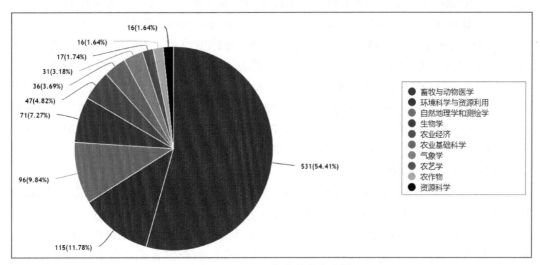

图 4.32 CNKI 的学科分布分析

发表青藏高原草地退化文献较多的作者有中国科学院西北高原研究所的曹广明、赵新全等，兰州大学的尚占环和龙瑞军等，青海大学的董全民、马玉寿等（图4.33）。

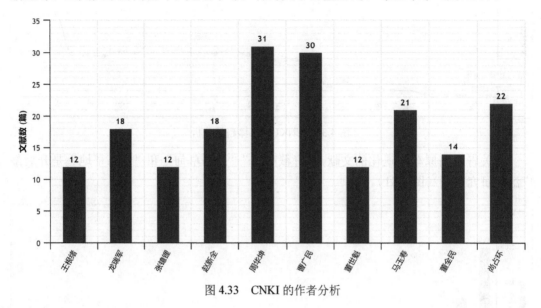

图 4.33　CNKI 的作者分析

2. Web of Science

Web of Science 对检索结果提供了文献分析功能，可对出版年（Publication Years）、文献类型（Document Types）、作者（Authors）、所属机构（Affiliations）、出版物标题（Publication Titles）、资助机构（Funding Agencies）、国家/地区（Country/Region）等进行分析。

【例】以线粒体基因组作为关键词进行主题检索，检索式为"mitochondrial genome*" (Topic) or "mt genome*" (Topic) or mitogenome* (Topic)（图 4.34①）。

共检索到 20 646 条文献，通过高被引论文（Highly Cited Papers）（图 4.34②）和综述论文（Review Articles）（图 4.34③）可快速锁定高影响力论文。每条文献都提供了引用次数（Citations）（图 4.34④）、篇引用参考文献（References）（图 4.34⑤）和相关文献记录（Related records）（图 4.34⑥），可点击后进一步查阅相关文献。对检索结果，还提供了跟踪服务（CREATE ALERT）（图 4.34⑦）和分析功能（ANALYZE RESULTS）（图 4.34⑧）。

点击"ANALYZE RESULTS"进入分析页面，即可对检索到的文献进行多角度分析。通过出版年分析，可以了解某一研究主题的发展趋势，发现有关线粒体基因组研究的文献整体呈现出逐年增加的趋势，2016 年发表的线粒体基因组文献最多，2017~2021 年发表的文献有所减少（2021 年数据不完整），但 2017~2020 年发表的文献仍多于 2016 年之前各年所发表的文献（图 4.35）。

通过对检索到的文献进行学科领域分析，可知线粒体基因组研究主要分布在"Genetics Heredity"，其次为"Biochemistry Molecular Biology"和"Evolutionary Biology"（图 4.36）。

通过对发表文献的作者进行分析（图 4.37），可以了解到该领域的高产出研究人员，他们可作为投稿时的小同行审稿专家，也可能是潜在的合作者或竞争者。对于每位作者，可点击后进一步查看作者信息及其发表文献的详细信息。

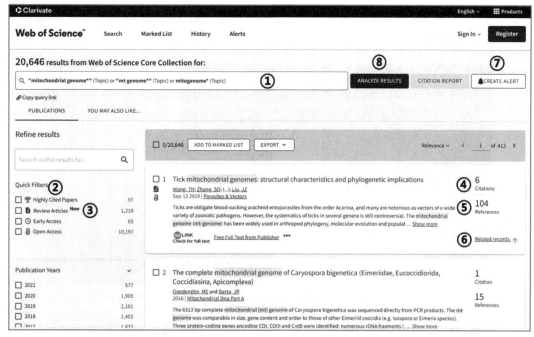

图 4.34　Web of Science 的检索结果

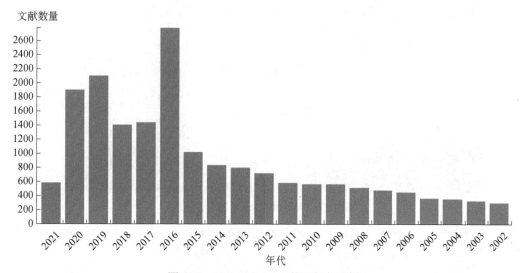

图 4.35　Web of Science 的出版年分析

通过对文献所属单位进行分析，可发现在某一研究领域发表文献数量多的研究单位，这些单位可能是潜在合作者所在单位，也可作为进一步深造的单位。从分析结果可知（图 4.38），中国科学院是全球发表线粒体基因组文献最多的研究单位，前十位中还包括中国水产科学研究院、中国农业科学研究院和上海海洋大学等 3 个中国单位，表明我国在线粒体基因组研究方面（至少在论文数量上）已居于世界领先水平。

通过来源期刊分析，可发现需重点关注的期刊和潜在的投稿期刊（图 4.39）。在线粒体基因组研究领域，*Mitochondrial DNA*（及其 *Part A* 和 *Part B*）是发表线粒体基因组文章最多的期刊，其次还包括 *PLoS One* 和 *Scientific Reports* 这两个发文量大的开放获取期刊，也包括系统进化领域的经典期刊 *Molecular Phylogenetics and Evolution* 和 *Molecular Biology and Evolution*。

图 4.36　Web of Science 的学科领域分析

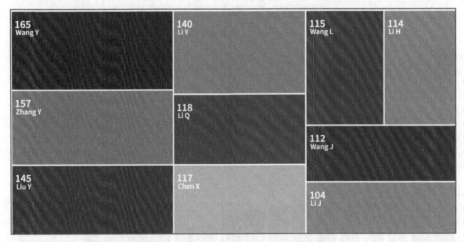

图 4.37　Web of Science 的作者分析

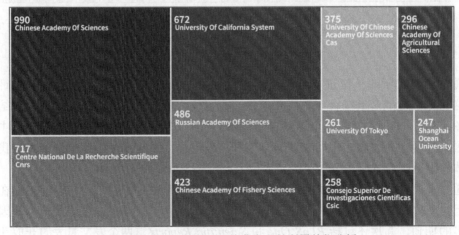

图 4.38　Web of Science 的发表文献所属单位分析

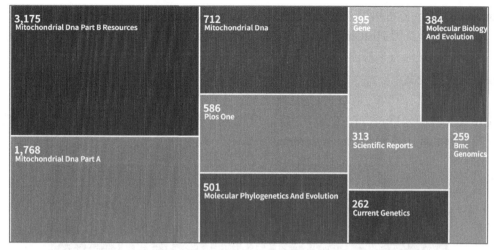

图 4.39　Web of Science 的来源期刊分析

通过对文献来源的国家或地区进行分析，可发现该领域发表论文最多的国家或地区，并可进一步限定国家或地区作深入分析（图 4.40）。在线粒体基因组研究领域，中国、美国和德国排在前三位。对中国发表的 6550 篇线粒体基因组文献进一步分析，可知该研究领域在中国的发展趋势，中国的高产出作者、高影响力作者，中国作者经常发表论文的期刊等信息。

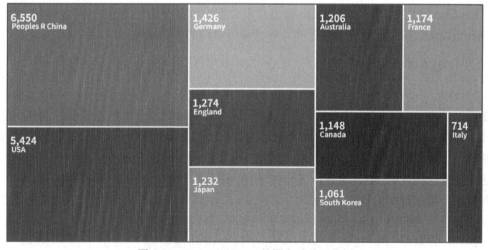

图 4.40　Web of Science 的国家或地区分析

三、基于专业软件的文献分析

1. HistCite

（1）软件简介

HistCite 是由 Thomson Reuters 公司（与 Web of Science 同属一家公司）2001 年开发，2007 年推出的用于文献计量分析和可视化的免费软件（图 4.41）。2016 年 10 月，

Thomson Reuters 公司知识产权与科技业务被 Clarivate Analytics 公司收购，目前已停止更新，最新只有升级版 HistCite Pro 2.1。软件能够实现大规模文献数据的计量，并通过引文分析绘制出领域的发展脉络、重要文献和主要作者，还能够找到某些具有开创性成果的无指定关键词论文。

HistCite 入门简单，引文网络图清晰直观，主要的功能是统计分析和引文网络构建。但由于其长时间未更新，存在设计缺陷，功能逐渐被取代，且后推出的软件具有处理更大规模数据的能力（如 CitNetExplorer）。

图 4.41　HistCite 软件封面

HistCite 官方下载地址：http://www.HistCite.com，软件目前只支持 Windows 系统，在少部分电脑上会出现兼容性问题。

HistCite 仅支持 Web of Science 核心合集数据库数据分析，下载时需要选择"纯文本文件/pain text"格式，记录内容选择"全记录与引用的参考文献"。

（2）基本界面

1）计量分析功能页面。以 HistCite Pro 2.1 版本为例，软件计量分析功能页面如图 4.42 所示。在该页面可以对文献的共被引数量、出版时间、出版机构等多方面信息进行统计计量分析。例如，通过分析本地引用次数（local citation score，LCS），可快速锁定领域内的重要作者（图 4.42①）；通过分析参考文献（cited references，CR），可快速锁定综述类文章（图 4.42②）。此外，"GCS"代表 global citation score，即引用次数，可以用于判断该文献的影响力情况；"LCR"代表 local cited references，即引用本地文献次数，可以用于判断该文献与该研究领域的相关性从而判断其阅读价值。

2）引文网络分析功能页面。点击计量分析功能页面上方的工具"Tools"（图 4.42③）→点击"Graph Maker"选项，即进入引文网络分析功能页面（图 4.43），即引文网络的制作。引文网络分析功能页面有三大面板：①操作面板：可以对参数及视图进行调整；②视图面板：展现了文献间的共被引关系；③信息面板：展现了视图中分析的文献的信息情况。

（3）分析示例

以 HistCite Pro 2.1 版本为例，进行 Web of Science 核心合集包含鳞翅目灰蝶科"Lycaenidae"主题词的所有文献作为示例进行分析，基本分析步骤为：文献获取→软件导入→计量分析→引文网络分析。

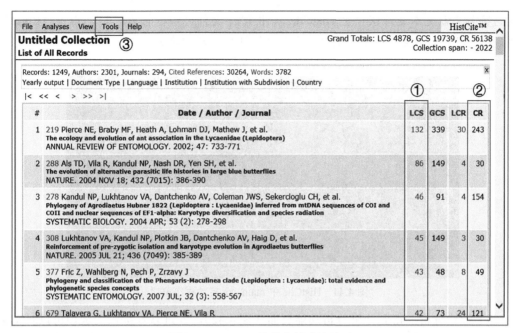

图 4.42　HistCite 计量分析功能页面

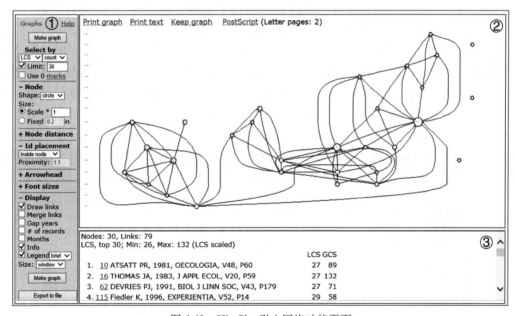

图 4.43　HistCite 引文网络功能页面
①操作面板；②视图面板；③信息面板

1）文献获取。从 Web of Science 数据库选择下载需要进行分析的文献时，使用 Web of Science 核心合集数据库，下载格式选择"纯文本文件/pain text"格式，记录内容选择"全记录与引用的参考文献"。

2）软件导入。将保存的 TXT 文本文件移动至"HistCite Pro 2.1"文件夹中的"TXT"文件夹中，双击 main.exe 应用程序进行启动，出现图 4.44 对话框："若文件已复制 TXT 文件夹中，输入 1；若不是，输入 2；尝试高级模式，输入 3"。此前我们已将下载的参考文献文本文件保存至 HistCite 软件 TXT 文件夹中，输入"1"，点击"Enter"键，系统自动识别文件夹中的文献文件并弹出计量分析功能页面。

图 4.44　HistCite 中 main.exe 启动程序窗口

3）计量分析。得到计量分析功能页面（图 4.42），通过软件提供的选项可以对文献进行计量分析，快速锁定综述类文章、重要文章、重要作者、领域发展情况等信息。需要提及的是，目前该功能已能通过 Web of Science 数据库在线实现，在此不做赘述。

4）引文网络分析。点击计量分析页面上方的工具"Tools"（图 4.42③）→点击"Graph Maker"选项，即可进入引文网络分析功能页面（图 4.45）。通过左侧操作面板（图 4.43①）可以调节视图的参数，需要注意的是，视图并不会伴随每次调节自动更改，每次均需点击"Make graph"键（图 4.45①）。视图面板（图 4.43②）最左侧为文献出版时间（图 4.45②），视图中一个圆圈代表一篇文献，圆圈中的数值代表文献序号（图 4.45③），圆圈越大，表示该文献越重要。通过调节呈现的文章数量（图 4.45④）可以使重要文献更加直观地显现，这项功能可以帮助我们快速锁定重要文献。通过文献序号我们可以在计量分析功能页面阅读所下载的文献摘要，进一步帮助我们判断文献的价值。

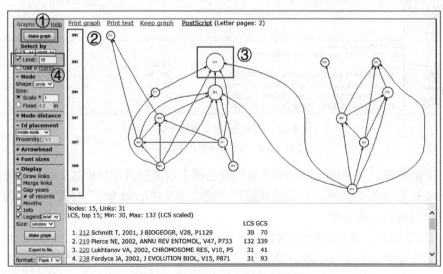

图 4.45　HistCite 引文网络分析结果

2. CitNetExplorer

（1）简介

CitNetExplorer 是荷兰莱顿大学科技研究中心（Centre for Science and Technology Studies，CWTS）的范瑞克（van Eck）高级研究员和瓦特曼（Waltman）教授于 2014 年在 VOSviewer 后开发的一款基于 JAVA 的免费软件，目前仅具有 1.0.0 版本。该软件面向科学文献计量分析，主要功能是对引文网络进行分析和可视化（图 4.46），可以用于分析研究领域随时间的发展趋势、研究领域内各研究方向、探索研究人员的出版作品等功能。

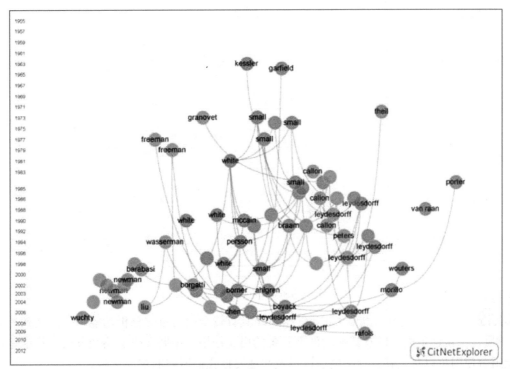

图 4.46　CitNetExplorer 展示的分析结果

彩图

CitNetExplorer 入门简单、好上手，能够处理具有大规模数据的引文网络，同时能够深度探索引文网络，且能有条件地识别文献。但是该软件只能分析 Web of Science 数据库中的文献，无法全面地处理其他大型数据库中的原始数据，且无法直观可视化出引文网络图谱中标签之间引用的次数和权重。

CitNetExplorer 在 Windows 系统有两种安装包，下载地址为：https://www.citnetexplorer.nl/download。CitNetExplorer 需在 JAVA 环境中运行，JAVA 下载地址为：https://www.java.com/zh-CN/。此外，CitNetExplorer 还支持在线使用，在线使用地址为：https://www.citnetexplorer.nl/app/CitNetExplorer.jnlp。

CitNetExplorer 目前仅支持 Web of Science 文献数据直接导出使用，或之前使用 CitNetExplorer 保存的文件格式。Web of Science 文献数据导出步骤如下：选择 Web of Science 核心合集数据库→检索文献→勾选需要进行分析的文献→导出格式选择"制表符分隔文件"→记录内容选择"全记录与引用的参考文献"。

（2）基本界面

1）功能面板（图4.47）。在操作过程中，我们主要用到的为以下四个区块：①菜单栏：文件的打开、保存及选择分析等功能；②页面选项：切换视图页面和文献页面；③视图面板：展示视图，选择进行下一步分析的文献；④视图调节：调节视图展示的阈值及视图美化调整等。

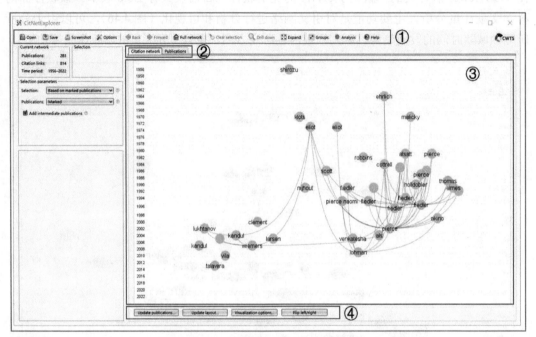

图4.47　CitNetExplorer主要功能面板

2）分析功能。CitNetExplorer具有较全面的引文分析功能，包括文献的检索、聚类，以及其他软件不具备的引文挖掘、拓展及引文路径分析。将这些功能组合使用可以对文献进行深度研读以及快速发掘我们所需的重要文献。

（3）示例分析

以软件安装时的测试数据为例，基本分析步骤为：文献获取→软件导入→选择分析内容→获得图表。

1）文献获取。CitNetExplorer目前仅支持Web of Science文献数据直接导出使用。在Web of Science中选择核心合集数据库进行文献检索，勾选需要进行分析的目标文献，导出时将记录导出为"制表符分隔文件"格式，记录内容选择"全记录与引用的参考文献"。

2）软件导入。打开软件，点击上方菜单栏（图4.47①）的"Open"选项，弹出如图4.48的窗口，找到并选择分析的文件（如本例使用的数据为软件测试数据）。点击"OK"，获得初步图像。

3）选择分析内容。在软件视图上方页面选项（图4.47②）中选择"Publications"页面（图4.49），支持进行文献检索功能。菜单栏（图4.47①）分析选项"Analysis"→聚类选项"Clustering"支持文献聚类分析（图4.50）；深入挖掘"Drill down"支持文献引

第四章　文献管理与分析　109

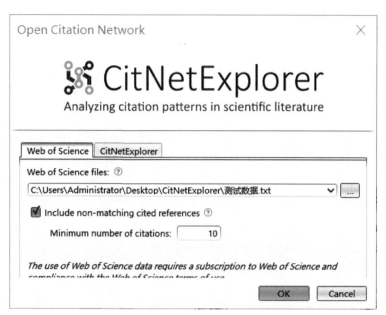

图 4.48　CitNetExplorer 打开文献文件

用关系的深度挖掘（图 4.51）；最短路径选项"Shortest path"支持最短引文路径分析；最长路径选项"Longest path"支持最长引文路径分析（图 4.52）。这些功能还可以进行组合灵活使用，帮助我们快速获取预期分析结果，如将最长路径分析与深度挖掘功能联合使用，可以单独呈现出最长引文路径图谱（图 4.53）。拓展选项"Expand"支持文献引用关系拓展分析（图 4.54），能够帮助我们快速找寻阅读主题相关文献。

图 4.49　Publications 文献检索功能

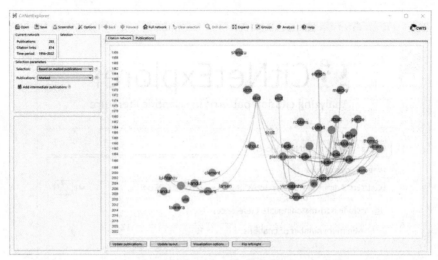

图 4.50 Clustering 文献聚类分析

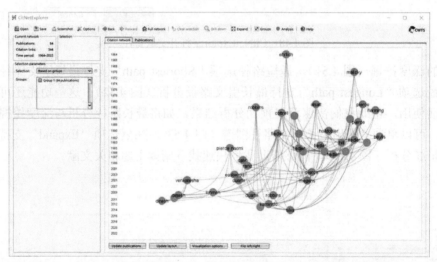

图 4.51 Drill down 深度挖掘功能（以深度挖掘图 4.50 中的蓝色类别为例）

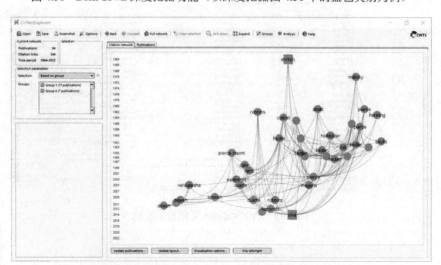

彩图　　图 4.52 Longest path 最长路径分析（以最古老文献与最近文献作为分析对象）

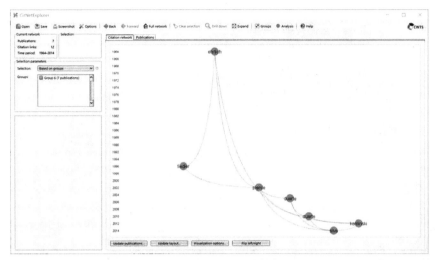

图 4.53　最长路径分析与深度挖掘配合使用

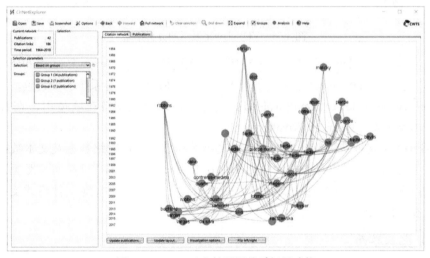

图 4.54　Expand 文献引用关系拓展功能

彩图

3. VOSviewer

（1）软件简介

VOSviewer 是荷兰莱顿大学科技研究中心（Centre for Science and Technology Studies，CWTS）的范瑞克（van Eck）高级研究员和瓦特曼（Waltman）教授于 2009 年开发的一款基于 JAVA 的免费软件（图 4.55），目前已更新至 1.6.18 版本。软件设计的核心思想是"共现聚类"，展现知识领域的结构、进化、合作等关系，图形展示能力强，适合大规模数据，可用于构建科学出版物、科学期刊、研究人员、研究组织、国家、关键字或术语的网络。

VOSviewer 入门简单、好上手，适合初学者，支持多种数据，能够实现各不同需要的聚类，同时该软件能够更好地实现大数据规模下的可视化需求。但是其风格单一，可操作性低，只能生成一张图谱，且无法查看节点信息。

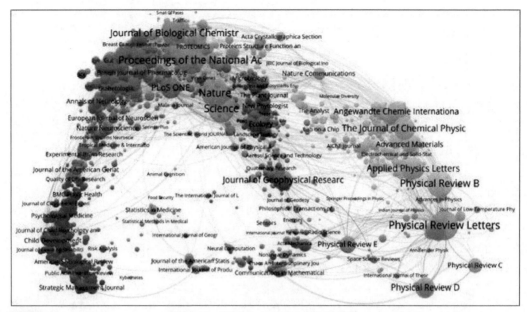

图 4.55　VOSviewer 展示的分析结果

VOSviewer 需在 JAVA 环境（下载地址：https://www.java.com/zh-CN/）中运行，VOSviewer 官网提供了 Windows、MacOSX 等系统的安装包，下载地址为：http://www.vosviewer.com/download。此外，该软件也支持在线使用，在线使用网址：http://www.vosviewer.com/vosviewer.php。

VOSviewer 支持多种数据类型，包括文献数据库、通用网络数据及文本数据三种类型数据。可进行分析的文献数据库包括 Web of Science、Scopus 等主流外文数据库；中文数据库如 CNKI 文献则需要经过一定的处理和转化；导出的本地文件格式支持 RIS、EndNote 和 RefWorks。

（2）基本界面

1）功能面板（图 4.56）。在操作过程中，我们主要用到的为以下三个面板：① 操作面板：可以选择文件的打开、保存等功能；② 视图面板：具备视图的放大、缩小功能，上方有三个选项卡，可以切换三种视图；③ 调节面板：美化、调节得到的视图。

2）分析功能。VOSviewer 具有五种分析功能：合著、共现、引用、书目耦合及共引。不同分析功能下具有不同分析对象可供选择。合著分析可以选择作者个人、所在组织及所在国家三个分析对象；共现分析可以选择全部关键词、作者关键词、附加关键词三个分析对象；引用和书目耦合分析可以选择文献、来源期刊、作者、机构、国家五个分析对象；共引分析可以选择文献、来源期刊、作者三个分析对象。总的来说，VOSviewer 能够完成各种聚类的实现，且操作简单，分析对象全面。

（3）示例分析

以 1.6.18 版本为例进行示例分析，分析对象为 Web of Science 核心合集数据库中关于鳞翅目（Lepidoptera）灰蝶科"Lycaenidae"文献的关键词聚类。具体步骤为：文献获取→软件导入→选择分析内容→视图调整。

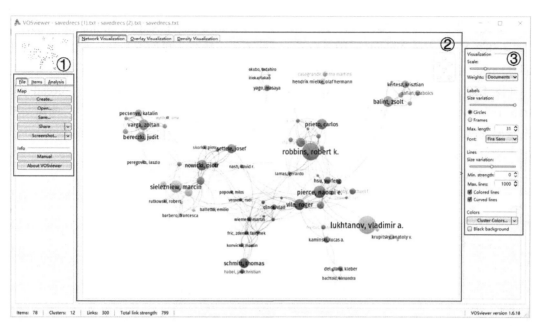

图 4.56　VOSviewer 主要功能面板

1）文献获取。从数据库（如 Web of Science、CNKI、EndNote 本地数据库等）检索并筛选所需文献，导出时使用软件可识别的格式如 RIS、RefWorks 进行保存。

彩图

例如，首先进入 Web of Science 官网中，数据库选择"核心合集"，检索框中输入主题词"Lycaenidae"进行检索，将搜索到的所有文献进行导出。导出时选择"制表符分隔文件"（RIS、RefWorks 等格式同样支持），根据需要分析的结果选择参考文献的记录内容，如此处选择了"全记录与引用的参考文献"（图 4.57）。

图 4.57　Web of Science 核心合集数据库中进行文献的导出

2）软件导入。通过界面左侧操作面板（图 4.56①）中的"File"选项（图 4.58①）中的"Create"选项（图 4.58②）打开，根据文献保存的类型选择打开方式并打开文献文件。

如此处我们在选择文献来源时选择第二项"Create a map based on bibliography data"（图 4.58③），并点击"Next"（图 4.58④）；选择文件类型，我们下载的文献来源为 Web of Science，因此我们通过"Read data from bibliographic database files"打开下载的文献文件（图 4.59①）。若文件格式为 RIS、EndNote 或 RefWorks 格式，此步骤通过"Read data from reference manager files"打开（图 4.59②），并点击"Next"（图 4.59③）；选择文献来源期刊网站（图 4.59④），选择下载好的文献文件并保存至软件中（图 4.59⑤），并点击"Next"（图 4.59⑥）。

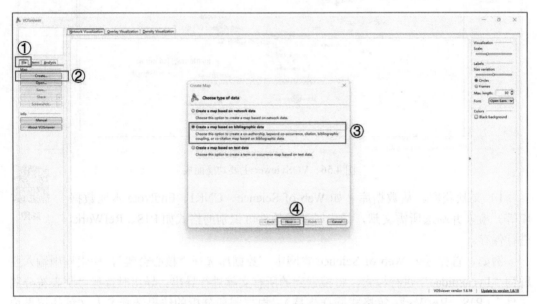

图 4.58　VOSviewer 打开文件并选择文献来源

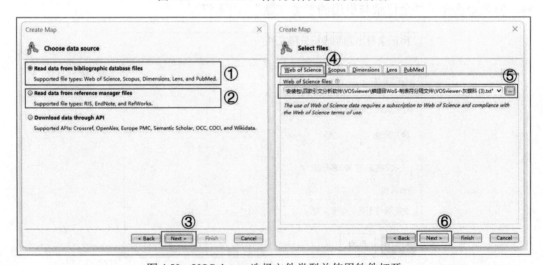

图 4.59　VOSviewer 选择文件类型并使用软件打开

3）选择分析内容。具体具备的分析功能见上文分析功能的介绍。

以 VOSviewer 1.6.18 关键词共现分析为例。选择分析类型时选择第二项"Co-occurrence"共现分析（图 4.60①），分析单元选择"All keywords"全部关键词（图

4.60②);通常软件默认算法不需要进行更改,点击"Next"(图4.60③),出现设置阈值的弹窗。当设置关键词出现频率最小为"5"次时(图4.60④),系统提醒"在4497个关键词中,436个满足要求"(图4.60⑤)。点击"Next"(图4.60⑥),出现自定义阈值下的筛选结果数量,可以根据需求进一步设置该数量(图4.61①)。点击"Next"(图4.61②),展现所有符合条件的筛选结果,对不满意的关键词可以去除(图4.61③)。例如,本例中文献是基于灰蝶科"Lycaenidae"查找的,因此将关键词"Lycaenidae"灰蝶科及"Lepidoptera"鳞翅目进行去除。点击"Finish",完成分析选择(图4.61④)。

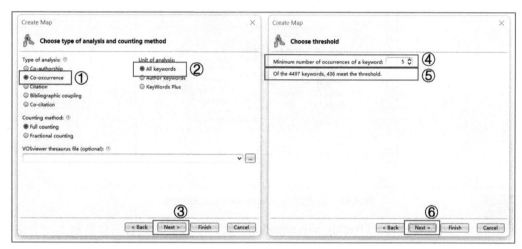

图4.60 选择分析内容

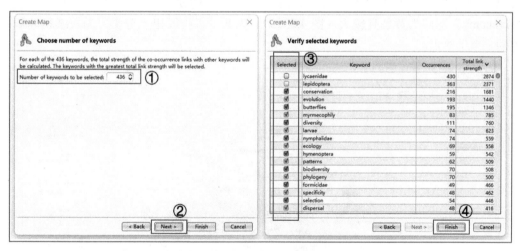

图4.61 自定义阈值下筛选结果并选择进行展现的关键词

4)视图调整。得到关键词共现分析的一种图谱和三种可视化视图(图4.62),通过视图面板(图4.56②)上方选项卡(图4.62①)切换不同视图,通过调节面板(图4.56③和图4.62②)可对视图进行美化调整。

聚类视图(Network Visualization)(图4.62③):关键词通过圆圈展示,出现频率越高圆圈越大;不同颜色代表不同集群,连线表示关联。从该分析结果可以看到,灰蝶科出现频次最高的关键词为"conservation";从紫色部分(图4.62④)关键词"social parasite""myrmecophily""specificity"等可以知道这一部分为灰蝶科与蚂蚁之间的特殊亲密关系，又称亲蚁性。

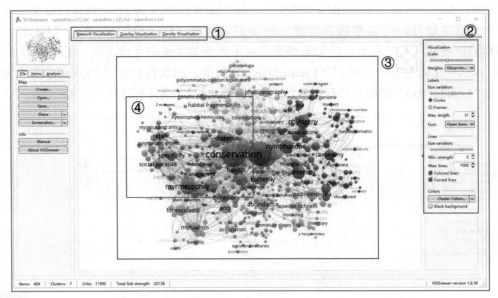

图 4.62　聚类视图（Network Visualization）

标签视图（Overlay Visualization）（图 4.63）：视图右下角显示了一个颜色条（图 4.63①），在该分析中，颜色代表关键词出现的不同年份。通过该视图可以看到每个聚类模块的大致研究时间，以及最近的研究方向。视图中可以看到，"taxonomy"圆圈为黄色且较大（图 4.63②），因此可以推断出"分类"为灰蝶科近年研究的一个小热点。

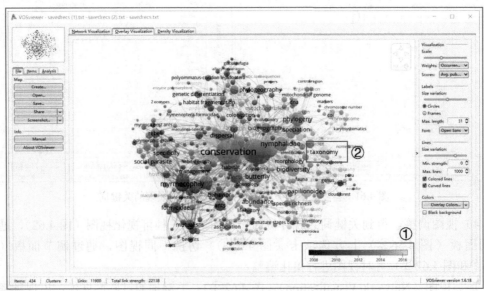

图 4.63　标签视图（Overlay Visualization）

彩图

密度视图（Density Visualization）（图 4.64）：项目密度（item density）视图中，每个关键词都有颜色，表示项目密度。默认情况下，颜色范围从蓝色到绿色再到黄色。通过该视图的分析可以快速锁定研究领域中的热点问题（图 4.64①）。

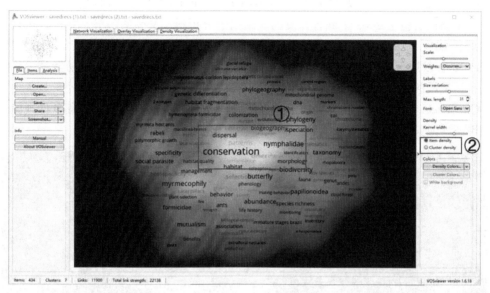

图 4.64　密度视图（Density Visualization）中的项目密度（item density）视图

此外还能够通过密度视图调节面板（图 4.56③和图 4.62②）"Cluster density"选项（图 4.64②）切换为集群密度（cluster density）视图（图 4.65）。每个集群的项目密度是单独显示的，通过混合不同集群的颜色来获得可视化中某个关键词的颜色。通过该视图的分析可以直观看到该领域各个方向中的研究热点问题。

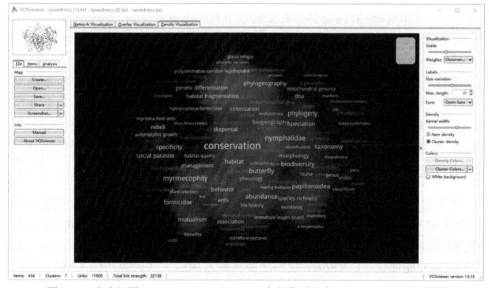

图 4.65　密度视图（Density Visualization）中的集群密度（cluster density）视图

彩图

4. CiteSpace

（1）软件简介

CiteSpace 是美国德雷塞尔大学（Drexel University）的华人学者陈超美团队与大连理工大学 WISE 实验室 2003 年联合开发的一款用于分析科学文献的趋势，并进行可视化的文献计量软件（图 4.66）。该软件需要在 JAVA 环境运行，是一款收费的商业软件。CiteSpace 可以用于共现分析、合作网络分析、共被引分析及耦合分析，功能强大，能够生成科学领域的结构和时间模式及趋势的交互式视图。

CiteSpace 功能全面，具有优秀的分析能力，支持多种数据类型，具有多种视图，可操作性高。但其学习难度相较其他分析软件稍高。

图 4.66　CiteSpace 软件宣传分析结果

彩图

CiteSpace 官网提供付费安装包下载，下载地址为：http://cluster.cis.drexel.edu/~cchen/citespace/。该软件需要在 JAVA 环境运行，JAVA 下载地址为：https://www.java.com/zh-CN/。

CiteSpace 支持多种数据类型，支持文献数据库包括 Web of Science、Scopus、CNKI 等，但除 Web of Science 数据库外，其他数据库的数据需要经过转化后才可使用。CiteSpace 软件自身提供数据转化功能，对不同数据库文献导出方式具有不同要求。另需要注意的是，所有下载的文献文件其文件名必须以"download"开头，如"download2023"。

（2）基本界面

1）数据面板。初进入 CiteSpace 软件，可看到操作面板、菜单面板及设置面板三大板块（图 4.67）。①操作面板：显示分析项目信息以及开始运行键；②菜单面板：具有数据转换等功能；③设置面板：进行分析对象数据等的设置调整。

2）视图功能面板。CiteSpace 视图功能面板常用四大块内容（图 4.68），分别为：①工具栏：具有调节布局、聚类方式选择、运算方式选择等多种功能；②视图面板：展示计算结果视图，可以放大、缩小视图；③控制面板：调节、美化得到的视图；④信息面板：查看计算结果。

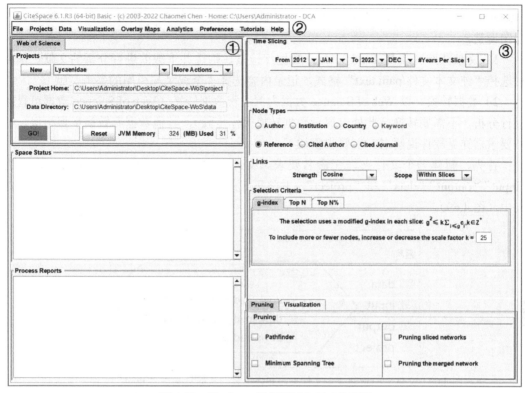

图 4.67　CiteSpace 数据面板主要功能面板

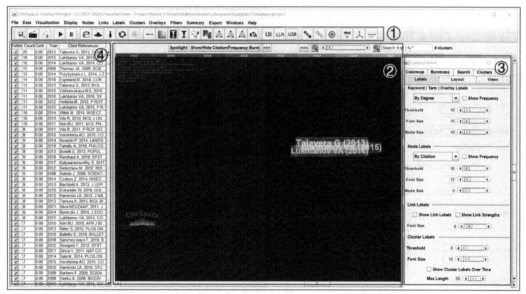

图 4.68　CiteSpace 视图功能面板

（3）示例分析

以 CiteSpace 6.1.R3 版本，以 Web of Science 核心合集"Lycaenidae"主题词文献为例进行"Reference"文献共被引分析（即图 4.67③中"Node Types"选项中的

"Reference"分析项目)。分析步骤为:文献获取→数据转换→软件导入→选择设置→视图调整。

1)文献获取。从 Web of Science 数据库检索、筛选并下载欲进行分析的文献。下载时选择"纯文本文件/pain text"格式,记录内容选择"全记录与引用的参考文献"。

2)数据转换。以 Web of Science 数据为例进行数据转换(Web of Science 数据可直接进行分析,不需要转换,此处仅展示数据转换操作步骤),其他数据库转换步骤相似,具体要求需详见软件说明书。主要步骤如下。

首先,新建一个文件夹,无命名要求。文件夹中新建 4 个子文件夹,分别命名为"input""output""data"和"project",并将下载的需要分析的数据复制进"input"文件夹中(图 4.69)。

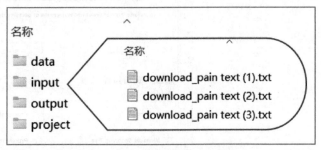

图 4.69 文件夹中新建 4 个文件夹,并将下载的数据复制进"input"文件夹中

其次,打开 CiteSpace,点击软件进入页面下方"Agree"键,进入数据面板。点击数据面板上方菜单面板(图 4.67②)的"Data"键,点击"Import/Export"选项,进入数据转换页面(图 4.70)。在"Input Directory"栏找到并选择我们新建的"input"文件夹(图 4.70①),在"Output Directory"栏找到并选择我们新建的"output"文件夹(图 4.70②)。点击下方的"Remove Duplicates"(图 4.70③)。

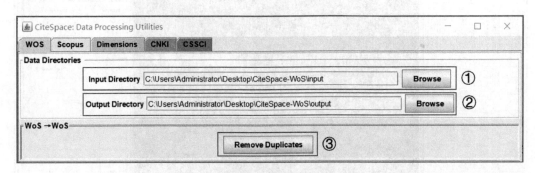

图 4.70 CiteSpace 数据转换页面

最后,出现如图 4.71 所示窗口,选择保留的文档类型(一般默认),点击下方的"Start"(图 4.71①)。中部白板显示软件运行状态(图 4.71②),待软件完成转换时便可关闭数据转换的两个窗口(图 4.70 和图 4.71)。输出数据出现在"output"子文件夹中,完成数据的转换。

3)软件导入。

首先,将"output"子文件中所有转换的数据复制至"data"子文件夹中。

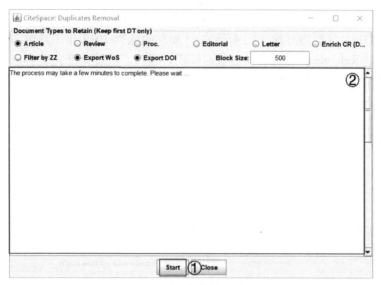

图 4.71 选择保留的文档类型

其次，点击数据面板中操作面板（图 4.67①）的"New"键，进入数据导入窗口（图 4.72）。在"Title"进行数据的命名，命名无限制，如此处命名为"Lycaenidae"（图 4.72①）。在"Project Home"栏找到并选择新建的"project"文件夹（图 4.72②），在"Data Directory"栏找到并选择新建的"data"文件夹（图 4.72③）。在"Data Source"选择数据的来源及语言（图 4.72④），WoS 为 Web of Science 的简写。参数一般情况下不需要调整，完成后点击下方的"Save"（图 4.72⑤），回到数据面板（图 4.67），此时我们保存的数据信息出现在数据面板的操作面板中，完成数据的导入。

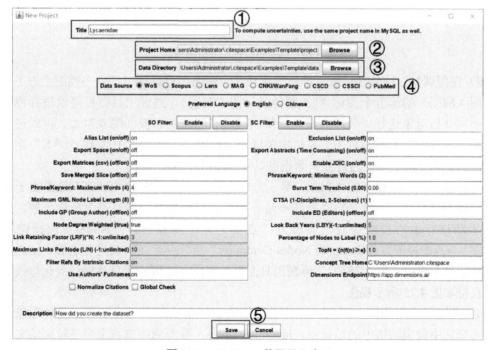

图 4.72 CiteSpace 数据导入窗口

4)选择设置。在数据面板中的右侧功能面板(图 4.67③)进行分析设置,如分析的年份(图 4.73①)、分析的对象(图 4.73②)(如此处选择 2012 年 1 月至 2022 年 12 月的全部文献进行"Reference"分析)。当数据转换、选择、设置全部完成后点击数据面板中操作面板的绿色键"Go!"(图 4.73③),操作面板下方白板处显示运行情况。运行完成后出现弹窗提醒(图 4.73④),点击"Visualize"进入视图功能面板(图 4.68)。

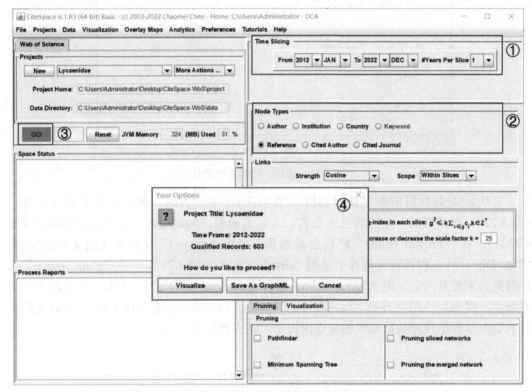

图 4.73　选择进行视图分析的内容

5)视图调整。待软件计算完毕,结果稳定,画面不再跳动时,点击视图上方工具面板(图 4.68①)的第五个图标"||"暂停键(图 4.74①)。通过工具面板可以进行视图调整、不同分析对象选择、分析方法选择等,通过右侧控制面板(图 4.74②)可以进一步美化得到的视图。示例为点击工具栏中关键词分析键(图 4.68①中第 18 个"K"字符按键)后的聚类分析结果,通过控制面板可以对视图进行美化。

可以看到信息面板(图 4.74③)显示分析文献的中心值均为"0.00",这是由于文献数量超过 500 篇时,系统会自动默认不进行运算,因此视图中的节点大小均一致。此时需要手动进行中心值的运算。步骤为:点击上方工具面板的"Nodes"快捷键(图 4.75①)→点击最下方"Compute Nodes Centrality"选项→系统自动进行运算,结果直接展示在信息面板中(图 4.75②)。再在工具面板对视图节点可视化风格进行美化修改后,可以获得如图 4.75 所示视图。

6)关键词突变分析。CiteSpace 具有多种分析功能,除基本分析外,软件还能够识别时间变化中聚类网络中的地标点(landmark notes,聚类网络节点中半径较大的文献,代表某一个聚类经典的研究成果)和转折点(pivot notes,连接两个聚类的同一篇文献,

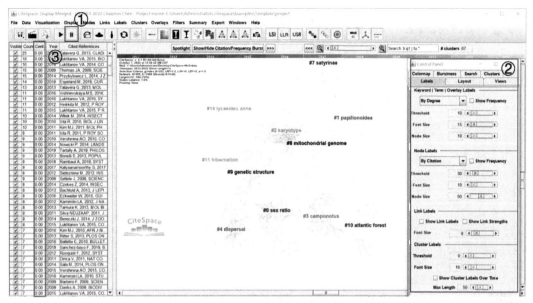

图 4.74　CiteSpace 文献共被引分析中关键词聚类的分析结果

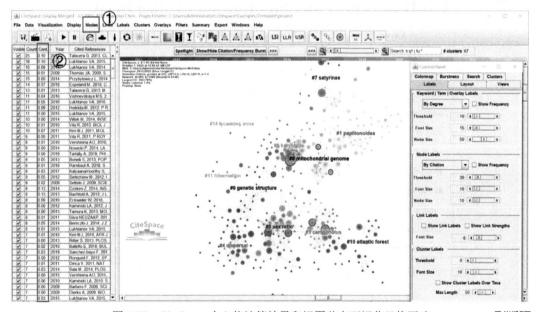

图 4.75　CiteSpace 中心值计算结果和视图节点可视化风格更改

彩图

代表学科研究方向的转变），从而进行突变分析。这也是 CiteSpace 的特色功能之一。突变分析步骤如下：

a. 在数据面板的设置选择中（图 4.73）选择分析对象为关键词"Keyword"，相同操作获得关键词分析视图（图 4.76）。

b. 控制面板最上方页面切换到"Burstness"页面（图 4.76①），参数依据实际情况进行调整，下方[0, 1]阈值（图 4.76②）数值越大，呈现关键词数量越少。调整好后点击下方"View"（图 4.76③），进入关键词突变分析结果页面（图 4.77）。

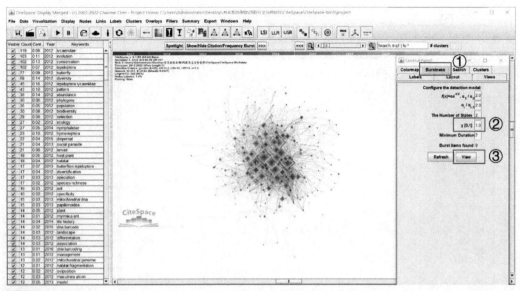

图4.76　CiteSpace 关键词突变分析控制面板设置

彩图

图4.77　阈值调节为"1"时11个关键词的突变分析结果

第四节　文献追踪与获取

一、文献追踪的必要性

对于自己关注的期刊、研究方向、感兴趣的学者，如果想第一时间知道最新进展，又不想逐一去文献检索平台进行检索，这就需要文献追踪。即使是自己关注的期刊，也不一定对所有的文章都感兴趣，因此第一时间获得针对性的最新进展很有必要。同时，在文献检索平台开展检索时，一旦有最新进展便可及时知晓，也离不开掌握文献追踪的途径和方法。因此，在全面了解自己研究领域与方向的基础上，要密切关注相关研究机构、研究团队、领域主题，并保持定期对相关数据库进行检索，尽可能不漏掉任何一篇重要文献（投稿前的文献检索也很有必要），这样才能及时掌握研究领域的前沿进展。通过文献追踪，不仅可以节省文献检索时间，而且可实现及时掌握自己研究领域的前沿进展，研判自己开展的研究内容的创新性及是否已有相关研究成果发表（有时英雄所见略同而可能"撞车"），并通过阅读最新文献获得启发，有利于更好推动自己的创新性研究。

文献追踪的途径和方法有多种，因人而异，没有任何一种能适合所有的研究者，最好在实践的基础上逐渐形成自己的文献追踪习惯。

二、文献追踪的方法

1. 邮件订阅

电子邮件订阅是最常用的文献追踪方法，几乎所有的文献数据库平台、期刊、学术搜索引擎等都提供了邮件订阅服务。用户既可以针对关键词、期刊、学者、研究领域等进行邮件订阅，还可以对检索条件、自己已发表的论文及感兴趣的论文进行订阅。

我国草业领域的英文期刊 *Grassland Research*、中文期刊《草业学报》《草业科学》和《草地学报》等都提供邮件订阅服务。

Grassland Research 订阅（图 4.78）：进入期刊主页，点击"Get Content alerts"或图标，登录后进行电子邮件订阅。

图 4.78　*Grassland Research* 文献追踪：邮件和 RSS 订阅

《草业学报》订阅：进入期刊主页，点击"在线期刊"下的"E-mail Alert"，进入"E-mail Alert 服务"页面，输入电子邮箱，即可实现订阅或退订。

《草业科学》订阅（图 4.79）：进入期刊主页，下拉到页面底部，在"电子目录推送"下的"Email"框中输入电子邮箱，点击"我要订阅"即可。

Nature 订阅（图 4.80）：进入期刊主页，点击"Sign up for alerts"，登录后进行电子邮件订阅。

图 4.79 《草业科学》文献追踪：邮件和 RSS 订阅

图 4.80 *Nature* 文章追踪：邮件和 RSS 订阅

Molecular Ecology 订阅（图 4.81）：进入期刊主页，在"Email address"框中输入邮箱进行登录，即可实现电子邮件订阅。

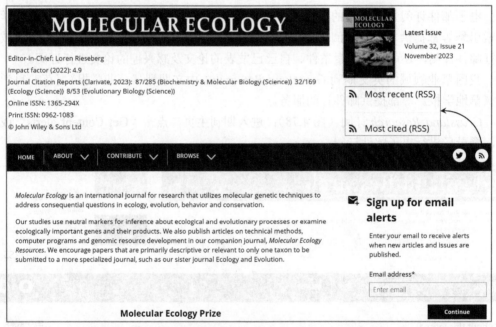

图 4.81 订阅 Wiley 数据库的期刊：以 *Molecular Ecology* 为例

登录 Wiley 数据库，在其主页里进行特定主题的检索（如 mitochondrial genome*）（图 4.82），点击检索结果页面中的"SAVE SEARCH"，在"Save this search"中输入订阅名称（Name），并选择订阅内容的发送频率（Daily，Weekly，Monthly，Never）即可。在"My account"中的"Saved searches"可查看订阅结果；在"Manage alerts"可对订阅的期刊进行管理。

登录 ScienceDirect 数据库，在其主页里进行特定主题的检索（如 Araneae），在检索结果页面的右边"Suggested topics"下面有数据库建议的主题，点击主题（Araneae）进入新的页面，点击"Set alert"，输入检索名称（Name of search alert）、设置邮件发送频率（Weekly 或 Monthly）即可（图 4.83）。

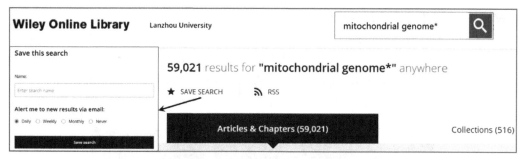

图 4.82　Wiley 数据库的主题检索订阅

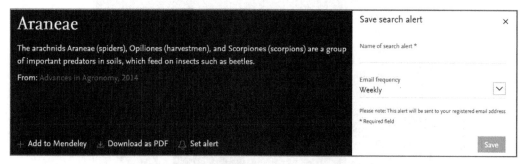

图 4.83　ScienceDirect 数据库的主题检索订阅

百度学术提供了关键词订阅、期刊订阅和学者订阅（图 4.84），注册登录后关联邮箱，订阅更新将同步推送到邮箱。同时还可以关注百度学术微信公众号，及时获取最新订阅信息。谷歌学术搜索可订阅关键词、被引文献及学者等，方法与百度学术类似，不再赘述。

图 4.84　百度学术文献追踪

2. RSS 订阅

RSS（really simple syndication，简易信息聚合）是站点用来与其他站点之间共享信息的一种简易方式。通过 RSS 阅读器订阅，用户可以很容易地发现订阅站点的更新内容，从而追踪用户感兴趣的阅读内容。因此，RSS 无疑为科研工作者及时跟踪自己感兴趣的文献资料提供了一种方便而快捷的信息订阅方式。许多文献检索平台（如

PubMed)、期刊都提供了 RSS 订阅服务。

RSS 阅读器比较多，但挑选一款好用的 RSS 阅读器并不容易，有些 RSS 阅读器还收取一定的使用费。比较好用的经典 RSS 阅读器有 Inoreader（https://www.innoreader.com/）、Reeder 5（https://reederapp.com/）和 Feedreader（http://www.feedreader.com/）等。Feedreader 的特点是完全免费、无广告，可下载到本地安装，也可使用在线版（图 4.85）。

图 4.85 Feedreader 在线阅读器

几乎所有的期刊都提供有 RSS 订阅服务（图 4.86），我们不需要到逐个期刊去查看有没有最新发表的论文，只要在 RSS 阅读器中订阅感兴趣的期刊，当期刊有新发表文章（包括刚接受的文章）时就会及时、自动地出现在 RSS 阅读器中。

图 4.86 *Science* 期刊提供的文献追踪服务

进入 *Molecular Ecology* 主页，点击 RSS 标识可看到两种类型的 RSS，分别点击"Most recent（RSS）"和"Most cited（RSS）"即可获得最新文献和高被引文献的 RSS 订阅地址（图 4.81）。

进入 *Trends in Plant Science* 主页，下拉"Articles & Issues"菜单，点击"RSS"，即

可得到该期刊的 RSS 订阅地址（图 4.87）。

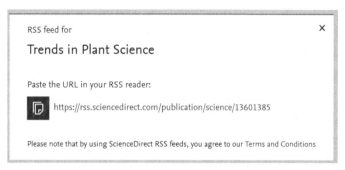

图 4.87　RSS 订阅 ScienceDirect 的杂志 Trends in Plant Science

RSS 也可以订阅感兴趣研究主题的最新检索结果（图 4.88），当该检索主题有了新论文后，将自动地出现在 RSS 阅读器中。

图 4.88　RSS 订阅检索结果：以 PubMed 为例

3. 软件订阅

一些软件也提供文献订阅服务，如文献鸟 Stork（https://www.storkapp.me/）。该软件的简介是：您忠实的科研助理，每日帮您搜索、筛选和推送最新的重要科学文献。文献鸟 Stork 会根据我们自己设定的关键词（免费用户最多可设置 5 组关键词），查询新的科学文献，并发送到注册邮箱里，并可以设定发送频率和发送时间。收到的最新文献，按照不同的关键词进行分类呈现，每条文献包括题目、作者、期刊名、期刊影响因子、期刊的中国科学院期刊分区、是否为 Top 期刊、PMID 号及 DOI 号等信息，并提供了邮件、微信及 QQ 等文献分享方式（图 4.89）。

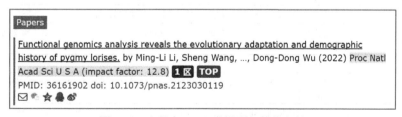

图 4.89　文献鸟 Stork 发送到邮箱的文献

文献既可以在邮箱中进行浏览，也可在浏览器中阅读。如果对该文献感兴趣，可点击其标题打开新页面进一步阅读摘要；在该页面里还提供了文献来源链接、相似性文献推荐及文献导出功能（RIS 格式）。文献鸟 Stork 还提供写作助手、听文献、文献分析等多种高级功能，购买后方可使用。

4. 微信公众号阅览

目前，很多期刊都建立了自己的微信公众号，特别是中文期刊，如草学领域的《草业学报》《草业科学》和《草地学报》等。一些著名的英文期刊及出版商，也建有自己的微信公众号，如ScienceAAAS、Nature Portfolio、Wiley 科研服务等。通过关注感兴趣的微信公众号，可及时了解发表在这些期刊的最新文献以及科研资讯。

有些微信公众号以研究领域为题，收集该领域的最新进展，并对重要进展进行不同程度的解读和推介，如植物科学最前沿、植物微生物最前沿等。需要提醒的是，微信公众号提供的文献具有一定程度的碎片化特征，也具有一定的滞后性。尽管读者可以分门别类地进行收藏，但仍缺少系统性。尽管在推文中对文献有中文解读，有助于阅读、理解，但如果不读原文的话，有可能受到其"误读"的影响。因此，不宜订阅太多的微信公众号，要有选择性地订阅一些及时、质量高的微信公众号，否则会因频刷微信而根本没有时间阅读真正需要的文献。笔者的做法是对重要领域内的中文期刊，关注其微信公众号，对著名数据库和英文期刊，主要看一些关键进展和资讯。

5. 期刊浏览

期刊浏览效率相对较低，但仍是重要的文献跟踪方法，应作为文献订阅的必要补充。在实际科研中，仅关注与自己研究主题直接相关的文献还不够，应重视其他相关研究领域的新进展和发展动态，这将有助于扩大学术视野，还可能受到一些启发而更好地推进当前研究。

三、文献全文的获取途径

获取文献全文的常用途径见表 4.3。如果采用 EndNote 文献管理软件，首选 EndNote 的全文下载功能（方法见第二节 EndNote 的使用）。相当比例的文献通过 EndNote 自动搜索即可获得全文，特别是在购买数据库平台的 IP 内可实现最大数量的全文下载。

表 4.3 获取文献全文的常用途径

获取途径	说明
EndNote 全文下载	采用 EndNote 的全文下载功能，可下载到相当比例的期刊文献全文
Google Scholar	提供了多种来源的全文下载链接。部分文献没有全文下载链接，可点击检索结果进入期刊网站或数据库，进一步确认是否可下载全文
百度学术	提供了多种来源的全文下载渠道，部分文献可免费下载
全文数据库	中文文献到 CNKI、维普等数据库下载全文，英文文献到 ScienceDirect、Springer、Wiley 等全文数据库下载
期刊网站	开放获取的期刊，如《草业科学》《草业学报》等不少中文期刊，可直接到网站免费下载全文
SCI-Hub	输入文献标题、DOI 号等可免费下载全文
ResearchGate	有的作者将自己的文章全文上传到了 ResearchGate 网站，可直接下载或索求
联系通讯作者	通常可以获得全文，还可顺带做学术交流
其他途径	图书馆的文献传递，学术论坛求助等

在此基础上，选择 Google Scholar 和百度学术进行下载，如果没有提供免费下载，则可通过提供的链接到全文数据库及期刊网站下载全文。此外，SCI-Hub 和 ResearchGate 也可作为全文下载的补充。如果通过以上方法还是没有获得全文，而该文献又特别重要，可与通讯作者联系，也可考虑图书馆的文献传递服务，甚至可以到学术论坛上求助等。

获取文献全文不是目的，而阅读、利用文献才是目的。既不做文献收藏家，也不做文献全文发烧友。很多文献，实际上不需要全文，只需阅读摘要即可。除 EndNote 可自动下载的文献外，其余文献如果连摘要都没有阅读，不需要提前花费时间去下载全文。

第五章 草学文献阅读

学习目标

- 了解文献阅读的重要性。
- 了解文献阅读的相关问题。
- 了解文献阅读的六个建议。
- 掌握如何有效地阅读文献。
- 掌握四种文献阅读方法。

本章导图

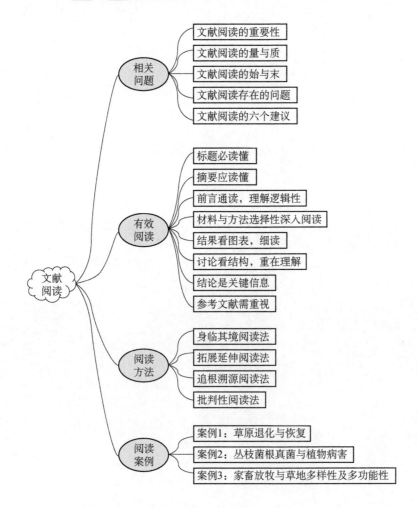

第一节 文献阅读相关问题

一、文献阅读的重要性

在掌握文献检索、文献管理、文献分析及文献追踪的基础上，文献阅读显得尤为重要。文献阅读作为研究生培养过程的必要环节，是研究生开展科学研究需要具备的基本技能。部分研究生认为做科研就是做实验，实则不然。通常科研做得好的研究生，往往文献掌握得也比较好，不仅会查、会管理、会分析，更会阅读文献，并在阅读中不断地进行总结、思考。实际上，理想状态应该是阅读文献与做实验并重、并行。通过文献阅读，既可以对实验过程与方法进行必要完善和改进，而且还有可能在实验过程中敏锐地捕捉到不寻常的实验现象，或对实验方法作出调整，或对实验结果及现象作出合理解释而获得科学发现。可以说，重实验而轻文献阅读是没有灵魂的科学研究。能有效地阅读文献、利用文献，很大程度上决定了科学研究的创新性，关乎研究生科研素养的培养和科研能力的提升。

有效阅读文献，需要有意识培养自身的认读能力、理解能力及评价能力。阅读是基础，理解是核心，而评价是关键。在阅读并理解的基础上进行批判性思考、质疑、评价及鉴赏，有助于知识迁移而实现文献的有效利用。

二、文献阅读的量与质

研究生应该读多少篇文献？一天一篇？还是一周一篇？实际上，文献阅读量因人而异、因时而异，而且差别很大。比如，对于刚进入一个新领域的研究生而言，应该大量地阅读中外文文献，扎扎实实地阅读数十篇文献才能"入门"。阅读的文献积累到一定程度，自然就从量变发展到质变了。文献阅读量还与其他因素有关，如阅读深度（精读、略读）、文献类型（综述、研究论文等）、文献语言（中文、英文）、语言基础（包括中文）、个人积累（如是否开展过科研训练）等。有个一般原则可供大家参考，即"学而不思则罔，思而不学则殆"。读得太少，知道得太有限，难以深入思考，无法触类旁通，很难开展创新性研究；读得太多，陷入文献陷阱，浪费大量时间而难以开展实验。读万卷书，行万里路，文献阅读必须与科学研究的其他环节、过程紧密结合，带着问题去读，文献阅读效果才好。一定的阅读量是必要的，但更应该重视阅读的质量和实效，实现文献阅读量与质的协调统一。

三、文献阅读的始与末

刚进入研究生阶段或新的研究领域，从教材、基本概念及简单文章读起，既对研究领域有一个概括性了解，又能建立阅读自信心。在对本研究领域具有一定程度的了解后，重点阅读中英文综述文献。综述文献，往往针对领域内的研究热点、研究难点进行历史性回顾，对相关已有研究成果进行系统性总结，针对关键科学问题存在不同的研究假说、研究思路及研究方法进行重点评述，并对今后研究方向及重点进行建议和展望。通过阅读综述文献，能够全面、系统地把握本领域的研究现状、进展及发展方向，对关键综述文献应该进行精读，甚至多次精读。在此基础上，阅读高水平期刊的最新研究论文，把握最新进展和动态。

对于研究性论文，处在研究的不同阶段，关注点也有所不同。例如，在试验开始前，除关注科学问题及研究目标外，还应该重视材料方法的阅读。即使解决相同或相似的科学问题，文献中材料方法也有所区别，每篇论文中提供的材料方法细节也不尽相同，通过多读、勤思考，逐渐就能全面吃透各种研究方法及其优缺点。当前科技发展很快，新观点、新技术不断涌现，且学科交叉融合加快，要有意识地更新、升级已有思路与方法。

四、文献阅读存在的问题

1. 语言问题

语言问题是文献阅读中经常遇到的困难，特别是对于刚进入研究领域的研究生。如果英语基础不够好，首先应主动夯实基础英语，并通过大量阅读文献积累一定量的专业词汇、概念、术语及表达方式等。如果一个英语单词或词组在文献中反复出现，并影响对文章意思的准确理解，那么一定要弄明白其含义。通过持之以恒地大量文献阅读，夯实阅读文献的基本能力。

2. 专业知识问题

如果所有的单词都认识，但就是不明白是何意，这可能不是语言问题，而与专业知识积累不够有关。对于把握不准的专业概念、研究方法及相关理论，如果影响了对文献的理解，应勤于查阅相关资料，特别是关键文献作进一步的学习。与语言问题一样，专业知识的积累，应主动地阅读大量文献，保证阅读时间和阅读量，方可获取足够多的有效信息，最终解决文献阅读中的语言和专业知识问题。

3. 阅读方法问题

在文献阅读实践中，还应该注重阅读方法。俗话说，磨刀不误砍柴工。在研究生期间，创新思维和科学方法的学习和自我培养非常重要。借鉴前人的阅读经验及方法，建立自我的个性阅读习惯，可达事半功倍之效。具体阅读方法，在后面将进行详细介绍。

五、文献阅读的六个建议

1. 循序渐进

对于刚进入科研领域的研究生，最开始阅读的文献不一定很难，数量也不一定多，也不一定是最新文献，关键是能读懂、真正读懂、力争完全吸收消化。只有读懂，才可能坚持去读。循序渐进，步步为营，积少成多，最终量变到质变。在文献阅读实践中，要记得：慢就是快。不能过于追求数量和速度，导致从一开始就浅尝辄止、不求甚解。由浅入深、由点到面的文献阅读，有助于培养自我的文献阅读兴趣，建立文献阅读信心，形成良好的文献阅读习惯。

2. 精选文献

通过文献阅读"入门"后，不宜再专注于读一些"简单"文献，而要选择性阅读关键文献。关键文献是指研究领域内的经典文献，是研究生开展学术研究时必须掌握的中英文文献，包括教材、专著、综述及最新前沿进展等。通过阅读关键文献，有助于理解学科的发展历史、过程及关键事件，掌握基本概念、理论假说及研究技术方法等，从而建立自我的学术认知体系。

在进行文献检索时，就要有意识地留意哪些文献可能是关键文献，并实时进行简要记录。关键文献可通过期刊的学科影响力及影响因子、是否是热点论文及高被引论文等进行筛选、判断。如果对研究领域内的重要团队或作者有了解，对其发表的最新文献也应予以关注，这些是潜在的关键文献。此外，定期浏览学科的重要期刊及 *Nature*、*Science* 等知名期刊上的论文，在有限的时间内快速阅读论文的题目和摘要。在学科交叉融合发展的趋势下，关注一些与自己研究方向、内容相关性较低的一些论文，其思路、观点及方法对于我们自己的研究可能具有意想不到的启示。

3. 选择性阅读

这里的选择性阅读，不是选择阅读哪些文献，而是选择阅读文献的哪些部分。如何进行选择性阅读，主要取决于当下阅读文献的需求。例如，如果要了解一篇论文的主要发现，重点阅读题目和摘要，必要时也需阅读结论部分；如果要了解该论文的研究背景，重点阅读前言部分；如果想要参考相关技术方法，重点阅读实验材料部分。掌握选择性阅读，不仅能够提高阅读效率，而且对论文写作也有明显帮助。选择性阅读，具体可参考本章的如何有效阅读文献一节。

4. 精略结合

对于大多数文献而言，没有必要阅读全文，只需阅读论文的题目和摘要，即泛读。主要考虑点有三：一是每篇论文的标题和摘要都是免费可以获得的，且省去下载全文、将全文导入到文献管理软件的时间（一些文献还不太容易获得全文，更费时）；二是时间总是有限的，阅读全文需要投入更多的时间，根本没有时间阅读所有文献的全文；三是很多文献在研究目标、内容、方法及结果等方面非常类似，可能就是研究对象不一样，完全没有必要篇篇阅读全文。当然，泛读不是说粗略地阅读，如果通过题目和摘要没有读懂论文的主要发现和创新点，则泛读不一定局限于摘要，也可能需要继续阅读论文的其他部分。总之，要掌握泛读的程度及内容，根据文献质量及阅读需求进行灵活调整。

在泛读的基础上，选择与当前研究最相关的关键文献进行精读。精读通常意味着全文通读，并能够理解论文的研究背景、科学问题、研究目标、研究假说、研究方法和研究结果等，并对研究思路、主要发现及创新点进行思考和评价。需要注意的是，精读也不意味着对论文每个部分投入相同的精力，仍然需要根据阅读目标进行选择性阅读。开展文献阅读时应精略结合，大部分文献略读，保证阅读量，扩大学术视野；少部分文献进行精读（纸质版更利于阅读、随时圈点、注释、做笔记），保证阅读质量、启发研究思路。

5. 勤于笔记

俗话说，好记性不如烂笔头。要养成勤于做笔记、总结、思考的阅读习惯，包括平时的一些思考、想法都应随时记录下来。EndNote 等文献管理软件，可以方便地做阅读笔记，并定期进行回顾、分类整理，积累多了，可能就会产生新思路、新观点。

6. 贵在坚持

十年磨一剑，敢于坐冷板凳，都讲了持之以恒的基本道理。文献阅读也一样，贵在坚持。部分研究生缺乏阅读文献的内在主动性，有的研究生一开始对文献阅读的热情很高，目标远大，但很难长期坚持。文献阅读能力是科研的基本内功，不下苦功夫并长期坚持，难以站在巨人的肩膀上。书读百遍，其义自见。古今中外的伟大科学家，无一不是持之以恒地广泛阅读文献，才最终攀登上科学高峰。持之以恒地进行文献阅读，不仅能显著提升科研能力，做出有创造性的科研成果，而且养成的坚忍不拔、不怕困难的科学精神在今后的人生中也将具有重要意义。

第二节　如何有效地阅读文献

理解科技论文的结构特征，有助于开展有效的文献阅读及论文写作。科技论文的主体为 AIMRaDC 结构，即摘要（abstract）、前言（introduction）、材料与方法（materials and methods）、结果（results）、讨论（discussion）和结论（conclusion）。此外，科技论文还包括标题、作者及其单位、参考文献等必要部分。理解科技论文的结构特征，有助于知道能够（应当）获得哪些信息、得到哪些启示，并从哪里可以获得这些信息和启示，实现有效的文献阅读和高效的论文写作。

一、标题必读懂

标题是论文的灵魂，是对整篇文章的高度概括，含有论文最主要、最重要的信息及发现。标题通常尽可能提供多的相关信息，如研究对象、研究内容、研究方法、研究结果、研究结论及研究亮点。

例1：*De novo* assembly of the *Aedes aegypti* genome using Hi-C yields chromosome-length scaffolds（Dudchenko *et al.*，2017，*Science*），该题目包含了研究对象（*Aedes aegypti*），研究方法（*De novo* assembly 和 Hi-C）和研究亮点（chromosome-length scaffolds）。

例2：Plant evolution driven by interactions with symbiotic and pathogenic microbes（Delaux and Schornack，2021，*Science*），该题目包含了研究内容（Plant evolution 和 symbiotic and pathogenic microbes）和研究亮点（driven by interactions）。

标题可能是短语、陈述句或疑问句，但通常都简明扼要。读懂题目，再继续往下去读论文的其他部分。

例3：Insights into bilaterian evolution from three spiralian genomes（Simakov *et al.*，2013，*Nature*）。短语标题。

例4：Applying evolutionary biology to address global challenges（Carroll *et al.*，2014，*Science*）。短语标题。

例5：Sequencing of 50 human exomes reveals adaptation to high altitude（Yi *et al.*，2010，*Science*）。陈述句标题。

例6：Gut bacteria communities differ between *Gynaephora* species endemic to different altitudes of the Tibetan Plateau（Cao *et al.*，2021，*Science of The Total Environment*）。陈述句标题。

例7：Is genetic evolution predictable?（Stern and Orgogozo，2009，*Science*）。疑问句标题。

二、摘要应读懂

摘要较标题提供了更为详细的关键信息和主要发现，通常包括研究背景、主题、意义、方法、内容、结论及亮点等。通过阅读标题和摘要，基本上可初步了解这篇论文的全貌，大体可判断是否有必要阅读该论文的其他部分以及是否值得精读。

【案例】Abstract：①The Zika outbreak, spread by the *Aedes aegypti* mosquito, highlights the need to create high-quality assemblies of large genomes in a rapid and cost-effective way. ②Here we combine Hi-C data with existing draft assemblies to generate chromosome-length scaffolds. ③ We validate this method by assembling a human genome, *de novo*, from short reads alone (67x coverage). ④We then combine our method with draft sequences to create genome assemblies of the mosquito disease vectors *Ae. aegypti* and *Culex quinquefasciatus*, each consisting of three scaffolds corresponding to the three chromosomes in each species. ⑤These assemblies indicate that almost all genomic rearrangements among these species occur within, rather than between, chromosome arms. ⑥The genome assembly procedure we describe is fast, inexpensive, and accurate, and can be applied to many species. （Dudchenko *et al.*，2017，*Science*）

①研究背景和主题；②③④研究内容和方法；⑤研究结果和结论；⑥研究亮点。

三、前言通读，理解逻辑性

前言通常提供一篇文章的研究背景、研究现状、存在的问题及拟解决的科学问题，并通常在最后简述文章的研究方法、研究内容、研究目标和价值与意义。前言蕴含丰富的信息量，旨在回答"为什么"（why）开展该研究的问题。通过阅读前言，不仅可以积累研究主题的背景，更能通过分析作者是如何提出科学问题、形成科学假说存在的内在逻辑性，对于指导自己开展相关研究提供思路启示。阅读前言时，要多问几个"为什么"，思考作者是从哪个角度或主题写起、如何展开背景论述、如何呈现当前已有研究不足、如何提出自己研究的合理性、作者想要实现什么科学目标等重要问题。一篇好论文，前言中各个部分、层次间存在严密的逻辑联系，而且具有故事般的吸引力。

四、材料与方法选择性深入阅读

材料与方法部分提供了解决前言中提出的科学问题所需要的材料、方法和具体步骤，回答"如何做"（how）的问题，突出体现其研究的可重复性，为研究结果可信度的建立提供支撑。通过阅读材料与方法，能够获知该项研究是如何做的，包括研究设计思路、关键实验技术、关键理论支撑、数据分析方法等具有参考价值的重要信息。详细的材料与方法可能并不一定全部出现在正文中，而提供在附录或在线补充材料（supplementary materials online）中，因此在线补充材料也需要重视。

通过阅读多篇相似文献对同一方法表述的异同，既有助于全方位了解该技术方法，特别是一些实验细节，还有利于明确该技术方法的关键点。针对同一科学目标不同研究方法的比较分析，可为我们自己的研究确立最优实验方法提供借鉴。在阅读这一部分时，还要重视两点：一是呈现给我们的实验顺序，通常不是作者开展实验的时间顺序；二是要思考材料与方法是如何与研究结果实现逻辑联系的。

五、结果看图表，细读

研究结果集中体现在图表，以图文结合的形式呈现出来。结果部分通常不引用参考文献；如果引用了参考文献，需要注意区分哪些是本研究获得的新结果。通过仔细阅读研究结果，获知作者的主要发现。可以先不阅读正文，仅看图表，思考一下如果自己是作者，将如何通过图表呈现主要发现。阅读时，要思考作者是如何安排图表的？作者是如何建立图表间的逻辑联系？此外，兼顾主图表和附图表，重视表头和图注信息。

六、讨论看结构，重在理解

有的论文将结果与讨论合在一起，边写结果边讨论，这种写法的特点是讨论点通常多且较为分散，阅读时需抓住作者的主要讨论点。当讨论部分独立时，讨论的主题通常较为集中，有时还有小标题。无论讨论部分以何种形式呈现，都要关注作者是如何将讨论部分与引言提出的科学问题和研究结果进行逻辑性联系，针对每一个讨论点作者是如何通过引用参考文献进行充分论述的，同时思考作者在讨论部分是如何强调论文的主要发现及亮点。一些论文还对研究不足进行了说明，并对今后解决该问题的研究方向进行了展望。

七、结论是关键信息

结论是对研究结果和讨论的进一步概括，通常还包括作者对论文在该研究领域的价值和意义的评价、启示及研究展望。结论不一定作为论文结构的必要部分而独立呈现，有可能放在讨论的最后一段。通过阅读结论，可知晓该论文的主要发现及其普适性，是获取论文关键信息（take home message）的主要地方。

八、参考文献需重视

阅读文献时，需要重视正文后的参考文献列表，特别是关键文献、综述文献后面提供的参考文献。在文献阅读时，要留意作者引用了何年、何作者、何期刊上的文献，这些文献我们自己是否了解，哪些文献可能是关键文献需要进一步阅读。从作者引用的参考文献中发现与我们自己研究主题相关的文献，比通过检索获得的文献的相关性要高的多。

第三节 文献阅读方法

一、身临其境阅读法

所谓身临其境，就是说读者全身心投入到论文的阅读中，全面读懂论文的每个部分及具体细节，包括概念、术语、理论及方法等，并能够对其研究思路、实验设计、结果分析及讨论进行系统讲解，就像这篇论文是自己的论文一样。但仅仅读懂论文还不够，还要思考论文客观存在或作者有意回避的漏洞、缺陷或瑕疵等不足，读出文章背后的逻辑故事。因此，阅读文献时既要按照作者的思路去读懂，还要从更高的视角进一步审视论文的不足之处和潜在的研究方向。身临其境阅读法，是一种重要的深度精读方法，需要投入较多的时间和精力，但有助于研究生突破语言问题，积累学科知识，夯实学术基础，启发研究思路，在不断积累的基础上开展创新性研究。

二、拓展延伸阅读法

拓展延伸阅读，是指将多篇相似的国内外文献放在一起阅读，对相同或相似的研究主题从纵向（时间）、横向（不同期刊、不同作者、不同研究对象、不同方法等）等不同视角进行比较分析，总结异同，发现研究脉络及关键科学问题，结合自己的工作提出拟采用的研究思路、技术路线及可能的创新之处。

三、追根溯源阅读法

针对某一概念、方法或原理，通过追根溯源的方法，梳理清楚其提出、形成、发展及演变轨迹，了解当下的研究动态和关注焦点。例如，如果我们要研究草地退化的问题，那么第一个问题可能就是科学家何时开始关注草地退化这一主题？草地退化的概念是何人何时何地因何提出的？草地退化的原因是什么？目前研究草地退化的目标、方法及假说，与最初相比发生了哪些演变？哪些核心问题到目前仍然是大家关注的研究焦点？追根溯源地阅读文献，有利于夯实研究基础，充实研究背景，建立对研究领域的立体性认识，将自己的工作放到研究领域的坐标系中进行审视。

四、批判性阅读法

尽信书不如无书。在文献阅读实践中，既要走进文献、理解文献，又要走出文献、审视文献，以批判的眼光评价文献，独立思考，不可盲从。批判性文献阅读，既要发现论文的优点和长处，又要关注论文可能存在的缺陷、不足。批判性文献阅读，要精读文献、深读文献，带着问题去阅读，多问几个为什么。

第四节　草学文献阅读案例

【案例1】草原退化与恢复

【文献】Buisson E, Archibald S, Fidelis A, Suding KN. 2022. Ancient grasslands guide ambitious goals in grassland restoration. *Science*, 377 (6606): 594-598.

【重点词汇】ancient 古老的，原始的；guide 指导，指引，引领；ambitious 宏伟的，雄心勃勃的，有野心的，有雄心的；grassland restoration 草地恢复。

【标题解读】标题是陈述句，简明扼要点明了文章主旨，原始草原可以引领草原恢复的宏伟目标。

1. 摘要（Abstract）

【重点词汇】terrestrial biosphere 陆地生物圈；habitat 栖息地；livelihoods 生计；biodiversity 生物多样性；interventions 干涉，干预；reassemble 重新装配，重新集结，再次集合；ecosystem 生态系统；prevailing assumption 普遍认为。

【段落解读】摘要（图5.1）的前三句均为文章的研究背景。第①句首先说明了草原的重要性。草原占陆地系统生物圈的40%，为各种各样的动物和植物提供栖息地，并为全世界10亿多人口的生计做出贡献。第②句则紧跟着指出草原的破坏和退化可能会迅速发生，但最近的研究表明，草原生物多样性和基本功能的完全恢复进展缓慢，或者根本没有恢复。第③句则指出与森林生态系统的恢复相比，草原恢复受到关注较少的原因，即人们普遍认为草原是最近形成的栖息地，可以迅速实现重塑。摘要的最后一句，第④句总结性提出了文章的目的及意义，将草地恢复视为向原始草原演替的长期过程，对于认识草地这一全球重要生态系统的恢复至关重要。

> ① Grasslands, which constitute almost 40% of the terrestrial biosphere, provide habitat for a great diversity of animals and plants and contribute to the livelihoods of more than 1 billion people worldwide. ② Whereas the destruction and degradation of grasslands can occur rapidly, recent work indicates that complete recovery of biodiversity and essential functions occurs slowly or not at all. ③ Grassland restoration—interventions to speed or guide this recovery—has received less attention than restoration of forested ecosystems, often due to the prevailing assumption that grasslands are recently formed habitats that can reassemble quickly. ④ Viewing grassland restoration as long-term assembly toward old-growth endpoints, with appreciation of feedbacks and threshold shifts, will be crucial for recognizing when and how restoration can guide recovery of this globally important ecosystem.

图 5.1　摘要

截自原文（Buisson *et al.*，2022，*Science*），序号为编者加。图 5.2～图 5.26 同此

2. 前言（Introduction）

【重点词汇】pasture 牧场；forage 饲草；erosion control 侵蚀防治，侵蚀治理；carbon sequestration 碳汇；intensive agriculture 集约农业；silviculture 森林学。

【段落解读】前言的第 1 段（图 5.2）。第①句介绍了草地的重要性，指出草地是地球系统的重要组成部分，承载植物、鸟类、昆虫和其他动物的生物多样性，并提供重要的生态系统服务，如牧草生产、水分调节、淡水供应、侵蚀控制、传粉昆虫健康和碳排放。第②句"Yet"开头表转折，承接上一句，表明尽管草地非常重要，但是集约化农业和林业生产活动的高土地覆盖率，加上由火灾和放牧制度导致的木材侵占和生物入侵，对这些草地系统产生了巨大的威胁。第③和④句，则给出了草地系统受到威胁的具体示例。塞拉多草原（巴西的一片巨大热带草原生态区）已被广泛开垦清理用于农业，在过去 50 年中森林面积损失了一半以上，超过了巴西亚马孙森林减少的速度；北美大平原也丧失了一半以上的原始草原，并仍以每年 2%的速度持续损失。

> ① Grasslands are essential components of Earth's system, supporting a biodiverse array of plants, birds, insects, and other animals and providing important ecosystem services such as pasture forage, water regulation and freshwater supply, erosion control, pollinator health, and carbon sequestration (*1*, *2*). ② Yet high rates of land cover conversion for intensive agriculture and silviculture, combined with woody encroachment and species invasion driven by altered fire and grazing regimes, threaten these systems (*3*, *4*). ③ For instance, the Cerrado has been extensively cleared for agriculture, with more than half lost in the past 50 years, exceeding the rate of forest loss in the Brazilian Amazon (*5*). ④ The Great Plains of North America has also lost more than half its original grasslands and continues to lose 2% each year (*6*).

图 5.2　前言的第 1 段

【重点词汇】emphasis 强调，重视，重要性；ironically 具有讽刺意味，反讽地，讽刺地。

【段落解读】前言的第 2 段（图 5.3）。第①句对应摘要中提及的对草原恢复的关注度不够，在"联合国生态系统恢复十年"行动计划中，生态系统恢复的大部分重点都放在了对森林生态系统恢复的研究上。第②句承接上一句，讽刺的是，该计划给草原带来了额外的威胁，即以植被恢复的名义在天然草原和稀树草原生态系统中进行森林生态系统恢复工作。第③句举例说明，到 2030 年，非洲计划将大约 100 万 km² 的草地进行植树造林。第④句则表明这种做法的错误性，它忽视了保护和恢复草地的价值。

> ①As we enter the United Nations Decade on Ecosystem Restoration, much of the emphasis has been on the restoration of forests (7). ②Ironically, this emphasis presents an additional threat to grasslands: Careless or poorly planned tree-planting efforts in the name of restoration can establish forests in natural grassland and savannah ecosystems. ③For instance, almost 1 million km² of Africa's grassy biomes have been targeted for tree planting by 2030 (8). ④This practice ignores the value of protecting and restoring grasslands.

图 5.3　前言的第 2 段

【重点词汇】native species 土著种，本地种；assembly 集合，装配，组装；straightforward 简单的，易懂的；albeit 虽然，尽管；grazing 放牧；herbaceous 草本的；intervention 干扰，措施。

【段落解读】前言的第 3 段（图 5.4）。第①句首先指出：草原的转变和退化可能会迅速发生，但恢复失去的生态系统服务功能和多样性往往是一个被忽视或被低估的挑战。第②句进一步说明草原的重构被认为是一个相对简单（尽管事实上是困难）的过程，并概述了重构草原的方法，一是允许草本物种重新定居，有时使用本地物种的种子来增加数量；二是重建适当的放牧和焚烧干扰制度；三是控制杂草、外来或木本植物物种。第③句指出本地物种在草原恢复中可行的原因，即由于许多草本植物在几年内达到生殖成熟，因此认为其能够在几年到十年内就实现对草原预期的多样性和多功能性。第④句总结了现阶段关于草地恢复认知与现状之间的错位。现有的草原恢复观点没有充分认识到恢复生物多样性和功能的困难，也没有充分认识到恢复草原所需的时间和干预措施。因此综上所述，作者最后一句即第⑤句引出了本文的主要内容及目的：综述草原恢复的最新发展，拓宽草原恢复的视野，包括草原年龄和发展，描述在该角度下如何识别重要但被忽视的恢复干预措施，并强调了未来草原恢复的几个关键未知因素。

3. 正文（Text）

正文第一部分：文献回顾：草原概念的发展历程（Refining the reference: The old-growth concept for grasslands）

【重点词汇】herbaceous layer 草本层；graminoid 禾本科植物；savanna 热带稀树大草原；edaphic 土壤圈的，土壤层的，土壤的；establishment 建植。

①The conversion and degradation of grasslands can occur rapidly, yet restoring lost ecosystem services and diversity is often a discounted or underestimated challenge. ②Until recently, grassland assembly was assumed to be a relatively straightforward—albeit difficult—process (9): Allow herbaceous species to recolonize, at times augmenting with seed of native species; re-establish appropriate grazing and fire disturbance regimes; and control ruderal, exotic, or woody species. ③Because many herbaceous species reach reproductive maturity in a few years, it was also assumed that this assembly process was relatively quick, achieving desired diversity and function within several years to a decade. ④We now know that this view of grassland restoration does not adequately acknowledge the difficulty of restoring biodiversity and functions or the time and interventions needed to restore grasslands (10). ⑤Here, we review recent developments that widen the view of grassland restoration to include grassland age and development, describe how this lens identifies important but overlooked restoration interventions, and highlight several key unknowns for grassland restoration into the future.

图 5.4　前言的第 3 段

【段落解读】正文第一部分的第 1 段（图 5.5）。第①句表明草原存在于在许多地理环境中，包括非洲、澳大利亚、亚洲和南美洲的热带和亚热带稀树草原；北美洲的北方、温带和南方草原；以及欧亚大陆草原。第②句介绍了草原的植被类型，即草原有一层连续的由禾本科植物和草本双子叶植物组成的草本层，要么没有树木，要么在稀树草原。不同的草原存在不同的植被组成，并给出了 15 个地区不同的草原景观照片。根据前两句所述，第③句表明各个地区的草原均存在差异，指出创建和维持草原的过程因地点而异，并具体表明这些因素包括土壤或气候条件和干扰（即食草动物放牧或火灾），所有这些因素都会限制木本物种的建植（图 5.6，原文图 3）。

①Grasslands occur in a range of biogeographical contexts (Fig. 1) including the tropical and subtropical savannas in Africa, Australia, Asia, and South America; the boreal, temperate, and southern prairies in North America; and the steppes in Eurasia. ②Grasslands have a continuous herbaceous layer of graminoids and herbaceous dicots, either without trees or, in the case of savannas, supporting a range of tree densities with a continuous grassy understory (3) (Fig. 2). ③The processes creating and maintaining grasslands vary across locations (11); these include edaphic or climatic conditions and disturbances (i.e., herbivore grazing or fire), all of which can limit the establishment of woody species (Fig. 3).

图 5.5　正文第一部分的第 1 段

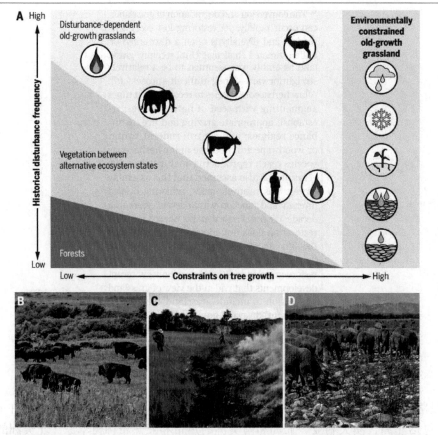

Fig. 3. Interactions among climate, soils, disturbance, and vegetation are key considerations for understanding old-growth grasslands as well as recovery trajectories in secondary grasslands. (A) On most soil types, the existence of disturbance-dependent grasslands (in light rose-color) is determined by interactions between soils and endogenous disturbances (fire, herbivory). Tree recruitment is limited by these disturbances. In environmentally constrained grasslands (in light brown), poor drainage (seasonally saturated or inundated soils), extremely low moisture-holding capacity (shallow, rocky soils), exceptionally low soil fertility, cold temperature, or low precipitation preclude dense tree cover, even in the absence of frequent disturbances. Disturbances and abiotic factors (circles, in no set order) that could result in exclusion of trees are placed as examples in each of the far left zones, respectively. In forests (dark green), dense tree cover constrains fire frequency and grazer abundance by limiting herbaceous plant productivity. The light green state space between disturbance-dependent old-growth grasslands and forests represents unstable vegetation (fire-excluded, tree-encroached grassland) in transition between alternative ecosystem states; old-growth grasslands and forests often co-occur in mosaics in such landscapes. **(B to D)** Examples of grasslands structured by different interactions. (B) Bison grazing in Konza prairie, where fire is needed to suppress woody encroachment. (C) Water saturation of the soil prevents tree establishment and fire maintains diversity in this wet grassland in Jalapão, Northern Brazil. (D) Sheep grazing in a Mediterranean grassland in Southern France, where pastoralism has coevolved with the system in a grassy state since the Holocene.

彩图

图 5.6　气候、土壤、干扰和植被之间的相互作用是理解原始草地
和次生草地恢复轨迹的关键因素（原文图 3）

【图表解读】图 5.6（原文图 3）指出气候、土壤、干扰和植被之间的相互作用是理解原始草地和次生草地恢复轨迹的关键因素。图 5.6A 列举了 4 种情况。第 1 种，在大多数土壤类型上，干扰依赖型草地（图中浅玫瑰色区域）的存在是由土壤和内源干扰（火灾、草食动物）之间的相互作用决定的。第 2 种，树木的更新受到这些干扰的限制。在环境受限的草地（图中浅棕色区域）中，即使在没有频繁干扰的情况下，排水不良（季

节性饱和或淹水土壤）、极低的持水能力（浅层、石质土壤）、极低的土壤肥力、低温或较低的降水都会导致树木盖度低（图中最右侧圆形标志代表干扰因素和非生物因素）。第3种，在森林（图中深绿色区域）中，茂密的树木覆盖通过限制草本植物的生产力来限制火灾频率和放牧数量。第4种，干扰依赖型的老化草地与森林之间的浅绿色状态空间代表了生态系统替代状态之间转换的不稳定植被（火烧迹地、树木侵占的草地）；在这类景观中，老化草原和森林常以镶嵌的形式共存。图 5.6B～D 展示了由 3 种不同相互作用构建的草地实例。图 5.6B 为康扎（Konza）草原的野牛放牧，需要用火来抑制木本植物的入侵。图 5.6C 为巴西北部哈拉蓬（Jalapão）的湿草地，土壤的水分饱和阻碍了树木的建立，火烧维持了植物的多样性。图 5.6D 为法国南部的地中海草原上放牧的绵羊，该地区牧业与草地系统在全新世（11700 年前）以来一直处于共存状态。

【重点词汇】cornerstone concept 基础概念；encapsulate 概述；precipitation 降水；deforestation 滥伐森林，毁林；afforestation 造林。

【段落解读】正文第一部分的第 2 段（图 5.7），第①句指出在生态恢复过程中，各项参照条件的重要性，即参照条件蕴含了一系列生态恢复所需的特征，并为如何评估项目成功提供了指导，即使恢复的草地系统很少能够完全达到参照条件。第②句具体说明，在由土壤、低温或低降水限制树木生长的草地中，草地通常被认为是恢复的理想参考状态。第③句则是具体说明了如果气候适合森林植被，但食草动物的放牧或火灾使森林处

① The reference condition is a cornerstone concept in ecological restoration; it encapsulates a set of desired characteristics and provides guidance for how to evaluate project success, even if a restored system is rarely able to completely reach reference conditions (12). ② In grasslands structured by edaphic or climatic conditions, with soils, low temperatures, or low precipitation constraining tree establishment, grassland is generally acknowledged to be the desired reference state for restoration. ③ In cases where climate is suitable for forests but herbivore grazing or fire maintain them in an open state (10) (Fig. 3), more debate and uncertainty surrounds the reference designation. ④ These disturbance-dependent grasslands are often assumed to be a result of deforestation (i.e., derived grasslands; grass-dominated vegetation resulting from human-caused deforestation) in an early successional stage on a forest trajectory (Fig. 4). ⑤ However, climate suitability for tree growth does not preclude the likelihood that old-growth grasslands exist (or used to exist) in the region (13). ⑥ Moreover, these disturbance-dependent grasslands are often at risk from factors driving woody invasion, rearranging landscape mosaics and shifting grass-forest boundaries (14). ⑦ If afforestation policies under the guise of restoration disregard these dynamics, irreversible damage will occur (7).

图 5.7　正文第一部分的第 2 段

于开放状态（图5.6，原文图3），那么参照条件则存在更多的争论和不确定性。第④句表明干扰依赖型草地通常被认为是森林的原始演替阶段下森林砍伐的结果（即衍生草原；人为毁林导致的以草为主的植被）（图5.8，原文图4）。第⑤句，转折指出气候对树木生长的适宜性并不排除该地区存在（或曾经存在）原始草地的可能性。第⑥句指出这些依赖于干扰的草原经常面临着那些驱动树木入侵、景观镶嵌重排和林草边界移动的因素所带来的风险。第⑦句总结性地提出：如果打着恢复旗号的造林政策无视这些动态，将会对草地植被造成不可逆转的破坏。

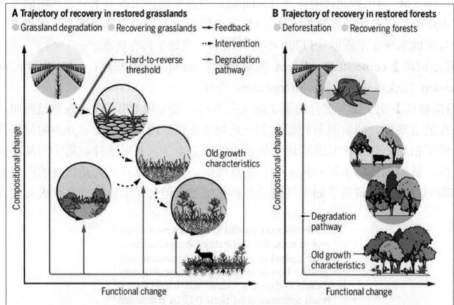

图5.8　退化途径可导致原生态草地生态系统功能和多样性的差异性损失，"老化"特征的恢复取决于功能变化的程度（原文图4）

彩图

【图表解读】图5.8（原文图4）指出退化途径可导致原生态草地生态系统功能和多样性的差异性损失。横坐标代表功能变化，纵坐标代表成分变化，它们描绘了与参考特征的差异。图5.8A中，红色箭头代表退化途经，黑色箭头代表反馈，草原（蓝色球体）向"原生态"特征（右下）恢复的轨迹取决于退化途径和在每个恢复阶段植被-土壤干扰反馈。大量的地下干扰（如耕作）可能会导致系统越过难以逆转的阈值（灰线），而树木的侵蚀会改变反馈，并可能导致替代轨迹。图5.8B中，森林表现出类似的动态，在森林被砍伐后恢复到原有的生长特征即使不是不可能，也是很困难的。森林砍伐后的原始恢复阶段可能是草地阶段（我们称之为衍生草原），但恢复轨迹是向森林发展的。恢复性干预可能会加速恢复。

【重点词汇】pristine 崭新的，处于原始状态的；perennial 多年生的；resprout 重新发芽。

【段落解读】正文第一部分的第 3 段（图 5.9）。第①句承接上一段指出的生态恢复过程需要参照条件，因此本段开头即提出在森林生态系统中，原始森林经常被用作恢复的参照。第②句进一步指出由高大和古老的树木、死亡树体和结构复杂的多样化树木群落组成的成熟森林，需要较长的时间才能发展。第③句提出了"old-growth"的概念，指出"原始成熟"概念并不局限于森林，原始草地经历了几个世纪的塑造，包含高度的物种多样性、长寿的多年生植物，以及相当大比例的发育良好的地下结构，在自然干扰后，物种可以从地下结构中再生。第④句强调了原始草地的作用，即在地下结构和生物多样性方面是独一无二的：它们储存碳，并在干扰和干旱后重新分配地上的资源。最后一句即第⑤句，概括性指出草原存在的所有生物地理学背景支撑了数千年来一直存在的原始草原。

①In forest ecosystems, old-growth forests are often used as references for restoration. ②These are mature forests composed of large and old trees, large snags, and a diverse tree community with structural complexity, all of which require long time periods to develop. ③Recent work has made it abundantly clear that the "old growth" concept is not limited to forests (4, 11): Old-growth grasslands, also called ancient or pristine grasslands, assemble over centuries and contain high species diversity, long-lived perennial plants, and a substantial proportion of well-developed belowground structure from which species can resprout after natural disturbance. ④Old-growth grasslands are unique in their underground structures and biodiversity: They store carbon and reallocate resources aboveground after disturbances and drought. ⑤All biogeographic contexts where grasslands are present (Fig. 1) support ancient old-growth grasslands that have persisted for millennia.

图 5.9　正文第一部分的第 3 段

【重点词汇】old-growth forests 成熟原始森林；long-lived 寿命长的，长寿的，经久耐用的，持久的；regardless of 不管，不顾，不理会。

【段落解读】正文第一部分的第 4 段（图 5.10）。第①句提出：与原始森林一样，人们不应该期望恢复后的草地会完全恢复到原始草地的样子。第②句通过"Even so"转折表明，尽管我们不应该期待，但是原始草地提供了一系列可以作为重建草地恢复目标的特征，包括长寿的多年生植物；复杂多样的地下结构，能够在地上干扰（如火灾和放牧）后重新建植；以及大量的地下碳储量。最后一句第③句则提出另一种观点：即使在人类忽视历史相似之处的活动下创造和维护的人工草地中，传统管理措施也可以有效地面向这些原始草原的特性。

> ①As with old-growth forests, there should be little expectation that restored grasslands will ever completely recover to resemble old-growth grasslands. ②Even so, old-growth grasslands provide a suite of characteristics that can be the aim in restoration: long-lived perennial plants; a complex diversity of belowground structures that enable resprouting after aboveground disturbances such as fire and grazing; and substantial belowground carbon stores. ③Traditional management can usefully target these old-growth characteristics even in cultural landscapes where grasslands are created and maintained by human activity, and regardless of historical analogs (15).

图 5.10　正文第一部分的第 4 段

【重点词汇】paleoenvironmental 古环境的；phytoliths 植硅体，植物岩；charcoal 木炭，炭屑；phylogenetic 系统发育，系统发生的，动植物种类史的。

【段落解读】正文第一部分的第 5 段（图 5.11）。第①句首先提出该段需要探讨的科学问题，即在草原与森林重叠区，很难界定一个草地是在原始草地退化后所形成的（即次级草原；原始草地退化导致的以草为主的植被）还是毁林后形成的衍生草地。第②句则是对第①句的回答，古环境方法中关于花粉、植硅体、炭屑和食草动物肠道特有的 *Sporormiella* 真菌的记录，可为草地及其受扰动历史提供证据。第③句则进一步回答了第①句提出的问题，即物种组成和功能多样性（如地下结构），以及追溯特有草原物种起源的系统发育研究，也可以揭示其原始性和保护价值。最后一句第④句指出：在某些情况下，尽管草原是由人类创造或维护的，但在某些情况下，出于文化或社会原因，草地是理想的生态系统状态。

> ①With maps of grasslands contested and overlapping those of forests (8, 13), it can be challenging to determine whether a grassland is one that formed after the degradation of an old-growth grassland (i.e., a secondary grassland; grass-dominated vegetation resulting from the degradation of old-growth grasslands) or a derived grassland formed after deforestation. ②Paleoenvironmental methods, considering lengthy records of pollen, phytoliths, charcoal, and *Sporormiella* fungi specific to herbivore guts, can provide evidence for past grasslands and their disturbance history (16). ③Species composition and functional diversity (e.g., of belowground structures), as well as phylogenetic studies dating the origins of endemic grassland species, can also indicate antiquity and conservation value (17, 18). ④There are also contexts where grasslands are the desired ecosystem state for cultural or social reasons despite being created or maintained by humans.

图 5.11　正文第一部分的第 5 段

正文第二部分：草原退化的途径和阈值（Pathways and thresholds of grassland degradation）

【重点词汇】increasingly degrade 日益退化；disturbance regimes 干扰机制；fundamentally alter 从根本上改变。

【段落解读】正文第二部分的第 1 段（图 5.12）。第①句总括观点：土地利用方式和干扰方式的改变可以从根本上改变草地的结构和功能，这使得草地日益退化。由图 5.8（原文图 4）可知，不同的退化途径可造成原始草地生态系统功能和多样性的不同损失，而原始草地特征的恢复则取决于功能变化的程度。因此第②句话强调了这种退化增加了对草地保护和恢复的需求，但也会降低恢复原始草地特征的能力。

> ①Grasslands are increasingly degraded by land-use change and altered disturbance regimes, which can fundamentally alter their structure and functioning (Fig. 4).②Such degradation increases the need for grassland protection and restoration but can also decrease the capacity of restoring old-growth grassland characteristics.

图 5.12　正文第二部分的第 1 段

【重点词汇】coevolve 共同进化，协同进化；homogenize 单一化；overgrazing 过度放牧；erosion 侵蚀，腐蚀；exotic 外来的；woody encroachment 木本植物的侵占；compound impacts 复合影响；bud bank 种子库。

【段落解读】正文第二部分的第 2 段（图 5.13）。此段展开叙述干扰方式的改变对草地功能和多样性的影响，分为地上部和地下部影响。第①和②句表明放牧和火烧是主要的地上干扰，第③句使用"Although"进行转折，虽然这导致了生物多样性的丧失，草地生态系统组成、结构和功能的简化，但改变后的草地往往能保持一些地下结构。第④和⑤句阐述放牧干扰，缺乏放牧动物（或特定的放牧物种组合）会使草原单一化，增加火灾发生率。使用"On the other hand"连接，另一方面，过度放牧，特别是在没有放牧历史的草地上，会导致基底覆盖物的损失，土壤板结和侵蚀的增加。第⑥和⑦句则强调在这些情况下定义退化阈值是很困难的，例如，与自然放牧相关的生物物理特征（地上生物量降低，土壤的压实，有时甚至增加裸地）以及火灾发生的随机性，这些变动难以量化。第⑧和⑨句表明这些改变的干扰制度所持续的时间越长，地下结构（例如种子库）加速草地恢复的风险就越大。变动的干扰方式也可以促进外来草的入侵和木本植物的侵占，随着时间的推移，对地下结构的影响会更大，承上启下，由对地上部影响转向对地下部影响。

【重点词汇】dispersal abilities 扩散能力；it is vital that…… 至关重要的是……。

【段落解读】正文第二部分的第 3 段（图 5.14）。第①句介绍最有害的干扰是那些迅速破坏地下结构的干扰，如农业耕作、采矿和植树造林。第②～④句通过"for instance"举例表明草原地下退化的严重后果，其会导致草地跨越一个难以逆转的阈值，在这些干扰发生后的几十年内，草地的恢复可能是极为困难或不可能的。例如，50 年的松树种植完全消灭了曾经开放的稀树草原中可再生长发育的种子库。经过耕作或开采几十年后，次生草原植物群落的组成仍与附近的原始草地有很大不同，缺乏扩散能力差的

①Grazing and fire are dominant aboveground disturbances that have coevolved with grassland plants, maintaining diversity and function in grasslands (4). ②Changes to these disturbance regimes can gradually alter grasslands. ③Although this results in the loss of biodiversity and simplification in composition, structure, and functioning, altered grassland often maintains some belowground structures (Fig. 4). ④Lack of grazers (or of particular suites of grazing species) can homogenize grasslands and increase fire occurrence. ⑤On the other hand, overgrazing, particularly in grasslands with no evolutionary history of grazing, can result in loss of basal cover, soil compaction, and increased erosion (19). ⑥Defining the degradation point in these circumstances is difficult; for instance, naturally occurring "grazing lawns" have many of the biophysical characteristics associated with degradation (low aboveground biomass, soil compaction, sometimes even increased bare ground) even though their unique biodiversity and ecological importance is now increasingly recognized. ⑦Fire regimes can also become too frequent or infrequent or occur during the wrong season. ⑧The longer these altered disturbance regimes persist, the more risk to belowground structure (e.g., bud banks) that speed recovery. ⑨Altered disturbance regimes can also facilitate exotic grass invasion and woody encroachment (20), which can compound impacts to belowground structure over time.

图 5.13 正文第二部分的第 2 段

①The most detrimental disturbances are those that rapidly destroy belowground structure, such as tillage agriculture, mining, and afforestation (10, 21). ②For instance, 50 years of pine plantation completely eliminated the viable bud bank in a once-open savannah (22). ③Several decades after cultivation or mining, the composition of secondary grassland plant communities remains very different from that of nearby old-growth grasslands, lacking species with poor dispersal abilities and species regenerating from belowground organs (10, 23). ④Belowground degradation can therefore cause grasslands to cross a hard-to-reverse threshold where restoration may be difficult or impossible within decades of these disturbances. ⑤Given the apparent existence of this threshold, it is vital that remaining old-growth grasslands are protected, particularly from the threats that affect belowground processes and structure, as we cannot rely on restoration to guide complete recovery after such degradation.

图 5.14 正文第二部分的第 3 段

物种和从地下器官再生的物种。第⑤句表明观点：鉴于这种阈值的存在，我们不能依靠恢复治理来指导这种退化后草地的完全恢复，所以保护剩余的原始草原是至关重要的，特别是防止影响地下生理生化过程和结构的威胁的发生。

正文第三部分：针对原始特征的干预措施（Interventions toward old-growth characteristics）

【重点词汇】in contrast to 与……相反；akin to 与……类似；early successional species 原始演替物种；counterpart 对应的人/物，配对物。

【段落解读】正文第三部分的第 1 段（图 5.15）。第①句使用"in contrast to"提出不同观点：与将原始衍生草原视为通往森林阶段的演替观点相反，恢复改变的或次生的草原的原始生长特征需要注意发展复杂的地下结构，就如原始森林中地上物种结构的复杂性。第②句则阐述了此前研究的结果，综合了 31 项研究（包括六大洲的 92 个时间点），表明次生草原通常需要至少一个世纪，更多的是几千年，才能恢复其以前的物种丰富度。第③句使用"Even"转折，即使它们的丰富度在数十年至数百年内增加，这些草原仍然缺乏许多典型的原始草地物种，而更多的是更短命的原始演替物种。第④和⑤句谈及人们目前对此情况的认知虽然仍有许多不足，且对地下土壤和结构发展的时间表知之甚少，但对草原重塑的时间维度的日益重视突出了恢复的必要性，加速了这一轨迹，并挑战了最初一个积极恢复期就足以指导发展的观点。

> ①In contrast to the early successional view of derived grasslands as a stage on their way to forests, restoring old-growth characteristics to altered or secondary grasslands requires attention to the development of a complex belowground structure akin to the aboveground complexity in an old-growth forest (24). ②A synthesis of 31 studies, including 92 time points on six continents, indicates that secondary grasslands may typically require at least a century, and more often millennia, to recover their former species richness (23). ③Even as their richness increases over decades to centuries, these grasslands still lack many characteristic old-growth grassland species and instead support more short-lived, early successional species than their old-growth counterparts. ④We know less about the timeline for belowground soil and structure development, but it likely corresponds with the timeline of these compositional dynamics (25). ⑤The increased appreciation of the temporal dimension of grassland assembly emphasizes the need of restoration to accelerate this trajectory and challenges the view that one initial period of active restoration will be sufficient to guide development. We highlight three advances driven by this increased appreciation below.

图 5.15　正文第三部分的第 1 段

1）针对原始特征的第一条干预措施：将干预重点放在干扰-植被反馈上（Focus interventions on disturbance-vegetation feedbacks）（图 5.16 和图 5.17）。

> ①In cases where degradation has not had a catastrophic impact on belowground structure, it may be possible to reestablish broken feedbacks that then can guide recovery (26). ②Feedbacks among disturbance, vegetation, and belowground soil development have structured grasslands for millennia (4, 27). ③Disturbance regimes select for functional traits of the vegetation, which then provide feedback to affect the intensity, frequency, and impact of disturbances (28). ④For instance, fire regimes vary in flammability depending on plant properties, and herbivore pressure varies depending on the quantity and quality of forage and habitat suitability for predator avoidance (27). ⑤The response of vegetation to these disturbances varies based on plant traits such as resprout ability, clonal growth, and seed recruitment (26, 28). ⑥Feedbacks also extend to soils and soil organisms, as soils determine plant growth but are also products of the plants that grow on them (29).

图 5.16　针对原始特征的第一条
干预措施的第 1 段

> ①As feedbacks in degraded grasslands differ in their nature and strength from those with more old-growth characteristics, reestablishing a disturbance regime in degraded grasslands may not result in expected effects of the disturbance or in the intended vegetation responses to the disturbance. ②Interventions simultaneously addressing disturbance and biota may be the best option to break the feedbacks that constrain recovery. ③For instance, there are examples of creative use of prescribed fire as a tool to re-create grazing habitat (30), and livestock can be managed in such a way as to initiate grazing habitat that supports large mammalian herbivores (31). ④Amendments such as biochar and mycorrhizal inoculum can shift the soil environment to be more suitable for native species, characteristics which can be maintained by slow growth and resource cycling of the vegetation (32, 33). ⑤As the system recovers, these interventions also need to shift depending how the recovering biota affects disturbance dynamics and vice versa.

图 5.17　针对原始特征的第一条
干预措施的第 2 段

【重点词汇】flammability 易燃性；resprout ability 再生能力；recruitment 补充。

【段落解读】针对原始特征的第一条干预措施的第 1 段（图 5.16）。第①句总结，在退化没有对地下结构产生灾难性影响的情况下，有可能重新建立破碎的反馈，然后可以指导草原恢复。第②和③句定义干扰-植物反馈及其作用。几千年来，干扰、植被和地下土壤发育之间的反馈作用构成了草地。干扰机制选择植被的功能特征，然后提供反馈以影响扰动的强度、频率和影响。第④句用"For instance"举例说明，火的易燃性因植物特性而异，食草动物的压力因草料的数量和质量以及栖息地是否适合躲避捕食者而异。第⑤和⑥句说明干扰-植物反馈对草原植物及植物生产的影响。植被对这些干扰的反应因植物特性而异，如再生能力、克隆生长和种子补充。反馈也延伸到土壤和土壤生物，因为土壤决定了植物的生长，也决定了生长在土壤上的植物产品。

【重点词汇】feedback 反馈；livestock 家畜；prescribe 规定，制定；amendment 修正；vice versa 反之亦然。

【段落解读】针对原始特征的第一条干预措施的第 2 段（图 5.17）。第①和②句承接上文，依照干扰-植物反馈的作用，提出干预措施的必要性。由于退化草地的反馈在性质和强度上与具有更多原始特征的草地不同，在退化草地上重新建立干扰制度可能不会产生预期的干扰效果或预期的植被对干扰的反应，同时解决干扰和生物群的干预措施可能是打破制约恢复反馈的最佳选择。第③和④句举例说明具体的干预措施。例如，创造性地使用规定的焚烧作为工具来重建放牧栖息地，并且可以通过管理家畜来启动支持大型哺乳动物食草动物的放牧栖息地。诸如生物碳和菌根接种物等改良剂可以改变土壤环境，使其更适合本地物种，这些特性可以通过植被的缓慢生长和资源循环来维持。第⑤句总结，随着系统的恢复，这些干预措施也需要转变，这取决于恢复的生物群如何影响干扰动态，反之亦然。

2）针对原始特征的第二条干预措施：打破入侵循环，植被变化限制恢复（Breaking the cycle of invasion: Vegetation change that constrains recovery）（图 5.18 和图 5.19）。

①Restoration in areas where an altered disturbance regime has resulted in woody encroachment or exotic herbaceous species invasion demonstrate the importance of viewing restoration as a set of interventions that iteratively move the system to a new system state (10, 34). ②Woody species can strongly influence disturbance regimes, and land managers have resorted to cutting, herbicides, and even plowing to remove trees—with striking consequences for the remaining biodiversity. ③Extreme fires (firestorms) have been applied in heavily encroached areas using spiral ignitions or extreme weather days to try to reverse the woody cover and re-initiate ecologically relevant feedbacks (35). ④Once the grassy understory has been reduced to the point that it cannot carry a fire or support grazers, woody encroachment becomes more difficult to reverse (36), requiring the replanting of herbaceous vegetation alongside the initiation of disturbance regime for recovery feedbacks.

图 5.18 针对原始特征的第二条干预措施的第 1 段

①When invasive species are grasses, they can often maintain disturbance regimes that benefit short-lived ruderal life histories, preventing transitions to the belowground complexity and allocation that characterize old-growth grasslands (37). ②High accumulation of litter and standing dead biomass changes local fire behavior, and a dependence on seed recruitment often confers advantage for invasives under this disturbance regime (38). ③Dominance in the seed bank and difficulty reestablishing long-lived natives can make this feedback particularly difficult to address. ④One strategy is to enhance the ability for natives to recruit by seed via seed enhancement technology (e.g., seed coating or pelleting aimed at mitigating the conditions that limit establishment) (20), potentially addressing priority effects (i.e., the order in which plants are reintroduced) that influence species dominance in early stages of restoration (39).

图 5.19 针对原始特征的第二条干预措施的第 2 段

【重点词汇】encroach 蚕食，侵占（土地），名词形式 encroachment；iteratively 迭代地，反复地；herbicides 除草剂；grazers 吃草的动物，食草动物。

【段落解读】针对原始特征的第二条干预措施的第 1 段（图 5.18）。第①句话总括结论，在改变了干扰制度导致了木本入侵或外来草本物种入侵的地区进行恢复，表明将恢复视为一组干预措施，迭代地将该系统移动到新的系统状态的重要性。第②和④句陈述木本植物对干扰机制（木本植物入侵）的影响。木本物种可以强烈影响干扰制度，土地管理者已经诉诸砍伐、除草剂甚至犁地等行动来移除树木，但仍对剩余的生物多样性造成了显著的影响。极端的焚烧措施（大火）已应用于被严重侵占的区域，一旦林下草地植被减少到无法承载焚烧或支持食草动物的程度，木本植物的入侵就变得更加难以逆转，需要在启动恢复反馈干扰机制的同时重新种植草本植物。

【重点词汇】ruderal 杂草；litter 凋落物；standing dead biomass 立枯物。

【段落解读】针对原始特征的第二条干预措施的第 2 段（图 5.19）。第①句表明当入侵物种是草类时，它们通常能够维持有利于短命杂草生活史的干扰制度，防止草地向具有原始草地地下复杂性和分配的特征转变。第②句阐明凋落物和立枯物生物量的大量积累改变了火灾的发生，在这种干扰机制下，种子定植的依赖往往赋予了入侵者优势。第③和④句则继续陈述这种入侵者优势带来的隐患及其解决方式。入侵者在种子库中的优势和重新建立长寿的本地物种的困难，会使这种反馈特别难以解决。一个策略是通过如种子包衣或丸粒化等措施来增强本地植物种子被定植的能力，但这可能会解决影响恢复原始阶段物种优势的优先效应（即植物被重新引入的顺序）。

3）针对原始特征的第三条干预措施：被忽视的原始草原物种（Overlooked old-growth grassland species）（图 5.20 和图 5.21）。

①One important restoration question is how to accelerate or facilitate species turnover toward old-growth species composition and associated belowground function. ②Worldwide, grasslands are often restored by sowing seeds (40). ③However, as many species have developed colonization and survival strategies that are based on belowground buds and clonal growth (23, 41) rather than on seeds, additional techniques may be needed to restore old-growth characteristics. ④Seeding fast-growing species can impede long-term restoration success by creating communities with low resilience to natural disturbance, such as fire, and excluding the longer-lived species from restoration (42). ⑤In fact, there may be many grasslands where seeded species maintain dominance long after restoration, spurring reconsideration of whether actions are achieving the desired old-growth structure (43).

图 5.20 针对原始特征的第三条干预措施的第 1 段

①Although bud-bearing belowground organs can persist in the absence of disturbance for some time in a degraded grassland (44), how long is still unclear. ②Once these belowground structures are gone, we have little understanding of how to reintroduce this component of the vegetation (24). ③Topsoil transfer has shown some success in broadening the type of species that restoration can reintroduce (45), yet even this technique favors species with high seed bank allocation. ④Vegetative propagation—such as micropropagation, transplantation of seedlings, and individual tillers—is often needed (24) but is hard to conduct at scale, with open questions about protocols, spatial configuration of planting, and genetic sourcing. ⑤Techniques aimed at speeding the establishment of bud banks and belowground organs in a restoration have shown promise but are just in their infancy (24, 41).

图 5.21 针对原始特征的第三条干预措施的第 2 段

【重点词汇】accelerate or facilitate species turnover 加速或促进物种的发展；colonization and survival strategies 定植及生存策略。

【段落解读】针对原始特征的第三条干预措施的第 1 段（图 5.20）。此处为作者提出的"对原始特征的干预"的观点后带来的第三个措施：被忽略的原始草原物种。本段采用总分的方式展开论述，第①句开章明义，以疑问的方式提出接下来论述的内容"如何加速或促进物种向原始物种组成和相关地下功能的转变是一个重要的恢复问题"。第②～⑤句为分论部分：第②和③句作者首先提出普遍的常识性观点"草原通常通过播种来恢复"，随即以"However"进行转折，然而，许多物种已经发展出基于地下芽和克隆生长的定植和生存策略，从而引出了应该引入新的技术来进行辅助修复的观点。第④和⑤句作者又以播种快速生长的物种进行恢复的例子进行进一步论述，快速生长的种子植物可能通过建立对自然干扰（如火烧）的低恢复能力的群落，并将较长寿的种子植物排除在恢复之外，从而阻碍长期恢复的成功。实际上，在许多草地中，种子植物在恢复后很长一段时间内会保持着优势地位，这促使人们重新考虑是否采取的措施达到了预期理想的原始结构。

【重点词汇】bud-bearing belowground organs 地下芽器官；vegetative propagation 植物无性繁殖；micropropagation 微繁殖，又称离体繁殖（in vitro propagation）。

【段落解读】针对原始特征的第三条干预措施的第 2 段（图 5.21）。此处为作者提出的可行的，针对被忽略的原始草原物种的草地恢复技术。本段采用分总的形式展开论述，第①和②句开章明义，提出在退化的草地上，植物地下器官可以在没有干扰的情况下存活一段时间，但能存活多久仍然不清楚。随即以假设的形式点明这些地下结构消失，我们对如何重新引入这部分植被知之甚少。第③句作者举例说明表土转移在扩大恢复可以重新引入的物种类型方面取得了一些成功，随即以"yet"进行转折，点明这种技术也有利于在种子库中获得高分配率的物种。第④句作者提出可以使用营养繁殖（如微繁殖、幼苗移植和单个分蘖），但是难大规模进行，随即指出原因即在方案、种植的空间配置和基因选择来源方面存在一些问题。第⑤句总结整段，提出旨在加速建立种子库和地下器官恢复的技术已经初窥曙光，但仍处于起步阶段。

正文第四部分：全球变化的挑战和机遇（Global change as a challenge and opportunity）

【重点词汇】virtually 事实上，几乎，实质上；depend on 根据。

【段落解读】正文第四部分的第 1 段（图 5.22）。第①和②句总括说明全球气候变化对于草原的影响，其构建了草地恢复中向原始生长特征长期塑造的新观点。气候控制着某些地区的草原分布，影响决定草原存在的反馈和阈值变化，而且几乎在所有地区，气候对恢复反馈所需的干预措施都有很大的影响。第③句根据气候对这些过程的影响程度，它也可能影响确定草地类型和干扰状况的历史方法。第④句则举例说明大气CO_2浓度升高加剧了木本物种的入侵，这种变化需要新的干扰机制来实现保持草本植物的状态。

①Global climate change frames the emerging perspective of long-term assembly toward old-growth characteristics in grassland restoration. ②Climate controls the distribution of grasslands in some regions, influences the feedbacks and threshold shifts that determines where grasslands persist, and, in virtually all regions, can have a strong influence on the interventions needed to restore feedbacks (14, 46). ③Depending on the degree to which climate influences these processes, it may also affect the historical approach to the determination of grassland types and disturbance regimes (12). ④For instance, changes such as elevated atmospheric CO_2, which exacerbates invasion of woody species, would require novel disturbance regimes to aim for a grassy state.

图 5.22　正文第四部分的第 1 段

【重点词汇】in some cases 有时候；trajectory 轨迹，轨道线。

【段落解读】正文第四部分的第 2 段（图 5.23）。第①和②句陈述观点，鉴于在草原恢复中组分和干扰之间的强烈反馈，气候变化可能对草地恢复过程施加很大的影响。在某些情况下，让气候影响改变恢复轨迹可能是很重要的，因为气候可以将物种组成或特征导向那些最能耐受未来条件的物种转变。第③句：因此，气候变化情景下的恢复工作不仅要针对某一特定地点应该存在的物种，还要针对功能多样性、土壤结构和地下部分。这样，系统可能能够从极端事件中恢复，因为存活的种子库和地下储存器官的存在确保了系统的恢复能力。第④句：然而，如果气候效应危及系统向原始生长功能特征轨迹发展的基本反馈，放任气候效应改变恢复轨迹可能也是不可取的。例如，气候效应改变会选择在该条件下具有更大地上分配特征的物种。第⑤句：由于地下复杂性是一个长期发展的特征，因此理解气候如何影响优先效应和恢复轨迹的反馈是至关重要的。

> ①Given the strong feedbacks between composition and disturbances in grassland recovery, shifts in climate may exert large influences on the assembly process. ②In some cases, it may be important to let climate effects shift restoration trajectories, as climate can guide species composition or characteristics to those most able to tolerate future conditions (47). ③Restoration efforts under a climate change scenario may thus target not only which species should be present at a given site, but also functional diversity, soil structure, and the belowground component. In this way, the system may be able to recover from an extreme event, as the presence of a viable bud bank and underground storage organs ensures the resilience of the system (48). ④However, letting climate effects shift restoration trajectories might also be undesirable if it endangers fundamental feedbacks in the trajectory of the system toward old-growth functional characteristics (46) by, for instance, selecting for species with greater aboveground allocation characteristics. ⑤As belowground complexity is a characteristic that develops over long time horizons, understanding how climate influences priority effects and feedbacks that affect recovery trajectories is critical.

图 5.23 正文第四部分的第 2 段

【重点词汇】prioritizing processes 确定流程（优先顺序）。

【段落解读】正文第四部分的第 3 段（图 5.24），写作方式与上一段类似。第①句先进行事实陈述，即气候因素影响原始草原的恢复，提高了恢复难度，因为这些原始草原是在不同的时间、干扰制度和气候条件下发展起来的。第②句立即以"Yet"进行转折，提出作者的观点：在全球变化条件下原始草原植物的生长特性恢复，应优先考虑诸如地下复杂性和功能多样性等，应能够增强韧性，促进对未来变化的适应，同时保持能体现这些全球重要系统的特征、功能和服务。

> ①Climate change will add difficulty to the already difficult challenge of restoring old-growth grasslands that resemble specific reference sites, as these ancient grassland references developed in a different time, disturbance regime, and climate. ②Yet we expect that restoring old-growth characteristics in these situations, prioritizing processes such as belowground complexity and functional diversity (49), should enable resilience and facilitate adaptation to future change while still maintaining character, functions, and services that embody these globally important systems.

图 5.24　正文第四部分的第 3 段

4. 展望（Outlook）

【重点词汇】in the rush to　在……的热潮中；irreversible　不可逆的。

【段落解读】展望的第 1 段（图 5.25）。第①句直接点明整段的主要观点：现今，如果我们要对抗原始草原的丧失和生物多样性的下降，草原恢复的科学和实践的进展至关重要。第②句以"However"进行转折，指出现阶段在急于解决问题的情况下，带来的负面影响：将草原植树等同于恢复，与研究背景部分的内容相呼应。第③句继续举出"耕地高需求"的例子，进一步证明上述影响。第④句通过上述举例，总结出目前存在的现实问题，这些不可逆的行动忽略了这些原始草原底下固存的碳储量，也忽视了一旦原始草原消失，恢复草原地下的复杂性和生物多样性是一条艰难的道路。

> ①As we enter the United Nations Decade on Ecosystem Restoration, advances in restoration science and practice in grasslands are critical if we are to combat the loss of old-growth grasslands and the decline of biodiversity (50). ②However, in the rush to provide nature-based solutions to tackle climate change, tree planting in grasslands has become synonymous with restoration in many regions (13). ③At the same time, the high demand for arable land continues to spur conversion to agriculture. ④These are irreversible actions, ignoring the belowground soil-locked carbon storage in these old-growth grasslands as well as the hard road to restore their belowground complexity and their biodiversity once they are lost.

图 5.25　展望的第 1 段

【重点词汇】unique biota　独特的生物区系；belowground complexity　地下部复杂性；conservation initiatives　保护措施。

【段落解读】展望的第 2 段（图 5.26）。本段作为全文结尾，第①和②句以"Although"进行转折，承接上文，强调当下虽然面临各种挑战，但若将草地恢复视为对具有独特生物区系和地下复杂性的原始生长特征的重塑，那么草地系统的恢复指日可待。第③和④句内容均以正文中探讨的问题为基础，以"Given that"和"given"指出存在的现实问题，随即有针对性地提出作者对未来发展的建议。考虑到原始草地的地下结构和有限的种子补充，需要加强传统的播种技术以重建原始草地物种特征。同时，地下复杂性和功能多样性的度量将是跟踪发展轨迹和评估成功的关键指标。第⑤句文章最后作者以"We urge"的主动语态进行陈述，直截了当地表明了全文主要的观点，以"to do"形式进行分点列举，清楚明确，逻辑清楚。作者敦促保护倡议，防止将原始草原转变为植树造林或耕作农业，用适当的干扰制度来维持我们原始具有生物多样性的草原，并强调草原的长期恢复，以期努力恢复地球的生物多样性。

> ①Although there are many challenges ahead, viewing grassland restoration as assembly toward old-growth characteristics with unique biota and belowground complexity will enable us to achieve ambitious restoration goals for Earth's grassy ecosystems. ②Given that grassland recovery involves strong feedbacks among vegetation, disturbance, and soils, as well as the lengthy time horizon for recovery, future progress depends on creative interventions that focus on iterative management, taking into account changes in grassland assembly over time. ③Techniques to reestablish species characteristic of old-growth grasslands, given their belowground structure and limited recruitment by seed, will require looking beyond or augmenting traditional seeding techniques. ④Metrics of belowground complexity and functional diversity will be critical guideposts to track trajectories in development and assess success. ⑤We urge conservation initiatives to safeguard against the conversion of old-growth grasslands for tree planting or tillage agriculture, to maintain our ancient biodiverse grasslands with appropriate disturbance regimes, and to emphasize the long-term restoration of grasslands in efforts to restore Earth's biodiversity.

图 5.26　展望的第 2 段

5. 引用文献（References）

本篇文章共引用文献 51 篇，其中大部分文献为 2010 年至 2022 年的文献，体现了该领域的最新研究成果。作为一篇发表在 *Science* 上的高质量综述文章，涉及的参考文献内容涵盖面较广，值得读者进一步下载阅读。

【案例 2】丛枝菌根真菌与植物病害

【文献】Eck JL, Kytöviita MM, Laine AL. 2022. Arbuscular mycorrhizal fungi influence host infection during epidemics in a wild plant pathosystem. *New Phytologist*, 236(5): 1922-1935.

【重点词汇】arbuscular mycorrhizal fungi 丛枝菌根真菌；infection 传染病，感染；epidemics 流行病，蔓延（epidemic 的复数）；wild plant pathosystem 野生植物病害系统。标题是一个陈述句，简明扼要，直接点明了研究对象和文章主旨，可使读者在第一时间抓住全文核心，决定是否进一步阅读全文，起到了开宗明义的作用。

1. 摘要（Abstract）

【重点词汇】pathogenic 致病的，病原的，发病的（等于 pathogenetic）；mutualistic 共生的；ubiquitous 普遍存在的，无所不在的；cooccur 共同出现；mutualists 共生生物；genotypes 基因型（genotype 的复数）；*Podosphaera plantaginis* 叉丝单囊壳属（车前白粉病病原菌）；*Plantago lanceolata* 长叶车前；epidemiological 流行病学的；allopatric 在不同地区发生的，[生态]分布区不重叠的；susceptible to 易受……影响的；severity 严重度；over time 随着时间的推移；alter 改变。

【段落解读】摘要（图 5.27）的第①句交代了本文的研究背景。"While" 引导从句开头阐述背景，"致病微生物和共生微生物广泛存在于生态系统中，且在植物中常共同发生"，后以 "how" 进行转折，指出两类微生物 "如何进行相互作用，以决定对不同野生遗传多样性宿主种群的致病模式" 尚不清楚，交代了本研究开展的必要性。第②句介绍了研究目的和研究内容，研究目的为：共生微生物是否会在宿主遭受病原菌侵染时提供保护？这种保护是否因宿主基因型而异？"we conducted" 主动语态，简要介绍了试验内容，包括试验地点、病原菌和宿主植物。在芬兰奥兰群岛对自然发生的真菌病原菌（*Podosphaera plantaginis*）引致的车前草（*Plantago lanceolata*）病害进行了野外实验。第③句介绍了本文的研究方法，采用主动语态，对试验内容及方法进行补充。在每个种群中，研究人员收集了来自 6 个同源种群的实验植物的病害相关数据，这些种群被接种了丛枝菌根真菌或非菌根对照的混合物。第④~⑥句为研究结果，该部分采用三个陈述

①While pathogenic and mutualistic microbes are ubiquitous across ecosystems and often co-occur within hosts, how they interact to determine patterns of disease in genetically diverse wild populations is unknown.
②To test whether microbial mutualists provide protection against pathogens, and whether this varies among host genotypes, we conducted a field experiment in three naturally occurring epidemics of a fungal pathogen, *Podosphaera plantaginis*, infecting a host plant, *Plantago lanceolata*, in the Åland Islands, Finland. ③In each population, we collected epidemiological data on experimental plants from six allopatric populations that had been inoculated with a mixture of mutualistic arbuscular mycorrhizal fungi or a nonmycorrhizal control.
④Inoculation with arbuscular mycorrhizal fungi increased growth in plants from every population, but also increased host infection rate. ⑤Mycorrhizal effects on disease severity varied among host genotypes and strengthened over time during the epidemic. ⑥Host genotypes that were more susceptible to the pathogen received stronger protective effects from inoculation.
⑦Our results show that arbuscular mycorrhizal fungi introduce both benefits and risks to host plants, and shift patterns of infection in host populations under pathogen attack. ⑧Understanding how mutualists alter host susceptibility to disease will be important for predicting infection outcomes in ecological communities and in agriculture.

图 5.27　摘要

截自原文（Eck *et al.*，2022，*New Phytologist*），序号为编者加。图 5.27~图 5.58 同此

句，凝练了整个试验的重要结果，对开头提出的科学问题进行了回答：接种丛枝菌根真菌可促进植物生长，但同时增加了寄主植物病害发生率；菌根对病害严重程度的影响因寄主基因型而异，且在病害发生期间随时间的推移而逐渐增强；菌根真菌对病原菌更敏感的宿主基因型植物具有更强的保护作用。第⑦句为结论，以"Our results show that+从句"，对研究结论进行总结，采用一般现在时表述，强调普遍性：丛枝菌根真菌对宿主植物的影响有利有弊，且可以改变宿主植物对病原菌侵染下的感染模式。第⑧句指明了本文的研究意义。"Understanding+从句"，结合"will be"的将来语态，指出了解共生微生物如何改变宿主对病害的易感性，对于预测生态和农业系统中病害发生结果具有重要意义。

2. 前言（Introduction）

【重点词汇】protective symbionts 保护性共生体；parasites 寄生生物（parasite 的复数）；mediate 引起，影响……的发生，介导；encounters 遭遇；terrestrial plants 陆生植物。

【段落解读】前言的第 1 段（图 5.28）是本研究的背景资料，介绍互惠共生体及其在病原菌致病性方面的相关研究现状，指出开展后续工作的必要性。第①句以"保护性共生体"为切入点，对其概念及作用进行了界定，成功引入了共生体这一重要关键词。文中"—"的两次运用比较有特点，分层次逐步解释了保护性共生体的概念及重要作用：保护性共生体——为宿主提供防御益处的物种——有助于确定物种相互作用的结果，从而塑造宿主和寄生生物之间的生态和进化动态。第②句以"Despite"尽管开头，强调共生体重要性的同时，也指出目前研究的不足：探讨保护性共生体影响自然种群和群落中宿主-寄生生物互作中作用的生态学研究很少。第③句承接前一句，进一步交代研究现状：共生微生物（如菌根真菌）对植物病害的防御作用已在实验室受控条件下在几种重要农业作物中得到证实。第④句中的"Although"表强调后续转折内容"保护性共生体是否影响自然传播植物病害的感染"这一研究空白，并对病害在田间发生的特征进行了补充说明。尽管共生体也可能影响田间植物病害，但尚未证实保护性共生体是否介导植物病害自然发生的流行，并指出自然流行病害的特点是由寄主植物反复受到病原菌侵染，以及环境和寄主基因型多样性决定。第⑤句引入本文研究的共生微生物"菌根真菌"，对其分布及功能进行介绍。菌根共生体在陆生植物中普遍存在，并且对植物适应性、种群动态、群落组成和生态系统功能具有重要影响。第⑥句的"Understanding+从句"，通过阐述植物病害的负面影响，强调探究共生菌如何影响植物病害模式的重要性。鉴于病害是影响植物群落物种丰度、多样性和分布的主要因素，且会影响粮食生产，因此，了解菌根真菌和其他共生菌如何影响植物病害模式至关重要。第⑦句的"Although+从句"，引出"尽管与植物相关的致病微生物和共生微生物在整个生态系统中普遍存在，但病原微生物和共生微生物如何相互作用以确定自然遗传多样性种群中的病害风险尚不清楚"，与摘要中的第一部分内容相呼应。

【重点词汇】a suite of 一系列；antagonists 反抗者，反派角色；herbivores 草食动物；upregulating 上调；defense priming 防御启动；simultaneously 同时地。

【段落解读】前言的第 2 段（图 5.29）。通过列举前人的研究结果，步步深入，指出菌根共生体在植物病害方面的研究价值，进一步说明开展本研究的必要性。第①句介绍

①Protective symbionts – species that provide defensive benefits to their hosts – help to determine the outcome of species interactions and, thus, shape ecological and evolutionary dynamics between hosts and parasites (Brownlie & Johnson, 2009; May & Nelson, 2014; King et al., 2016; Sochard et al., 2020). ②Despite their importance, ecological studies examining the role of protective symbionts in influencing host–parasite interactions in natural populations and communities are rare (Oliver et al., 2014; Hafer-Hahmann & Vorburger, 2021). ③Protection against infectious disease by mutualistic microbes, such as mycorrhizal fungi, has been demonstrated under controlled laboratory conditions in several economically important agricultural plant species (Norman et al., 1996; Pozo et al., 2002; Hao et al., 2005; Li et al., 2010; Song et al., 2015; Berdeni et al., 2018). ④Although mutualists may also affect disease under field conditions (Newsham et al., 1995), it has not been verified whether protective symbionts mediate infection under natural epidemics, which are characterized by repeated pathogen encounters, as well as by environmental and genotypic diversity. ⑤Mycorrhizal associations are widespread among terrestrial plants (Öpik et al., 2006; van der Heijden et al., 2008) and have important impacts on plant fitness and population dynamics (Barea et al., 2002; Koide & Dickie, 2002), community composition (Hartnett & Wilson, 2002) and ecosystem functioning (Rillig, 2004). ⑥Understanding how mycorrhizal fungi and other mutualists influence patterns of plant disease is essential given that disease is a major factor shaping the abundance, diversity and distribution of species in plant communities (Bever et al., 2015) and affecting food production (Johansson et al., 2004; Gosling et al., 2006; Pretty et al., 2011; Hohmann & Messmer, 2017). ⑦Although both plant-associated pathogenic and mutualistic microbes are ubiquitous across ecosystems, how they interact to determine disease risk in natural, genetically diverse populations is not known.

图 5.28　前言的第 1 段

①Mycorrhizal fungi produce a suite of growth, nutritional and/or defensive effects that may help protect plants from co-occurring antagonists, such as pathogenic microbes and herbivores (Delavaux et al., 2017). ②Association with mycorrhizal fungi often improves plant nutrient and water uptake (Smith & Read, 2008), although there is both intra- and interspecific variation among plants in their ability to form and benefit from mycorrhizal associations (Thrall et al., 2011; Rasmussen et al., 2019). ③Increases in host size and nutritional status as a result of mycorrhizal association can improve host tolerance to parasites and abiotic stress (Azcón-Aguilar & Barea, 1996). ④Arbuscular mycorrhizal fungi can also influence host defenses directly, by upregulating defense gene expression in their host plants (Azcón-Aguilar & Barea, 1996; Pozo & Azcón-Aguilar, 2007; Jung et al., 2012; Goddard et al., 2021). ⑤This form of protection, known as defense priming, allows a more efficient activation of defense mechanisms in response to attack by potential enemies and has been shown to reduce the negative effects of interactions with a wide range of antagonist species (Jung et al., 2012; Delavaux et al., 2017). ⑥Although mycorrhizal associations occur belowground (at the root–soil interface), the induced resistance response in the host is systemic (Cameron et al., 2013; Goddard et al., 2021), meaning that even strictly aboveground parasites may be affected (Koricheva et al., 2009). ⑦It is unclear how often mycorrhizal growth and defensive benefits are conferred together in hosts and how they operate simultaneously to determine the incidence and outcome of interactions between hosts and parasites.

图 5.29　前言的第 2 段

菌根真菌在植物生长、养分吸收和防御方面的作用，铺垫其在病原微生物抵抗方面的应用潜力：菌根真菌可影响植物的生长、营养和防御，这可能有助于保护植物免受同时发生的病原微生物和食草动物（昆虫）的侵害。第②～④句承接前一句，进行具体例证。菌根真菌可以改善植物对养分、水分吸收，促进植物生长，调控基因表达，进而提高了宿主对胁迫的抗性，说明菌根共生体的重要性：尽管植物从菌根共生体中受益的能力存在种内和种间差异，但接种菌根真菌通常可以改善植物的养分和水分吸收。菌根可以促进宿主植物生长和营养吸收，进而提高宿主对其他寄生生物和非生物胁迫的耐受性。丛枝菌根真菌也可以通过上调宿主植物的防御基因表达直接影响宿主的防御。第⑤句承接前面的菌根防御机制，进一步强调了菌根在抗性方面的作用：菌根真菌这种保护形式，称为防御启动，可以更有效地激活植物防御机制以应对潜在敌人的攻击，已有研究证明菌根真菌可以减少多种胁迫同时发生时的负面影响。第⑥句以"Although"开头，指出菌根诱导的植物体内抗性反应具有系统性，可能也会对地上寄生菌产生影响：虽然菌根结合发生在地下（根-土界面），但菌根真菌在宿主体内诱导的抗性反应是系统性的，这表明植物地上部的寄生生物也可能受到菌根真菌的影响。第⑦句以"It is+从句"，强调现阶段研究存在的不足：目前尚不清楚菌根生长和防御效应在宿主体内同时发挥作用的频率，以及它们如何同时发挥作用以决定宿主和病原菌之间相互作用的概率和结果。

【重点词汇】in controlled environments 在可控条件下；mismatched 不匹配的。

【段落解读】前言的第 3 段（图 5.30）。通过列举实例，借助"Furthermore""In addition"和"Finally"等连接词，介绍了可控条件下宿主和互惠共生体的联系对寄生菌侵染动态潜在的生态风险和益处，及其受宿主基因型的影响，并指出了该理论在自然种群中尚为研究空白。第①句为开头总结句，指出已有环境控制相关研究表明，宿主与共生体的联系可能存在影响寄生菌侵染动态的风险。第②句对前一句结论进行举例论证：当宿主和共生生物物种或基因型的组合不匹配时，可能无法将宿主资源转化为增长或防御效益，进而增加生态成本，导致低效的相互关系。第③和④句指出共生体与宿主之间的互利关系会受其他条件的影响而减弱或消失，如非生物胁迫、寄生菌特性、环境成分等。非生物胁迫可能会减少或消除共生微生物和宿主潜在的互惠互利。此外，互惠共生体的防御效益可能不是对所有寄生菌都有效（例如，取决于寄生生物的生活史），也可能持续影响环境中寄生菌的性状或组成。第⑤句以"Finally"进一步举例论证，指出共生菌可间接影响宿主感染模式，例如，通过改变宿主根系的形态大小进而影响宿主植物与寄生菌的接触率。第⑥句"Hence"承接词，对上述提及的寄生菌存在情况下，互惠共生的利弊情况进行总结。"however"表转折，表明了进一步研究的必要性：因此，在寄生菌存在的情况下，共生关系的潜在生态风险和/或利益可能取决于宿主植物基因型，并因宿主种群和外界环境不同而异；然而，这在自然种群中尚未进行很好的探索。

【重点词汇】metabolic 新陈代谢的；compensate 补偿，赔偿。

【段落解读】前言的第 4 段（图 5.31）。介绍自然条件下宿主植物对病原菌的防御性，包括自身遗传防御和共生体保护性防御，但两者在不同物种背景下如何起作用还尚未可知。第①句总结性阐述，为本段主旨，承接上文，指出"目前尚不清楚共生菌的保护如何与先天的宿主抗性一起决定宿主-病原体相互作用的结果"。第②和③句分别对

①Empirical studies in controlled environments have shown that host association with mutualists may also present risks that can influence infection dynamics (Polin et al., 2014). ②For example, ecological costs may occur when combinations of host and mutualist species or genotypes are mismatched (Klironomos, 2003; Hoeksema et al., 2010), resulting in inefficient mutualisms that fail to convert host resources into growth or defensive benefits (Johnson et al., 1997; Jones & Smith, 2004; Grman, 2012). ③Furthermore, unfavorable abiotic conditions may reduce or negate potential mutualist benefits (Hoeksema et al., 2010; Qu et al., 2021). ④In addition, defensive benefits from mutualists may not be effective against all parasite species (e.g. depending on their life history) (Pozo & Azcón-Aguilar, 2007) or durable to changes in parasite traits and/or composition in the environment. ⑤Finally, mutualists could also affect patterns of host infection indirectly, for example, via changes in host size that influence parasite contact rates. ⑥Hence, the potential ecological risks and/or benefits of mutualist association in the presence of parasites may depend on host genotype and vary among or within host populations and environments; however, this has remained largely unexplored in natural populations.

图 5.30　前言的第 3 段

①In addition, it is unclear how mutualism-derived protection acts alongside innate host resistance to determine the outcome of host–pathogen interactions. ②Host genetic resistance can vary widely among and within natural populations (Salvaudon et al., 2008; Laine et al., 2011) – potentially as a result of costs associated with its maintenance (Brown, 2003; Susi & Laine, 2015) – and may be under a different set of selection pressures than mutualism (Thompson, 1994). ③Whether symbiosis presents benefits or costs to host individuals and populations could depend on their degree of resistance. ④In resistant hosts, resources provided to mutualists in return for defensive benefits could represent an unnecessary metabolic cost. ⑤However, in susceptible hosts, mutualist-derived protection could compensate for lack of genetic resistance, presenting a viable alternate strategy for coping with pathogens. ⑥Mutualism-derived protection could be especially beneficial when genetic resistance is costly to maintain or when disease is ephemeral, as it often is in natural populations (Burdon & Thrall, 2014). ⑦How much of host resistance is derived from innate genetic defenses vs protective symbionts (e.g. defense priming or improved pathogen tolerance), and whether these types of defenses are linked in different species combinations and environmental contexts remain to be seen.

图 5.31　前言的第 4 段

"宿主遗传抗性"和"共生保护"进行介绍，并对其在个体和种群中的作用特征等进行说明，为后文作铺垫。宿主遗传抗性在自然种群间和种群内存在很大差异，这可能源于宿主抵御寄生菌侵害所需的成本差异，也可能源于选择压的不同而导致共生模式的差异。共生对宿主个体和种群是有利还是有弊，可能取决于宿主的抗性程度。第④和⑤句从有益和有害两方面出发，分别举例论证了共生在不同宿主植物中所产生的不同作用效果。以"However"一词作为转折，前后分别以抗性植物和易感植物进行对比说明，指出在抗性植物中，植物提供给共生菌以换取防御利益的资源可能是不必要的代谢成本，而易感植物中，互惠共生产生的保护可以弥补遗传抗性的缺乏，为植物应对病原菌提供了一种可行的替代策略。第⑥句提出"在维持遗传抗性成本很高或病害发生时间较短（在自然种群中往往如此）的情况下，互惠共生产生的保护更加有益"的观点。第⑦句进一步说明目前研究的不足，表明该研究工作的必要性。指出宿主抗性有多少来自先天遗传防御与保护性共生体（如防御启动或提高病原体耐受性），这些类型的防御是否与不同的物种组合和环境背景有关，仍有待研究。

【重点词汇】specifically 具体地；prior inoculation 预先接种；powdery mildew 白粉病；spatial context 空间背景。

【段落解读】前言的第 5 段（图 5.32）。提出了研究拟解决的科学问题，并简述了开展的试验内容。第①句开门见山，承接上一段，指出现阶段研究不足：尽管人们普遍认识到菌根真菌对植物适应性的影响，但在自然种群中，菌根共生如何影响宿主病害侵染，以及这种影响在植物基因型和种群之间的差异程度知之甚少。第②句以"to do"结构+主动语态，指出开展试验的目的：在病害自然流行的条件下，接种丛枝菌根真菌是否会影响真菌病原菌在共生宿主中的侵染过程。第③句"Specifically"承接前一句，引出

①Despite general recognition for the impact of mycorrhizal fungi on plant fitness, how mycorrhizal association may impact host infection – and to what extent this varies among plant genotypes and populations – is poorly understood in natural populations. ②To examine this, we conducted a field experiment to test whether inoculation with arbuscular mycorrhizal fungi affects infection dynamics by a fungal pathogen in a shared host under natural epidemic conditions. ③Specifically, we ask the following questions: do growth effects resulting from inoculation with arbuscular mycorrhizal fungi vary among host populations and maternal genotypes; does inoculation with arbuscular mycorrhizal fungi influence host infection rate; upon infection, does prior inoculation with arbuscular mycorrhizal fungi affect disease severity; are growth and defensive effects from inoculation with arbuscular mycorrhizal fungi linked in host genotypes; and are disease susceptibility and defensive effects as a result of inoculation with arbuscular mycorrhizal fungi linked in host genotypes? ④To answer these questions within an ecologically relevant context, we placed mycorrhizal-inoculated and nonmycorrhizal-inoculated plants in wild host populations during a natural pathogen epidemic. ⑤The experiment was conducted in the long-term Aland Islands study site (Finland), where infection by a fungal pathogen (powdery mildew) has been surveyed on a large host population network of *Plantago lanceolata* L. (Plantaginaceae) since 2001 (Jousimo *et al.*, 2014). ⑥From prior studies in this pathosystem, we know that several factors, such as spatial context (Laine, 2006; Soubeyrand *et al.*, 2009; Jousimo *et al.*, 2014), pathogen genetic diversity (Eck *et al.*, 2022), local adaptation of pathogen strains to sympatric host populations (Laine, 2005, 2007a) and abiotic conditions (Laine, 2007b, 2008; Penczykowski *et al.*, 2015), are all critical in determining infection, but the impact of mutualistic interactions on infection dynamics has not been determined. ⑦To our knowledge, this is the first study of the impact of mycorrhizal fungi on infection by a plant pathogen under natural epidemics and across different host populations and genotypes.

图 5.32　前言的第 5 段

后续的科学问题，共凝练为 5 点：接种丛枝菌根真菌对生长的影响是否因宿主种群和基因型而异；接种丛枝菌根真菌是否影响宿主发病率；在植物感病后，预先接种丛枝菌根真菌是否影响病害的严重度；接种丛枝菌根真菌的生长和防御效应是否与宿主基因型有关；接种丛枝菌根真菌植物的病害感病性和防御效应是否与宿主基因型有关。上述 5 个科学问题层层递进，划分细致，均与前四段中尚未解决的问题一一对应，具有很好的探究价值。第④句，为了在生态相关背景下回答上述问题，研究者在病害自然流行期间将菌根接种和非菌根接种的植物置于野生宿主种群中。第⑤句简要交代了试验地点、试验植物和病害。自 2001 年以来，在芬兰奥兰群岛的一个大型宿主种群网络中调查了真菌性白粉病对车前草（*Plantago lanceolata*）的侵染情况。第⑥句列举了之前相关研究中影响该病害发生的各类因素，如空间环境、病原菌遗传多样性、病原菌菌株对同域宿主种群的本地适应性以及非生物条件，以"but"进行转折，指出共生体对病害发生动态的影响尚不清楚。第⑦句对本研究的地位进行评价，表明研究的创新性和重要性。指出本研究是首次在自然流行和不同寄主群体和基因型下，研究菌根真菌对植物病原菌侵染的影响。

3. 材料与方法（Materials and Methods）

【重点词汇】Plantaginaceae 车前科；ribwort plantain 长叶车前；monoecious 雌雄同株的；self-incompatible 自交不亲和的；sexually 性别地，两性之间地（reproduce sexually 有性繁殖）；pollen 花粉；asexually 无性地（reproduce asexually 无性繁殖）。

【段落解读】材料与方法的第 1 段（图 5.33），交代了研究体系。第①句直接介绍本研究的真菌病原菌、植物及研究地点：长叶车前白粉病病原菌（*Podosphaera plantaginis*），植物：车前草（*Plantago lanceolata*），试验地点：芬兰的奥兰群岛。第②和③句进一步交代试验的基本情况。研究者自 2001 年以来，在三个天然车前草种群中进行了试验，对这些种群进行了病害调查。第④～⑥句介绍本研究的宿主植物-长叶车前的基本特征：产地、繁殖特性和菌根共生效应，表明所选择研究植物可以和菌根共生。车前草原产于冰岛和欧亚大陆的大部分地区，其主要分布于奥兰岛的小草地和受干扰的地区。车前草雌雄同株，自交亲和，可以有性繁殖也可无性繁殖，并发现车前草可以与奥兰岛的多种菌根真菌形成共生。

> ①Our study is focused on a fungal pathogen, *Podosphaera plantaginis* (Castagne) U. Braun & S. Takam., infecting *Plantago lanceolata* L. (Plantaginaceae) in the Åland Islands (60°08′53″N, 19°47′18″E), Finland. ②We carried out an experiment in three natural *P. lanceolata* populations that are part of a network of >4000 mapped populations (Hanski, 1999). ③These populations have been surveyed for infection by *P. plantaginis* since 2001 (Laine & Hanski, 2006). ④*Plantago lanceolata* (ribwort plantain) is native to Åland and much of Eurasia; it occurs mainly in small meadows and disturbed areas in Åland. ⑤It is monoecious, self-incompatible and reproduces either sexually (via wind-dispersed pollen and seeds; Bos, 1992) or asexually (via clonally produced side-rosettes) (Sagar & Harper, 1964). ⑥*Plantago lanceolata* associates commonly with mycorrhizal fungi and has been found in association with a wide variety of mycorrhizal species in Åland (Rasmussen *et al.*, 2018; J. L. Eck *et al.*, unpublished).

图 5.33 材料与方法的第 1 段

【重点词汇】Erysiphales 白粉菌目；obligate 专性的；biotroph 活体营养；mitigate 减缓；mortality 死亡；conidia 分生孢子；resting structures 休眠体；haploid selfing 单倍体自交；outcrossing 异型杂交。

【段落解读】材料与方法的第 2 段（图 5.34）。第①～④句介绍本研究选用的病原菌，并对其形态、发病、繁殖、适应条件、传播方式等基本信息进行描述，作为背景知识补充。*Podosphaera plantaginis* 是一种可导致白粉病的真菌（白粉菌目），是叶面组织的专性生物营养菌，在奥兰岛具有宿主特异性，仅侵染车前草。真菌菌丝生长于车前草叶片表面，产生局部侵染，抑制寄主生长和繁殖，并可能在干旱等非生物胁迫下导致植物死亡。病害通过无性繁殖，由风传播分生孢子进行扩散、侵染。在整个病害流行季节（大约在奥兰岛的 6 月至 9 月），通过单倍体自交或菌株之间的异型杂交产生休眠结构（闭囊壳）使病原菌能够越冬。第⑤～⑦句介绍寄主植物与病原菌的作用特性：在奥兰岛，病原菌持续存在，车前草对白粉病病原菌的抗性具有特异性，且在宿主种间/种内的抗性差异较大。

① *Podosphaera plantaginis*, a powdery mildew fungus (order Erysiphales), is an obligate biotroph of foliar tissue and is host-specific in Åland, infecting only *P. lanceolata* (Laine, 2004). ② Fungal hyphae grow on the surface of *P. lanceolata* leaves, producing localized infections that mitigate host growth and reproduction (Bushnell, 2002), and may lead to mortality in the presence of abiotic stress, such as drought (Laine, 2004; Susi & Laine, 2015). ③ Infections are transmitted via asexually produced, wind-dispersed spores (conidia) that are produced cyclically (*c.* every 2 wk) throughout an epidemic season (approximately June to September in Åland) (Ovaskainen & Laine, 2006). ④ Resting structures (chasmothecia), produced via haploid selfing or outcrossing between strains (Tollenaere & Laine, 2013), allow the pathogen to overwinter (Tack & Laine, 2014). ⑤ In Åland, *P. plantaginis* persists as a metapopulation, with frequent colonization and extinction events (Jousimo *et al.*, 2014). ⑥ Resistance in *P. lanceolata* against *P. plantaginis* is strain-specific (Laine, 2004, 2007a). ⑦ Previous studies have demonstrated high variation in resistance within and among host populations (Laine, 2004, 2007a; Jousimo *et al.*, 2014).

图 5.34 材料与方法的第 2 段

【重点词汇】haphazardly 随机地；perlite 珍珠岩；pipetted 用移液器吸取（pipet 的过去式）。

【段落解读】材料与方法的第 3 段（图 5.35），交代了菌根真菌接种情况。第①和②句介绍了试验目的及植物种子来源：6 份长叶车前草种子（来源于奥兰群岛的 6 个不同地理位置的不同长叶车前的种群），从各种群中随机选择 5 株母本植物收集种子，纸袋保存，共 30 株母株。第③句为盆栽建立基本信息介绍：试验建立时间：2008 年 4 月，试验地点：芬兰奥卢大学温室，供试种子：采集的 30 株母株的种子，花盆（6cm×6cm×7cm），培养基质：灭菌后的沙子。第④和⑤句为移栽及菌根处理设置：2 周后，从每个母系基因型中挑选 10 株健康植株进行移栽，其中 5 株为菌根处理，5 株为非菌根处理。培养基质（沙子：花土：珍珠岩=5：4：1，1g 骨粉和 3g 白云石）。第⑥和⑦句介绍菌根菌来源及其特性：3 种不同可与车前草共生的菌根真菌的孢子混合物（分别为 *Glomus hoi*, *Claroideoglomus clareoideum* 和 *Glomus mosseae*），为避免菌根真菌与其宿主群体之间发生本地适应从而产生干扰，选择各物种的异源菌根分离株进行实验。第⑧～⑩句菌根处理设置：菌根孢子采用"湿筛法"进行分离，在与实验基质相同的土壤基质上，将菌根真菌与非实验车前草一起生长，产生孢子接种物；筛出的菌根真菌孢子 3 种，每种取 15 个孢子放入 2ml 水中，共 45 个孢子，6ml 水，加到幼苗根部，即为菌根处理（arbuscular mycorrhizal fungi，AMF）。非菌根处理（nonmycorrhizal，NM）添加过滤孢子的冲洗水各 2ml，共 6ml，到植物幼苗根部。第⑪句为土壤微生物恢复处理：所有幼苗添加从研究区 6 个采样区土壤混合后的过滤细菌滤液，以恢复原生的非菌根土壤微生物群落。第⑫和⑬句为植物培养条件：养分补充，营养液每周一次；光照补充（光照：黑夜=18h：6h）。第⑭句为室外适应性锻炼：植株 6 周龄时（菌根接种 4 周后）转移至室外，在带顶塑料棚下继续生长 6 周，作为野外环境条件适应的准备。

①To measure the effects of association with arbuscular mycorrhizal fungi in genetically diverse host plants, seeds were collected from six geographically variable populations of *P. lanceolata* in the Åland Islands (Fig. 1a, right panel) in August 2007.②Seeds were collected from five haphazardly chosen maternal plants in each population and were stored separately in paper envelopes (seeds from one maternal plant are half or full siblings).③In April 2008, seeds from each of the 30 maternal plants were planted in separate 6×6×7 cm pots in a glasshouse at the University of Oulu (Oulu, Finland) in sterilized soil.④Ten healthy 2-wk-old seedlings from each maternal genotype were transferred to individual pots (one seeding per 6×6×7 cm pot) filled with experimental substrate (a 5:4:1 mixture of heat-sterilized sand : heat-sterilized garden soil : perlite, combined with 1 g of bone meal and 3 g dolomite l^{-1} substrate).⑤At the time of transfer, five of the seedlings from each maternal genotype were inoculated with mycorrhizal fungi, while the other five received a nonmycorrhizal control treatment.⑥The mycorrhizal inoculum consisted of a mixture of spores of three arbuscular mycorrhizal fungal species native to Finland (*Glomus hoi*, *Claroideoglomus clareoideum* and *Glomus mosseae* (BEG 29)), as *P. lanceolata* is colonized naturally by several mycorrhizal symbionts (Johnson *et al.*, 2003).⑦Allopatric isolates of each species (originating from central Finland (61°10′N, 24°40′E) rather than Åland) were used so as not to confound the experiment with potential local adaptation between mycorrhizal fungi and their host populations (Hoeksema *et al.*, 2010).⑧Spore inocula were produced by growing the mycorrhizal species with nonexperimental *P. lanceolata* in a soil substrate identical to the experimental one.⑨Spores were washed out of the nonexperimental substrate with water, and 15 spores of each species (45 spores in total) were pipetted on to the roots of each seedling in the mycorrhizal treatment in 2 ml of water (6 ml in total); seedlings in the nonmycorrhizal control treatment received 2 ml of filtered spore washing water from each fungal species (6 ml in total).⑩Hereafter, plants in the mycorrhizal-inoculated treatment are abbreviated as 'AMF' (i.e. arbuscular mycorrhizal fungi), and plants in the nonmycorrhizal control treatment as 'NM' (i.e. nonmycorrhizal).⑪All experimental seedlings were also inoculated with bacteria at this time: bacteria were filtered from a soil mix collected from the six Åland seed source populations to restore the native, nonmycorrhizal soil microbial community.⑫Seedlings were fertilized weekly with a dilute nitrogen-based solution.⑬Natural light in the glasshouse was supplemented with Osram HQI lamps to provide a photoperiod of 18 h : 6 h, light : dark.⑭At 6 wk of age (4 wk post-inoculation), the plants were moved to an outdoor area at the University of Oulu and grown on tables under a transparent plastic roof for an additional 6 wk, to acclimatize to field conditions (as *P. lanceolata* and *P. plantaginis* do not inhabit this region, infection at this stage was highly unlikely).

图 5.35　材料与方法的第 3 段

【重点词汇】placement 布置，摆放；random array 随机数组；proximity（时间、空间、关系的）靠近，亲近。

【段落解读】材料与方法的第 4 段（图 5.36），介绍了田间试验。第①句介绍自然流行病害的田间试验：共计 288 株健康试验植物在室内接种 10 周后进行转移，放置于 3 个自然生长的长叶车前种群中，放置区域的车前草已被白粉病病原菌侵染。第②和③句解释说明田间 3 个长叶车前草群体的选择与试验 6 个种子起源群体具有异源性，表明试验设置具有科学性。第④句在放置试验植物之前，通过调查植物种群是否有明显的病害发生，证实所选地点存在病原菌，表明试验的可行性。第⑤～⑦句对田间试验设计进行详细阐述：试验材料为室内前期栽培的 288 株植物（各点 96 株），6 个种子起源种群各 16 株（8 个菌根处理植物和 8 个非菌根处理植物）；试验设置：各种子起源群的 5 个母体基因型尽量均匀的分布在 3 个田间试验点，各田间位点的个体随机选择放置（由于缺乏植株，不可能在每个田间试验点成对复制每个母系基因型+菌根处理组合）。在每个田间地点，试验植物被随机安置在 96 个塑料盆（14cm×10.5cm×4.5cm）中，这些塑料盆被随机排列在地面上，靠近田间种群中自然感染白粉病的野生长叶车前种群。第⑧句补充说明试验采用塑料盆的原因，即减少植物底部与土壤的接触，降低外源环境微生物的干扰。

①At 10 wk post-inoculation (mid-July 2008), 288 healthy 12-wk-old experimental plants were placed in to three naturally occurring populations of *P. lanceolata*, infected by populations of *P. plantaginis*, in Åland to gain infections naturally from the surrounding epidemic. ②The three field epidemic populations were allopatric to the six seed origin populations (Fig. 1a, right panel). ③Thus, they represent common-garden field sites, in which the host genotypes are not locally adapted to the local environmental conditions or to the local pathogen population. ④Presence of *P. plantaginis* at the sites was confirmed by surveying the populations for visible signs of infection before placement of the experimental plants. ⑤Each field site received 96 experimental plants: 16 plants from each of the six seed origin populations (eight AMF plants and eight NM plants). ⑥Within these subgroups, the five maternal genotypes within each seed origin population were allocated as evenly as possible to the three field sites; the individuals placed in each site were selected at random (full, pairwise replication of every maternal genotype × mycorrhizal treatment combination within every field site was not possible owing to lack of plants). ⑦At each field site, experimental plants were randomly fitted in to one of 96 plastic containers (14 × 10.5 × 4.5 cm) that were placed on the ground in a random array in the proximity of naturally infected, wild *P. lanceolata* individuals inhabiting the field population. ⑧The containers prevented contact between the bottom of the pots and the soil, reducing the likelihood that the experimental plants would acquire soil microbes from the environment.

图 5.36　材料与方法的第 4 段

【重点词汇】blotch 斑点；lesion 损伤；metric 公制的，米制的。

【段落解读】材料与方法的第 5 段（图 5.37）。第①句介绍试验调查指标：田间放置植物前调查试验植株初始大小相关指标，包括叶片数、最长叶片的长度和宽度（cm）。第②句是感病植物的界定方法，即描述植物被侵染后的症状，对感病植物进行条件限定：对所有叶片进行检查，如果任一叶片显示粉状、白色斑点症状（即该地区车前草感染白粉病的特征），则认为植物已感染白粉病。第③句交代试验背景：试验开始前，所有试验植物未被病原菌侵染。第④~⑧句介绍试验期间病害发生情况及调查方法，每 3 天在每个试验点进行一次病害调查，共进行了 7 次病害调查，试验结束时随机选择菌根处理植物（21 株）和非菌根处理植物（20 株），测定地上生物量。第⑨句对试验中用到的叶片面积计算公式进行解释说明。在试验开始时，将植物最长叶子的长度和宽度代入椭圆形面积的方程，得出该叶片叶面积，然后将最长叶子的面积乘以植物总叶片数，从而创建了一个近似于每株植物总叶面积的度量。第⑩句指出试验中出现的问题。第四次和第五次调查期间的大雨导致一些野外种群的病害调查数据缺失，并可能影响所有种群的第六次和第七次调查中的病害发生（因为大雨将孢子从受感染的叶片组织中冲走并破坏孢子活力）。第⑪句提出解决方案：因此，研究人员重点关注第三次调查的病害数据（恰逢感染率高峰和一个 14 天的初始病原菌侵染和繁殖周期的完成），以及试验结束时最后的第七次病害调查数据（恰逢病原菌繁殖导致的再感染，并纳入了可变的非生物条件）。第⑫句交代试验中用到的数据指标：感染状态、感染程度。利用上述两次调查（流行高峰和实验结束）的数据，量化了每个实验植物的感病状态（0/1，感病或未感病），并计算了病害严重程度（即感染叶片的比例）。第⑬和⑭句对试验结果分析的植物感病状态进行准确界定，保证试验数据的可靠性：如果植物的一片或多片叶子显示出感病的迹象，就认为植物被感染了。在试验中死亡的一株植物被排除在所有分析之外。

①At the time of placement in the field epidemic populations, we measured the initial size of each experimental plant: the total number of leaves, as well as the length and width (in cm) of the longest leaf were recorded. ②Plants were considered infected if any leaf showed powdery, white spot(s) (i.e. characteristic signs of infection with *P. plantaginis* in this region; Fig. S1), forming a blotch or lesion of any size upon visual inspection (all leaves were inspected for signs of infection). ③All experimental plants were uninfected (i.e. had zero leaves infected by *P. plantaginis*) at the beginning of the experiment. ④Infection surveys were then conducted every 3 d at each field site, on a rotating survey schedule (1st day field population, 9051; 2nd day field population, 3484; and 3rd day field population, 9066). ⑤During each infection survey, the number of total leaves and leaves infected by *P. plantaginis* on each plant were counted (leaves that withered during the experiment were not counted). ⑥The plants were also re-randomized into a new position in the experimental array (this was done to minimize the effect of spatial positioning, with respect to distance to infected individuals and prevailing wind direction, on infection rate and severity), and were watered if necessary. ⑦Seven infection surveys were conducted in each field population (Datasets S1, S2). ⑧At the end of the experiment (in late August 2008) a haphazardly selected subset of 21 AMF plants and 20 NM plants were harvested, and their oven-dried aboveground biomass was measured. ⑨We created a metric approximating the leaf area of each plant at the beginning of the experiment by first applying the length and width of the plant's longest leaf to the equation yielding the area of an oval, then multiplying the area of the longest leaf by the total number of leaves on the plant. ⑩Heavy rains during the fourth and fifth surveys resulted in missing infection data for some field populations (identifying symptoms caused by *P. plantaginis* on wet leaves is challenging) and may have influenced infection in the sixth and seventh surveys in all populations (as heavy rain washes spores away from infected leaf tissue and damages spore viability; Sivapalan, 1993). ⑪Because of this, we focus here on infection data from the third survey (coinciding with peak infection rates and the completion of one 14 d initial pathogen infection and reproduction cycle), as well as the final, seventh survey at the end of the experiment (coinciding with reinfections because of pathogen reproduction and incorporating variable abiotic conditions). ⑫Using data from these two surveys (peak epidemic and end-of-experiment), we quantified the infection status (0/1, infected or uninfected) and calculated the infection severity (i.e. the proportion of infected leaves) of each experimental plant. ⑬Plants were considered infected if one or more leaves showed signs of infection. ⑭One plant that died during the experiment was excluded from all analyses.

图 5.37　材料与方法的第 5 段

【重点词汇】generalized linear models 广义线性模型；omitted 省去的。

【段落解读】材料与方法的第 6 段（图 5.38），介绍统计方法。第①句指出科学问题 1：接种丛枝菌根真菌对生长的影响是否因宿主种群和母系基因型而异？第②句根据科学问题，明确了试验要解决的问题，进而选定数据分析方法。数据分析目标：检验寄主生长是否与接种丛枝菌根真菌、寄主遗传来源或这些因素之间的相互作用有关。分析方法：建立广义线性模型。第③句为数据统计均使用 R 语言进行。第④句为模型的构建：使用 MASS 包构建负二项广义线性模型。第⑤句：为探讨遗传来源在两个生物组织水平上对寄主生长的影响，将种子来源群体（population，POP）和母本基因型（genotype，GEN）被作为单独模型中的解释因子。第⑥~⑧句为建模所使用的数据及模型调整。利用每个寄主的叶片数量，对病害暴发前（在田间试验中放置时）和病害暴发后（在试验最后一次调查期间）的寄主生长进行建模。在建立初始寄主大小模型时，解释因子为菌根处理（mycorrhizal treatment，MYC）、POP/GEN 及其相互作用。在建模最终宿主大小时，还尽可能将田间流行种群（field epidemic population，SITE）、初始宿主大小（initial host size，SIZE）和所有因素之间的四向相互作用项作为解释因子（不影响模型拟合）。第⑨句指出为避免数据的非正态性，使用曼-惠特尼（Mann-Whitney）U-检验菌根处理和非菌根处理植物的一部分地上干生物量的差异。第⑩和⑪句根据试验结果需求，对数据模型进行优化，对不同的模型进行对比，得出最终结果：在整个研究过程中，从所有最终模型中删除了不显著的相互作用项。为了解决田间试验中菌根处理和寄主大小变量的不独立性问题，研究者对所有包括大小在内的模型进行了测试，并对结果进行了比较。

> ①Do growth effects resulting from inoculation with arbuscular mycorrhizal fungi vary among host populations and maternal genotypes? ②To test whether host growth was explained by inoculation with arbuscular mycorrhizal fungi, host genetic origin or an interaction between these factors, we built a series of generalized linear models (GLMs). ③All statistical tests were conducted in the R statistical environment (R Core Team, 2021). ④Negative binomial GLMs were constructed with the MASS package to counter overdispersion (Venables & Ripley, 2002). ⑤To explore the effect of genetic origin on host growth at two levels of biological organization, seed origin population (POP) and maternal genotype (GEN) were included as explanatory factors in separate models. ⑥Host growth was modeled before epidemic exposure (at the time of placement in the field experiment) and post-epidemic exposure (during the last survey of the experiment) using the number of leaves on each host. ⑦When modeling initial host size, the explanatory factors were mycorrhizal treatment (MYC), POP/GEN and their interaction. ⑧When modeling final host size, field epidemic population (SITE), initial host size (SIZE) and a four-way interaction term between all factors were also included as explanatory factors whenever possible (without compromising model fit). ⑨We also tested whether a subset of AMF and NM plants varied in aboveground dry biomass at the end of the experiment using a Mann–Whitney U-test to counter nonnormality in the data. ⑩Throughout our study, nonsignificant interaction terms were removed from all final models. ⑪To address nonindependence of the mycorrhizal treatment and host size variables during the field experiment, all models including size were also tested with this variable omitted, and the results were compared.

图5.38　材料与方法的第6段

【重点词汇】generalized logistic regression models 广义逻辑回归模型；quasibinomial 二项式。

【段落解读】材料与方法的第7段（图5.39）。第①句指出科学问题2：接种丛枝菌根真菌对宿主发病率是否有影响？第②和③句为数据分析目标：检验暴露于田间流行病时宿主发病率是否与接种丛枝菌根真菌、宿主遗传来源、田间流行病种群或这些因素之间的相互作用有关。分析方法：建立广义逻辑回归模型，宿主感染状况为各模型的二项响应变量。第④和⑤句指出了模型分析的数据及分析的内容：在病害流行高峰期和实验结束时分析病害数据。在每个模型中，MYC、POP/GEN和SITE（以及适用模型中相应时间点的SIZE），以及所有交互项都被作为解释因子。

> ①Does inoculation with arbuscular mycorrhizal fungi influence host infection rate? ②To test whether host infection rate upon exposure to field epidemics is explained by inoculation with arbuscular mycorrhizal fungi, host genetic origin, field epidemic population or an interaction between these factors, we built a series of generalized logistic regression models. ③Host infection status was used as the binomial response variable in each model (with family set to quasibinomial to counter overdispersion). ④Infection data were analyzed at the peak of the epidemic and at the end of the experiment. ⑤In each model, MYC, POP/GEN and SITE (and SIZE at the corresponding time point, in applicable models) were included as explanatory factors, as well as all interaction terms.

图5.39　材料与方法的第7段

【重点词汇】at the peak of 在……高峰期；explanatory factors 解释因子。

【段落解读】材料与方法的第 8 段（图 5.40）。第①句指出科学问题 3：感病后，前期接种丛枝菌根真菌是否会影响病害的严重程度？第②句为数据分析目标：检验感染宿主的病害严重程度是否受之前接种丛枝菌根真菌、宿主遗传来源、田间流行群体或这些因素之间的相互作用的影响。分析方法：建立广义逻辑回归模型。第③～⑤句为模型中具体变量的设置及调整：这些模型探索了两个时间点（即在病害流行高峰和实验结束时）的病害严重程度的两种度量（即感病叶片的比例和感病植株中感病叶片的数量）。在每个模型中，权重被设置为个体上叶片的总数；在感病叶片比例的模型中，分布类型设置为二项分布，在感病叶片数量的模型中，分布类型设置为泊松分布（以防止过度分散）。在每个模型中，MYC、POP/GEN 和 SITE（以及适用模型中相应时间点的 SIZE），以及所有交互项都被作为解释因子。

> ①Upon infection, does previous inoculation with arbuscular mycorrhizal fungi affect disease severity? ②To test whether disease severity in infected hosts is influenced by previous inoculation with arbuscular mycorrhizal fungi, host genetic origin, field epidemic population or an interaction between these factors, we built a series of generalized logistic regression models. ③These models explored two measures of disease severity (i.e. the proportion of leaves infected and the number of infected leaves in infected individuals) at two time points (i.e. at the peak of the epidemic and at the end of the experiment). ④In each model, weights were set to the total number of leaves on the individual; family was set to binomial in models of the proportion of leaves infected, and to quasipoisson in models of the number of leaves infected (to counter overdispersion). ⑤In each model, MYC, POP/GEN and SITE (and SIZE at the corresponding time point, in applicable models) were included as explanatory factors, as well as all interaction terms.

图 5.40　材料与方法的第 8 段

【重点词汇】exposure 暴露；negative binomial 负二项分布；defensive effects 防御效应。

【段落解读】材料与方法的第 9 段（图 5.41）。第①句指出科学问题 4：接种菌根的生长和防御效应与宿主基因型有关吗？第②句为数据分析目标：检验接种丛枝菌根真菌后对母本基因型的生长和防御效应的影响。分析方法：使用负二项广义线性模型检验宿主大小的差异。第③和④句为数据获取及处理：使用 LSMEANS 包获得效应量，并在田间病害流行种群水平上取平均值。第⑤句，其次，使用广义逻辑回归模型检验感病宿主中感病叶片数量的差异，计算各母系基因型中菌根接种对宿主防御的预计效果。第⑥和⑦句建立了一个线性回归模型，将每个基因型的防御效应（作为响应变量）和生长效应联系起来。

【重点词汇】coefficients 系数。

【段落解读】材料与方法的第 10 段（图 5.42）。第①句指出科学问题 5：接种菌根真菌植物的感病性和防御效应与宿主基因型是否有关？第②句数据分析目标：测试接种丛枝菌根真菌后宿主感病性和防御效应之间的关系。此处不同于前 4 段，以"We tested"

> ①Are growth and defensive effects from mycorrhizal inoculation linked in host genotypes? ②To test for a relationship between growth and defensive effects following inoculation with arbuscular mycorrhizal fungi in the maternal genotypes, we first used the negative binomial GLM examining differences in host size (i.e. the model built in the first section of the statistical methods) to calculate the estimated effect of mycorrhizal inoculation on host growth in each maternal genotype. ③Host growth effects were estimated at the beginning of the experiment to avoid the effects of pathogen exposure and variable field conditions. ④Effect sizes were obtained using the LSMEANS package (Lenth, 2016) and were averaged over the levels of field epidemic population. ⑤Second, we used the generalized logistic regression model examining differences in the number of infected leaves in infected hosts (i.e. the model built in the third section of the statistical methods) to calculate the estimated effect of mycorrhizal inoculation on host defense in each maternal genotype. ⑥Defensive effects were quantified at the epidemic peak to capture the highest infection rates. ⑦We then built a linear regression model linking defense effects (as the response variable) and growth effects in each genotype.

图 5.41　材料与方法的第 9 段

> ①Are disease susceptibility and defensive effects from mycorrhizal inoculation linked in host genotypes? ②We tested for a relationship between host disease susceptibility and defensive effects following inoculation with arbuscular mycorrhizal fungi in the host genotypes. ③First, we quantified disease susceptibility in each genotype in the absence of the mutualist (i.e. in NM plants only) using the estimated coefficients from the model examining the number of infected leaves at the epidemic peak (i.e. the same model as used in the section earlier). ④Genotype-level coefficients were obtained using the LSMEANS package (Lenth, 2016) and were averaged over the levels of field epidemic population. ⑤Second, defensive effects resulting from inoculation with mycorrhizal fungi were quantified for each maternal genotype as the effect of mycorrhizal inoculation from these same models (i.e. as the change in the coefficient when the genotype was inoculated). ⑥Finally, we built a linear regression model linking defense effect sizes (as the response variable) and disease susceptibility in each genotype.

图 5.42　材料与方法的第 10 段

开头，丰富了文章句型，避免了格式单一化。第③～⑥句"First""Second""Finally"等递进词的连用，使内容更具有条理性，易于读者理解。该部分同上 4 段，介绍了数据分析选用的数据指标及模型："首先，量化了在没有共生菌的情况下（即仅在非菌根处理植物中）每个基因型的病害易感性，使用了在病害流行高峰期感病叶片数量模型的估计系数。使用 LSMEANS 包获得基因型水平系数，并在田间流行种群水平上取平均值。其次，根据相同的模型，将接种菌根真菌产生的防御效应量化为接种菌根真菌对每个母系基因型的影响（即接种该基因型时的系数变化）。最后，建立线性回归模型，将防御效应大小（作为响应变量）与每种基因型的病害易感性联系起来。"

4. 结果（Results）

结果部分紧紧围绕五个科学问题分层次展开，结合图表进行分析，对各科学问题进行——考证,得出相应的结论。作者以科学问题作为小标题,既有助于厘清文章逻辑,使文章结构更加清晰,又有利于读者快速阅读,加深记忆,一举多得。图表是根据在文章中出现的先后顺序进行排列,穿插于正文中,方便读者结合图表进行阅读。由于文章数据分析部分多为模型分析,则在文中以图的形式进行展示,以便于读者能直观地观察出数据的变化趋势。模型构建过程中所用到的部分指标数据以表格形式呈现,但均作为附表,未放在正文中。全文共有 4 个图,分别对应结果分析中的 5 个科学问题。

结果 1:菌根接种导致的生长效应是否因宿主种群和母系基因型而异?(Do growth effects resulting from mycorrhizal inoculation vary among host populations and maternal genotypes?)

【重点词汇】genetic origin 遗传来源。

【段落解读】结果的第 1 段(图 5.43)。第①句直接说明"接种丛枝菌根真菌几乎可促进所有不同遗传来源的试验植物的生长",这表明促进效应与宿主基因型无关,直接正面回答了科学问题。第②和③句"Before pathogen exposure in field conditions"和"At the end of field epidemic experiment"作为两句开头,分别表示田间病害处理前后的试验数据及结果;括号内容是数据的分析结果,通过观察图表信息,可清楚看出菌根接种与植物生长的关系,以及其与宿主基因型之间的相互作用:在田间条件下试验植物暴露于病原菌之前,通过菌根接种和种子来源种群来确定寄主的生长情况,以及菌根接种与宿主母系基因型之间的相互作用。田间病害流行试验结束时,接种菌根、种源种群和母系基因型继续与宿主生长紧密相关,但接种菌根与母系基因型之间的相互作用已经消失。第④句数据补充表述。第⑤句补充地上生物量的数据,为菌根接种促生效应提供数据支撑。

①Inoculation with arbuscular mycorrhizal fungi produced growth benefits in experimental plants from nearly every host genetic origin. ②Before pathogen exposure in field conditions, host growth was determined by mycorrhizal inoculation and seed origin population (Fig. S2; Table S1; MYC, $P<0.001$; POP, $P<0.001$, $n=287$ plants), as well as by an interaction between mycorrhizal inoculation and host maternal genotype (Fig. 1a, left panel; Table S1; MYC × GEN, $P=0.002$). ③At the end of field epidemic experiment, mycorrhizal inoculation (Fig. 1b,c; Tables S2, S3; MYC, $P<0.001$), seed origin population (Fig. 1b; Table S2; POP, $P<0.001$) and maternal genotype (Fig. 1c; Table S3; GEN, $P<0.001$) continued to be tightly linked to host growth, but the interaction between mycorrhizal inoculation and maternal genotype had disappeared. ④Host initial size also predicted host final size (Table S2; SIZE, $P<0.001$). ⑤Mycorrhizal inoculation also increased the aboveground dry biomass of plants at the end of the experiment (Fig. S3; Table S4; MYC, $P<0.001$; $W=11$, $n=41$ plants).

图 5.43 结果的第 1 段

【图表解读】图 5.44(原文图 1)中的(a)为负二项广义线性模型图,表示野外试验前接种丛枝菌根真菌后 30 个宿主母系基因型的生长效益,彩色点代表种子来源种群,黑色点代表野外病害流行种群;(b)和(c)表示病害田间流行试验中当试验植物暴露于病原菌后，接种菌根真菌、种子来源种群和母系基因型与宿主生长密切相关，但菌根真菌对宿主的生长益处不再因母系基因型而异；箱线图可较为直观地反映数据的分布情况。在（a）中，误差棒代表95%的置信区间。在（b）和（c）中，黑点代表离群个体，箱凹陷代表比较中位数的95%置信区间，箱上下部线图对应于第1和第3个四分位数，箱图延伸到最大和最小值，不超过线图四分位数范围的1.5倍。Myc.：mycorrhizal，菌根；Non-Myc.：nonmycorrhizal，非菌根。

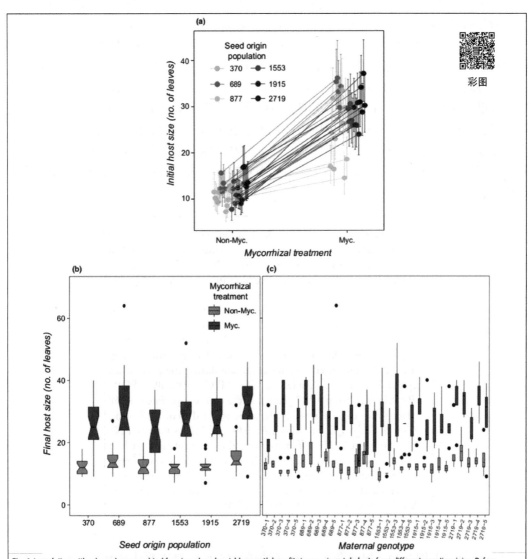

Fig. 1 Inoculation with arbuscular mycorrhizal fungi produced variable growth benefits in experimental plants from different genetic origins. Before exposure to *Podosphaera plantaginis* in field conditions, negative binomial generalized linear models showed that the magnitude of the growth benefits in experimental *Plantago lanceolata* plants (following inoculation with a mixture of three arbuscular mycorrhizal fungal species) varied among 30 host maternal genotypes (a, left; Table S1; mycorrhizal inoculation (MYC) × maternal genotype (GEN), $P < 0.001$, $n = 287$ plants). In the right panel of (a), colored dots represent seed origin populations and black dots represent field epidemic populations. After pathogen exposure in the field epidemic experiment, host growth continued to be linked to mycorrhizal inoculation (b, c; Tables S2, S3; MYC, $P < 0.001$), seed origin population (b; Table S2; seed origin population, $P < 0.001$), and maternal genotype (c; Table S3; GEN, $P < 0.001$), but growth benefits no longer varied among maternal genotypes. In (a), error bars represent a 95% confidence interval. In (b, c), black dots represent outlier individuals, box notches represent a 95% confidence interval for comparing medians, box hinges correspond to the 1st and 3rd quartiles, and box whiskers extend to the largest and smallest values no further than 1.5× the interquartile range from the hinges. Myc., mycorrhizal; Non-Myc., nonmycorrhizal.

图 5.44 接种丛枝菌根真菌在不同遗传来源的实验植物中产生不同的生长效益（原文图1）

结果2：接种菌根真菌是否影响宿主的侵染率？（Does inoculation with mycorrhizal fungi influence host infection rate?）

【重点词汇】peak of epidemic 发病高峰期；marginally 轻微。

【段落解读】结果的第2段（图5.45）。第①句概括性总结，指出宿主病害感染率受多重因素的影响，且随时间推移而不断变化。后续内容将对宿主病害发生情况及其与菌根接种之间的关系进行详细阐述。第②句展示了随着时间变化不同宿主来源的感病情况，为首句提供数据支撑，"宿主发病率在病害流行高峰期达到76%，但在试验结束时降至34%。且随着时间的推移，宿主发病率在三个野外流行种群中也有所不同"。第③和④句对科学问题的直接回答，指出菌根真菌接种在不同时期对病害感染率的影响不同，尽管在病害高发期接种丛枝菌根真菌对试验宿主发病率影响不大，在试验结束期菌根植物较非菌根植物更易感病。其次，菌根对宿主感病率的作用效应弱于促生效应。第⑤句进行数据补充展示，进行补充论证，指出宿主大小也是影响宿主感病率的因素之一，表现为个体较大的植物更容易被病原菌侵染。这部分对试验结果的总结较凝练，比如宿主感病率的变化，接种丛枝菌根真菌以及宿主大小对宿主感病率的影响，均用一句话就交代清楚，值得学习。

①Upon pathogen exposure in the field epidemics, host infection rate was influenced by several factors whose importance shifted over time. ②Host infection rates reached 76% at the peak of the epidemic but fell to 34% by the end of the experiment (Fig. 2a). Host infection rate also varied among the three field epidemic populations, with the effect of field site strengthening over time (Fig. 2b–d; Tables S5–S8; SITE (peak of epidemic), $P=0.03$ (POP), $P=0.01$ (GEN); end of experiment, $P<0.001$ (POP/GEN)). ③Although inoculation with arbuscular mycorrhizal fungi marginally influenced host infection rate during the peak of the epidemic (Fig. 2c; Tables S5, S6; MYC, $P=0.09$ (POP), $P=0.11$ (GEN), $n=287$ plants), at the end of experiment AMF plants were slightly more likely to be infected than NM plants (Fig. 2d; Tables S7, S8; MYC, $P=0.04$ (POP), $P=0.05$ (GEN), $n=286$ plants). ④The effect of mycorrhizal inoculation on host infection rates was weaker than the effect on host growth. ⑤Host size also influenced host infection at the end of the experiment: larger plants were more likely to be infected (Tables S7, S8; SIZE, $P=0.06$ (POP), $P=0.04$ (GEN)).

图5.45　结果的第2段

【图表解读】图5.46（原文图2）中，接种菌根的植株寄主感病率升高，田间病害流行种群间寄主感病率存在差异。不同菌根处理（a）和田间病害流行种群（b）中，用折线图表示长叶车前植株的感病率随时间的变化，直观地反映了其整个过程中的动态变化趋势。宿主感病率随着时间的推移而增加，直到病害流行高峰期，然后在接近试验结束时下降。在（b）中，由于第15~20天的大雨而丢失的数据用浅灰色实线表示。（c）和（d）为广义逻辑回归模型得出的预测值，表明接种菌根的植物感病率相较于非菌根植物略有增加；三种不同流行病地点的宿主感病率有所不同。

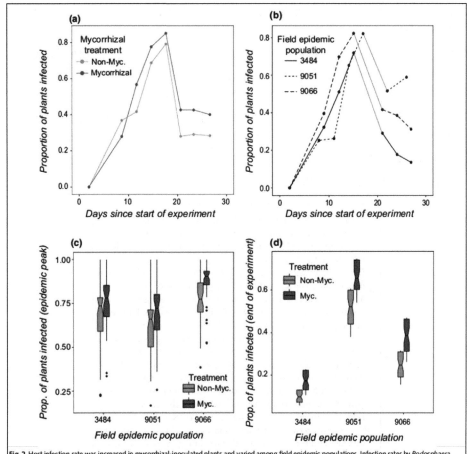

Fig. 2 Host infection rate was increased in mycorrhizal-inoculated plants and varied among field epidemic populations. Infection rates by *Podosphaera plantaginis* in experimental *Plantago lanceolata* plants increased over time in each mycorrhizal treatment (a) and field epidemic population (b) until the peak of the epidemic, then fell near the end of the experiment. Generalized logistic regression models showed that though host infection rate was marginally increased in arbuscular mycorrhizal-inoculated plants (AMF) relative to nonmycorrhizal plants (NM) at the peak of the epidemic (c; Tables S5, S6; mycorrhizal inoculation (MYC), $P=0.09$, $n=287$ plants); at the end of the experiment host infection rates were increased in AMF relative to NM plants in all three field epidemic populations (Tables S7, S8; MYC, $P=0.04$, $n=286$ plants). Host infection rates also varied among the three field epidemic populations throughout the experiment (c, d; Tables S5–S8; field epidemic population, $P=0.01$ (peak) and $P<0.001$ (end), $n=286$ plants). In (b), missing data as a result of heavy rains on days 15–20 are indicated by light gray solid lines. In (c, d), predicted values resulting from generalized logistic models are plotted; black dots represent outlier individuals, box notches represent a 95% confidence interval for comparing group medians, box hinges correspond to the 1st and 3rd quartiles, and box whiskers extend to the largest and smallest value no further than 1.5× the interquartile range from the hinges. Myc., mycorrhizal; Non-Myc., nonmycorrhizal.

图 5.46　接种菌根植株的寄主侵染率升高，且和田间流行群体间寄主侵染率存在差异（原文图 2）

彩图

结果 3：感染后，前期接种的菌根真菌是否影响病害的严重程度？（Upon infection, does previous inoculation with mycorrhizal fungi affect disease severity?）

【重点词汇】disease severity 病害严重度；proportions 比例。

【段落解读】结果的第 3 段（图 5.47）。第①句总结性交代影响宿主病害严重度的影响因素有多种，包括：接种丛枝菌根真菌和宿主遗传来源。第②～⑨句对影响病害严重度的因素分别进行描述，同时串联各因素之间的交互作用。第②句为菌根接种对病害严重度的影响：在整个试验过程中，菌根处理植物叶片感病比例低于非菌根处理植物。第③句为宿主基因型对病害严重度的影响：病害流行高峰期病害严重度因不同种子来源种群和宿主基因型而异，但在试验结束时不同遗传来源宿主的病害严重度基本相似。第④

句为菌根接种与母体基因型之间可进行相互作用,影响植物病害严重度。在病害流行高峰期,菌根接种与母系基因型相互作用决定了被侵染宿主上的侵染叶片数量,正、负作用均有发生,且母系基因型也与田间流行种群有交互作用。第⑤句为种子来源和其他变量的影响情况说明:种子来源种群与其他变量不产生交互作用,但相比于试验结束期,在流行高峰期对病害严重度具有更强的影响。第⑥和⑦句表明接种 AMF 可增加植物病害感病叶片数,但其对病害严重度的影响弱于促生效应。第⑧和⑨句为其他因素(田间流行病种群和宿主大小)对植物病害严重度的影响数据补充。表明田间病害流行种群会影响寄主的病叶数。宿主大小预测了病害流行高峰时感病个体中感病叶片的比例和整个实验过程中感病个体中感病叶片的数量。

> ① Among infected individuals, disease severity was influenced by several factors, including mycorrhizal inoculation and host genetic origin. ② AMF plants had lower proportions of their leaves infected relative to NM plants throughout the experiment (Fig. 3a,b; Tables S9–S12; MYC, $P < 0.001$, $n = 210$ plants (peak of epidemic) and $P = 0.003$, $n = 98$ plants (end of experiment)). ③ The proportion of leaves infected also varied among seed origin populations (Fig. 3a; Table S9; POP, $P = 0.004$) and maternal genotypes (Table S10; GEN, $P = 0.02$) during the peak of the epidemic but was similar among host genetic origins by the end of the experiment (Tables S11, S12). ④ At the epidemic peak, mycorrhizal inoculation and maternal genotype interacted to determine the number of infected leaves on infected hosts (Fig. 3c; Table S13; MYC × GEN, $P = 0.05$), with both positive and negative effects occurring; maternal genotype also interacted with field epidemic population (Table S13; MYC × SITE, $P = 0.004$). ⑤ By contrast, seed origin population did not interact with other variables and had a stronger influence during the peak of the epidemic (Tables S14, S15; POP, $P = 0.005$ (peak of epidemic) and $P = 0.08$ (end of experiment)). ⑥ By the end of the experiment, AMF plants had higher numbers of infected leaves than NM plants (Fig. 3d; Table S16; MYC, $P = 0.04$). ⑦ Like the effect on host infection rates, the effect of mycorrhizal inoculation on disease severity was weaker than the effect on host growth. ⑧ Field epidemic population also influenced the number of infected leaves in hosts at the end of the experiment (Fig. 3d; Table S15; SITE, $P = 0.02$). ⑨ Host size predicted the proportion of infected leaves in infected individuals at the peak of the epidemic (Tables S9, S10; SIZE, $P < 0.001$) and the number of infected leaves in infected individuals throughout the experiment (Tables S13–S16; SIZE, $P \leq 0.01$).

图 5.47　结果的第 3 段

【图表解读】图 5.48(原文图 3)展示了在发病植物中,病害严重程度因菌根处理、种子来源种群和田间病害流行地点的不同而异。(a)、(b)和(c)均为广义逻辑线性模型预测值的数据表现形式,(a)和(b)分别表示田间病害流行试验病害流行高峰期和结束时的情况,开始前接种三种丛枝菌根真菌混合物与感病植物个体中感病叶片比例的降低有关。(c)表示菌根接种和母系基因型也相互作用,以确定在病害高峰期感病植物上感病叶片的数量,菌根对病害既有消极影响,也有积极影响。(d)表示在实验结束时,菌根处理植株比非菌根处理植株有更多的感病叶片;种子来源种群和田间病害流行种群也影响宿主病害严重度。

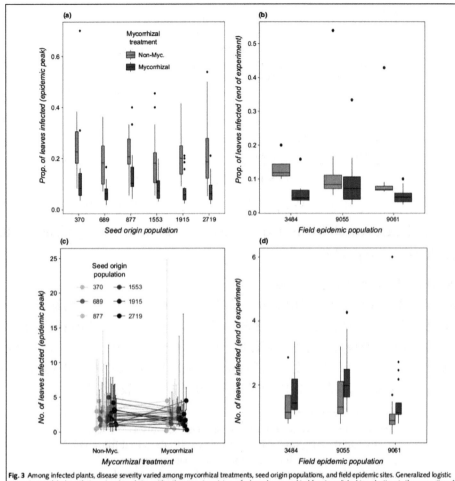

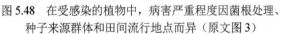

图 5.48　在受感染的植物中，病害严重程度因菌根处理、
种子来源群体和田间流行地点而异（原文图 3）

彩图

结果 4：菌根接种导致的生长和防御效应是否与宿主的基因型有关？（Are growth and defensive effects from mycorrhizal inoculation linked in host genotypes?）

【重点词汇】defensive 防御的；maternal 母系的。

【段落解读】结果的第 4 段（图 5.49）。第①句表明在试验结束时，接种丛枝菌根真菌的在宿主母系基因型中所产生的生长和病害防御效应之间存在轻微的显著关系。第②句表明接种丛枝菌根真菌的植物会产生更积极的生长效应［即菌根处理（AMF）相对于非菌根处理（NM）植物叶片数量更多］，但也略微遭受了更消极的防御结果（即 AMF 感染叶片的数量相对于 NM 植物更多）。对科学问题进行了正面回答。

> ①There was a marginally significant relationship between the growth and defensive effects conferred by inoculation with arbuscular mycorrhizal fungi across the host maternal genotypes at the end of the experiment (Fig. 4a; Table S17; $P = 0.11$, $n = 30$ maternal genotypes). ②Host genotypes that experienced more positive growth effects as a result of inoculation with mycorrhizal fungi (i.e. higher increases in leaf number in AMF relative to NM plants) experienced slightly more negative defensive outcomes (i.e. higher increases in the number of infected leaves in AMF relative to NM plants).

图 5.49　结果的第 4 段

结果 5：菌根接种导致的病害易感性和防御效益是否与寄主的基因型有关？（Are disease susceptibility and defensive effects from mycorrhizal inoculation linked in host genotypes?）

【重点词汇】magnitude　大小，量级。

【段落解读】结果的第 5 段（图 5.50）。第①句开头直接表明，宿主的感病性与母系基因型中菌根接种所产生的防御效应大小之间存在密切联系。第②句利用数据进行论证：病害高峰期，未接种丛枝菌根真菌病害发生更严重（即有更多感病的叶片）的寄主基因型，在接种菌根真菌后，病害严重程度（即感病叶片数量）下降幅度更大。也就是说，寄主病害易感性与接种菌根在母体基因型中获得的防御作用的大小有较强的相关性。

> ①We found a strong relationship between host disease susceptibility and the magnitude of the defensive effect received from mycorrhizal inoculation in the maternal genotypes (Fig. 4b; Table S18; $P < 0.001$, $n = 30$ maternal genotypes). ②At the peak of the epidemic, host genotypes that suffered more severe infections (i.e. had more infected leaves) when not inoculated with mycorrhizal fungi experienced greater reductions in disease severity (i.e. in the number of infected leaves) when inoculated with mycorrhizal fungi.

图 5.50　结果的第 5 段

【图表解读】图 5.51（原文图 4）展示了植物生长和感病性与宿主基因型中丛枝菌根真菌（AMF）的防御作用有关。图中的点代表母体基因型，不同颜色代表不同的种子来源种群。(a) 为在对来自 30 个母体基因型的车前草个体进行的田间病害流行实验中，线性回归模型显示，当接种三种丛枝菌根真菌混合接种物时，基因型变大的宿主因接触病原菌而遭受了略微更负面的感染结果。(b) 为更容易感病的宿主基因型（未接种菌根时）在接种菌根真菌后获得更强的病害防御效果。在（a）和（b）中，y 轴表示由于菌根而产生的防御效应，即由于接种菌根真菌而导致的每种基因型中受感染叶片的平均数量的估计变化。阴影区域代表 95% 的置信区间。在（a）中，x 轴表示菌根对生长的影响，即接种菌根真菌后每种基因型寄主的平均大小（叶片数）的估计变化。在（b）中，x 轴表示寄主病害易感性，即在病害流行高峰期各基因型中感病的非菌根处理植物中感病叶片的估计平均数：x 轴正值越大表示在没有互利共生的情况下感病越严重。

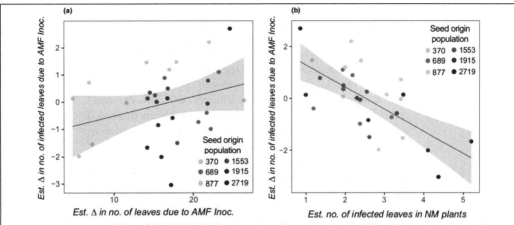

Fig. 4 Growth and disease susceptibility are linked to defensive effects from arbuscular mycorrhizal fungi (AMF) in the host genotypes. (a) In a field epidemic experiment with *Plantago lanceolata* individuals from 30 maternal genotypes, linear regression models show that host genotypes that grew larger when inoculated with a three-species mixture of AMF experienced marginally more negative infection outcomes from exposure to *Podosphaera plantaginis* (Table S17; $P = 0.11$, $n = 30$ genotypes). (b) In the same experiment, host genotypes that were more susceptible to infection (when not inoculated with mycorrhizas) received stronger disease protection effects from inoculation with mycorrhizal fungi (Table S18; $P < 0.001$, $n = 30$ genotypes). In (a, b), each point represents one maternal genotype, originating from one of six seed origin populations. The y-axis represents defensive effects as a result of mycorrhizas, that is, the estimated change in the mean number of infected leaves in each genotype as a result of mycorrhizal inoculation. The shaded area represents a 95% confidence interval. In (a), the x-axis represents growth effects as a result of mycorrhizas, that is, the estimated change in mean host size (leaf number) in each genotype as a result of mycorrhizal inoculation. Changes in host size were estimated before pathogen exposure in variable field conditions. In (b), the x-axis represents host disease susceptibility, that is, the estimated mean number of infected leaves in infected nonmycorrhizal (NM) plants in each genotype at the peak of the epidemic: more positive x-axis values indicate more severe infections in the absence of the mutualist.

图 5.51　车前生长和感病性与宿主基因型中丛枝菌根真菌的防御作用有关
（原文图 4）

彩图

5. 讨论（Discussion）

【重点词汇】mycorrhiza-derived 菌根衍生的（菌根接种引起的衍生效应）；trade-off 平衡，协调。

【段落解读】讨论的第 1 段（图 5.52）。第①句概括性阐述目前该研究领域的不足，呼应前言。指出虽然与植物相关的致病微生物和共生微生物在生态系统中无处不在，但它们如何相互作用以确定不同遗传多样性宿主种群的致病模式尚不清楚。第②~⑤句围绕五个科学问题，对试验结果进行高度概括：接种丛枝菌根真菌有利有弊，影响宿主地上部分病害感染模式；菌根真菌促进了各基因型宿主植物生长，但也相应的提高了植物感病率；菌根真菌对病害严重度的影响在病害流行过程中有所不同，对于不同基因型宿主既有保护作用，又有消极作用；病害的易感性与接种菌根产生的植物防御效应与宿主基因型有关，更易感的宿主基因型（在没有共生菌的情况下）在接种菌根真菌时会获得更强的病害防御效益。第⑥和⑦句从较为公认的"丛枝菌根真菌在可控的实验室条件下可保护农作物免受地下和叶面病原菌的侵害"这一研究结论切入讨论，阐明本研究的结论：研究结果首次证明了微生物共生菌如何在病原菌攻击下改变不同遗传多样性野生种群的宿主致病模式。此外，菌根真菌似乎也与宿主的生长-防御权衡有关：接种了菌根真菌的植物个体更大，更容易被病原菌侵染，从菌根真菌中获得最大生长益处的基因型宿主也会遭受最严重的病害危害。第⑧句总结概括研究结果：在自然生态和流行病条件下，菌根真菌对宿主生长和感染产生一系列复杂且随时间变化的积极和消极影响。总之，研究结果强调，在自然生态和流行病条件下，菌根真菌对宿主生长和病害侵染产生一系列复杂的、随时间变化的积极和消极影响。

①While both plant-associated pathogenic and mutualistic microbes are ubiquitous across ecosystems, how they interact to determine patterns of infection in genetically diverse host populations is not known. ②In a field experiment placing wild hosts of 30 maternal genotypes in naturally occurring pathogen epidemics, we found that inoculation with a three-species mixture of arbuscular mycorrhizal fungi produced benefits and risks that influenced aboveground patterns of host infection. ③Mycorrhizal inoculation increased growth in hosts of nearly every genotype, but also increased infection rates from a foliar fungal pathogen. ④The effects of mycorrhizal inoculation on disease severity varied over the course of the epidemic, with both protective and negative effects occurring among the host genotypes. ⑤Moreover, disease susceptibility and mycorrhiza-derived defense effects appeared to be linked in the host genotypes: more susceptible host genotypes (in the absence of the mutualists) received stronger protection against disease when inoculated with mycorrhizal fungi. ⑥Arbuscular mycorrhizal fungi have been shown to protect agricultural plants against belowground (Azcón-Aguilar & Barea, 1996; Hao *et al.*, 2005) and foliar (Fiorilli *et al.*, 2018; Pozo de la Hoz *et al.*, 2021) pathogens in controlled laboratory conditions, but our results provide the first evidence of how microbial mutualists can shift patterns of host infection in genetically diverse wild populations under pathogen attack. ⑦Mycorrhizal fungi also appeared to be linked to a growth–defense trade-off in the hosts: mycorrhizal-inoculated plants grew larger and became more infected by the pathogen, with the host genotypes that obtained the greatest growth benefit from mycorrhizal fungi also suffering the largest increases in disease. ⑧Together, our results underscore that under natural ecological and epidemic conditions mycorrhizal fungi produce a complex and temporally variable array of positive and negative effects on host growth and infection.

图 5.52 讨论的第 1 段

【重点词汇】homogenized 均质化的；mediating 调解。

【段落解读】讨论的第 2 段（图 5.53）。第①～③句围绕第一个科学问题，根据试验结果总结结论：接种菌根真菌对各种群和母系基因型的宿主植物均有促生效益，在暴露于田间流行病之前，菌根真菌对宿主植物的促生作用在来自不同遗传起源的宿主之间存在差异，但随着时间的推移在田间条件下趋于一致。由于植物的个体大小和存活之间存在着正相关关系，因此植物生长通常与寄主适应性有着内在的联系。第④～⑥句重点讨论基因型在介导宿主-微生物相互作用方面的作用，并引用大量文献进行佐证，并对研究结果的意义及地位进行了肯定。其研究结果与一些已报道的研究证据一致，这些研究证明了菌根真菌在决定宿主生长和/或适应性方面的重要性，并表明在宿主基因型之间这种影响存在可变性。田间病原菌流行的易感性在不同遗传来源的宿主之间存在差异，这不仅与该病理系统的其他研究一致，且与更广泛的野生植物病害研究所报道的结果相同。总之，这些结果证明了基因型在介导宿主-微生物相互作用中的重要性，尽管更普遍的相互作用肯定也会发生。

第五章 草学文献阅读　181

> ①Inoculation with mycorrhizal fungi provided growth benefits to host plants from every population and maternal genotype. ②The magnitude of these effects varied among hosts from different genetic origins before exposure to the field epidemics, but homogenized over time in field conditions. ③Owing to the positive relationship between plant size and survival, growth is often intrinsically linked to host fitness (Harper & White, 1974). ④Our results are consistent with studies reporting evidence for the importance of mycorrhizal fungi in determining host growth and/or fitness and showing variability in such effects among host genotypes (Rasmussen *et al.*, 2017; Qin *et al.*, 2021). ⑤In addition, susceptibility to the pathogen epidemics in the field varied among hosts of different genetic origins, consistent with other studies in this pathosystem (Laine, 2005, 2007a; Tack *et al.*, 2014; Susi & Laine, 2015) and the broader wild plant disease literature (Carlsson-Granér, 1997; Price *et al.*, 2004). ⑥Together, these results provide evidence for the importance of genotype in mediating host–microbe interactions (Eck *et al.*, 2019; Sallinen *et al.*, 2020), although more generalist interactions can also certainly occur (Gilbert & Webb, 2007; Halbritter *et al.*, 2012; Hersh *et al.*, 2012).

图 5.53　讨论的第 2 段

【重点词汇】straightforward 简单的；explicitly 清楚明确的；speculate 推测。

【段落解读】讨论的第 3 段（图 5.54）。第①～③句围绕第二个科学问题进行讨论，通过本研究结论与先前学者的研究结果进行对比，"However" 进行转折，指出现有研究的不足。展示了预先接种共生微生物对宿主-寄生生物相互作用变化的证据。研究表明丛枝菌根真菌可以降低病害发病率或严重程度。然而，栽培品种的共生关系可能与野生植

> ①Building upon such studies, we show evidence of changes in host–parasite interactions as a result of prior inoculation with microbial mutualists. ②Inoculation experiments with agricultural plant species and their pathogens have shown that arbuscular mycorrhizal fungi can reduce disease incidence or severity (Norman *et al.*, 1996; Pozo *et al.*, 2002; Hao *et al.*, 2005; Li *et al.*, 2010; Song *et al.*, 2015; Berdeni *et al.*, 2018). ③However, symbiotic relationships in cultivars may differ from those of wild plants (Xing *et al.*, 2012); thus, it is not straightforward to predict responses in wild populations from controlled agricultural trials. ④In this study, mycorrhizal inoculation increased infection rates in hosts of a wild plant species and produced variable effects on disease severity in hosts of different genotypes and over the course of the epidemic. ⑤By the end of the experiment, mycorrhizal inoculation was weakly linked to higher numbers of infected leaves in diseased hosts (though variation among genotypes remained). ⑥Our results suggest that environmental, temporal and genetic contexts may alter the potential defensive effects related to mycorrhizal association and are consistent with other experimental studies showing that mycorrhizal effects on host infection may vary among host genotypes (Mark & Cassells, 1996; Steinkellner *et al.*, 2012). ⑦However, in our experiment, the effects of mycorrhizal inoculation on infection were weaker than the effects on host growth. ⑧Additional studies that explicitly quantify mycorrhizal colonization are needed to confirm the contribution of the symbiont to host growth, infection and fitness. ⑨The potential risks of mycorrhizal association in wild plants are relevant for theoretical studies which speculate as to how mycorrhizal fungi might influence host fitness in the presence of pathogens and affect plant population and community dynamics (Bachelot *et al.*, 2015).

图 5.54　讨论的第 3 段

物不同。第④~⑥句阐述自己的结论，接种菌根增加了野生植物物种宿主的感病率，并对不同基因型宿主和病害流行过程中的病害严重度产生了不同影响。在试验结束时，接种菌根真菌与感病寄主中有较高的感病叶片数量有微弱的关系。提出"环境、时间和遗传背景可能改变与菌根关联相关的潜在防御作用"，并引用相关研究进行佐证，表明菌根对宿主感病的影响可能因宿主基因型而异。第⑦~⑨句以"However"表示转折，指出自己研究的不足，以及今后的研究方向。在本研究中，接种菌根真菌对病害的影响弱于对宿主生长的影响。需要进一步的研究来明确量化菌根定植，以确认共生体对宿主生长、病害侵染和适应性的贡献。野生植物中菌根共生的潜在风险与理论研究相关，这些研究推测菌根真菌如何在病原菌存在的情况下影响宿主适应性，并影响植物种群和群落动态。

【重点词汇】organisms 有机体；toughness 韧性，硬度。

【段落解读】讨论的第4段（图5.55）。第①句列举现有研究，指出生物体的生长和防御之间在进化上存在一定的权衡关系。第②句阐明本研究开展的部分研究内容：在本研究中，通过探究共生导致的宿主生长变化是否与不同基因型的宿主防御变化有关，即可获得更多相关的见解。后续将围绕问题3展开讨论。第③句表明接种菌根的植物持续生长，更易受病原菌的侵染。第④句表明宿主植物个体的大小可能影响病害的感染率，并进行解释，这可能是因为寄主个体大小的增加进而增加了病原菌接触率。第⑤和⑥句讨论接种菌根真菌的植物其生长效应和对病害的防御效应与宿主的基因型的关系。即从菌根共生体中获得更大生长益处的基因型宿主，其病害严重程度的增加幅度也略大。接种菌根真菌后，一些宿主基因型发生了扩张，而其病害的严重度降低了，这表明菌根真菌可能会启动宿主的防御。第⑦~⑨句引用例证并结合研究结果：菌根处理植株的叶片

> ①In many free-living organisms, an evolutionary trade-off exists between growth and defense (Herms & Mattson, 1992). ②In our experiment, additional insights can be gained by examining whether changes in host growth as a result of mutualism are related to changes in host defense across genotypes. ③In our experiment, mycorrhizal-inoculated hosts consistently grew larger and were more likely to become infected by the pathogen. ④This could occur if increases in host size increase pathogen encounter rates, as might be expected for pathogen species with wind- or passively dispersed spores (such as *P. plantaginis*). ⑤In addition, host genotypes that experienced larger growth benefits from mycorrhizal inoculation suffered marginally larger increases in disease severity (although there was considerable variation in this effect). ⑥That some host genotypes grew larger and experienced reductions in disease severity following mycorrhizal inoculation suggests that defense priming could occur occasionally. ⑦Infected AMF plants also had lower proportions of infected leaves than did NM plants (relative to their size), although it is unclear whether this may offset the costs of having higher numbers of infected leaves in this pathosystem. ⑧Changes in host tolerance to pathogens following mycorrhizal inoculation could also explain increases in infected leaf numbers, although mycorrhizal fungi are generally expected to improve host nutritional status or increase leaf toughness (Meier & Hunter, 2018), making foliar pathogen spread more difficult. ⑨Thus, it is likely that differences in host infection between AMF and NM plants in our experiment were mediated by increases in host size (as host size also predicted some aspects of infection) or defense priming in some genotypes.

图 5.55 讨论的第 4 段

感病比例低于非菌根处理植株，但尚不清楚这是否可以抵消在这种病理系统中菌根处理植株具有较高数量叶片感病的成本。接种菌根后宿主对病原菌耐受性的变化也可以解释感病叶片数量的增加，尽管菌根真菌通常会改善宿主的营养状况或增加叶片的耐受性，使叶片病原菌更难传播，进而得出结论：本试验中菌根处理和非菌根处理植物之间宿主感病差异很可能是由宿主个体大小的增加或某些基因型中的防御启动介导的。

【重点词汇】by contrast 相比之下；equalize 补偿；post hoc 事后检验。

【段落解读】讨论的第 5 段（图 5.56）。第①句"In addition"衔接上下文，自然过渡到下一个科学问题，阐述自己的研究结论：丛枝菌根真菌可以帮助易感寄主基因型弥补先天抗性的缺乏，同时给防御良好的基因型带来成本。第②~④句根据研究结果对上述结论进行详细阐述和讨论，研究发现接种菌根真菌后植物防御作用的大小与宿主基因型的感病性有关：易受更严重感染的宿主基因型在接种共生菌根真菌时具有更强的病害保护作用。相比之下，抗逆性较强的宿主基因型在接种共生菌时可能会遭受轻微的病害负荷增加。因此，接种菌根真菌往往会平衡更具抗性和更易感病宿主基因型之间的病害严重度，从而可能降低宿主遗传抗性在应对病原菌影响方面的相对重要性。第⑤~⑦句以"However"进行转折，指出上述观点需要更为严谨的试验进行验证，并提出合理的假设。在本研究中，感病性和菌根防御作用之间的联系（以及宿主生长和这些作用之间的联系）是在试验结束后发现的，且应该通过旨在检验这些假设的实验来证实。如果得到证实，这可能表明宿主基因型可能会在遗传抗性与菌根介导的抗性投资方面进行权衡。这也可能表明，菌根共生可能在宿主群体中被选择和维持，部分原因是它增加了易感宿主基因型的适应性。第⑧句推测菌根保护效应可能有助于保持种群内和种群间宿主遗传抗性的多样性。

> ①In addition, our findings indicate that arbuscular mycorrhizal fungi could help susceptible host genotypes to compensate for lack of innate resistance while placing costs on well-defended genotypes. ②We found that the magnitude of defense effects following mycorrhizal inoculation were linked to pathogen susceptibility in the host genotypes: host genotypes that were susceptible to more severe infections received stronger disease protection effects when inoculated with the mutualist. ③By contrast, more resistant host genotypes were likely to experience slight increases in disease load when inoculated. ④Thus, inoculation with mycorrhizal fungi tended to equalize disease severity between more resistant and more susceptible host genotypes, potentially reducing the relative importance of host genetic resistance in determining pathogen effects. ⑤However, the linkages between disease susceptibility and mycorrhizal defense effects in our study (as well as between host growth and these effects) were revealed *post hoc* and should be confirmed with experiments designed to test these hypotheses. ⑥If confirmed, it could indicate that host genotypes may experience trade-offs in investment in genetic resistance vs mycorrhizal-mediated resistance. ⑦It could also suggest that mycorrhizal association may have been selected for and maintained in host populations partially because it increases the fitness of susceptible host genotypes. ⑧In this way, mycorrhizal protective effects could contribute to the maintenance of diversity in host genetic resistance within and among populations (Laine, 2004, 2007a; Jousimo et al., 2014).

图 5.56　讨论的第 5 段

【重点词汇】intraspecific 种内的；partially 不完全地；corroborate 证实，使坚固；disentangle 解决，松开。

【段落解读】讨论的第 6 段（图 5.57）。第①句围绕结果 3 的部分结果，阐述宿主种群和基因型在菌根收益和风险方面的差异可能受多种因素的复杂影响，后续对此展开讨论。第②～⑨句首先承接上一句，表明上述因素包括：宿主与不同菌根真菌形成共生并从其获得功能的能力的种内差异、菌根侵染率或群落组成的差异、环境变化或宿主-病原菌种群动态随时间的变化的差异。接着结合现有研究，分别进行讨论论述：物种内个体间丛枝菌根定植率存在差异，这种差异被认为具有部分遗传成分；同时说明虽然研究人员观察到接种菌根真菌处理在宿主生长和感病方面存在明显差异，但仍需要菌根定植数据来证实菌根是造成该效应的原因；环境条件也可能影响植物与微生物的相互作用；与该病理系统的其他研究一致，本研究同样发现植株感病率在不同的野外种群中有所不同，并随时间而变化。相比之下，菌根接种对宿主的影响在野外种群中是相似的，尽管随着时间的推移也会发生变化。在病原体暴露之前，接种菌根真菌后的生长效益因宿主种群和基因型而异，但随着时间的推移在田间条件下趋于一致。接种菌根引起的宿主感病率和病害严重度的变化在田间种群中也相似，但会随着时间的推移而增加。第⑩句"Together"进行总结，提出结论：菌根对宿主的影响是暂时性的，而不是环境敏感性的。第⑪～⑫句指出研究中存在的问题及不足：环境中菌根真菌孢子也有可能与试验土壤接触，这样在非菌根处理中菌根定植的真实数量可能很低（而不是没有），并且实验花盆中的菌根真菌群落可能包含未接种的物种；田间试验持续时间有限，降低了产生显著影响的可能性。然而，如果有差异发生，它应该在处理和种子来源之间均匀发生。第⑬句结合研究结论和问题分析，对今后的研究方向提出展望：未来的研究需要对遗传多样性宿主和随时间变化的环境条件下的菌根真菌组成、菌根真菌定植率和功能进行量化，以证实该项工作，并从宿主生长和抗性的种内变异中分离出菌根生长和防御作用的影响。

①Variation among host populations and genotypes in mycorrhizal benefits and risks could be a result of several factors. ②These factors include intraspecific differences in hosts' ability to form associations with and derive function from different mycorrhizal species, differences in mycorrhizal colonization rates or community composition, environmental variation or differences in host–pathogen population dynamics over time. ③Previous studies demonstrated variation in arbuscular mycorrhizal colonization rates among individuals within species – variation that is thought to have a partially genetic component (Plouznikoff et al., 2019; Pawlowski et al., 2020). ④Although we observed clear differences in host growth and infection as a result of the mycorrhizal inoculation treatment, data on mycorrhizal colonization are needed to confirm mycorrhizas as the mechanism underlying the observed effects. ⑤Environmental conditions may also impact plant–microbe interactions (Santoyo et al., 2017). ⑥Consistent with other studies in this pathosystem, infection rates varied among field populations and changed over time (Eck et al., 2022). ⑦By contrast, the effects of mycorrhizal inoculation on hosts were similar among field populations, although changes over time also occurred. ⑧Growth benefits following inoculation with mycorrhizal fungi varied among host populations and genotypes before pathogen exposure but became homogenous over time in the field conditions. ⑨Changes in host infection rate and disease severity as a result of mycorrhizal inoculation were also similar among field populations but increased over time. ⑩Together, these results suggest that mycorrhizal effects on hosts are more temporally than environmentally sensitive. ⑪There is also some chance that environmental mycorrhizal spores could have come into contact with our experimental soils, such that true amounts of mycorrhizal colonization in the nonmycorrhizal treatment could be low (rather than none), and the mycorrhizal communities in the experimental pots could contain species that were not inoculated. ⑫The limited duration of the field experiment reduces the likelihood that this could cause strong effects (Sanders & Sheikh, 1983); however, if it occurred, it should have occurred evenly among treatments and seed sources. ⑬Future studies in which mycorrhizal composition, colonization rates and function are quantified in genetically diverse hosts and in variable environmental conditions over time are necessary to corroborate this work and disentangle the effect of mycorrhizal growth and defensive effects from intraspecific variation in host growth and resistance.

图 5.57　讨论的第 6 段

【重点词汇】vice versa 反之亦然；trajectories 轨迹。

【段落解读】讨论的第 7 段（图 5.58）。对讨论部分进行总结，近似于文章结论部分。通过"Moreover""also""In addition"等词,对五个科学问题进行衔接,使结论融会贯通,成为相互支撑的整体。第①句以"Together"开头:总之,本研究结果表明,在遗传变异的宿主种群中,与丛枝菌根真菌的共生产生了益处,并改变了病原菌在自然流行期间的感染风险。第②~④句结合先前研究与试验结果,进行概括性表述,对试验中涉及的主要结果进行进一步论证:①共生体引起的宿主生长和感病模式的改变可能会影响相关生物的丰度、多样性和分布模式,以及生态系统过程。②宿主体内直接和间接微生物相互作用在宿主适应性和寄生生物种群动态方面具有重要意义。③地下土壤和根际过程影响植物地上部分与病原菌及草食动物的相互作用,反之亦然。互惠共生体和寄生菌可同时作用以确定宿主的适应性。第⑤~⑦句表明研究的意义,与前言相呼应,升华主题。研究结果强调了在自然条件下表征宿主-微生物相互作用和时间相互作用序列的重要性,这将有助于对植物流行病学和生态群落动态进行更精确的建模。此外,如果互惠共生导致的生长和防御效应是普遍发生的,那么它们最终会影响相关生物的共同进化轨迹。了解互惠共生如何改变宿主易感性和寄生生物相互作用,对于理解、预测和管理生态群落和农业中的病害非常重要。

> ①Together, our results suggest that symbiosis with arbuscular mycorrhizal fungi produces benefits and alters infection risks from a pathogen during natural epidemics in genetically variable host populations. ②Altered patterns of host growth and infection as a result of mutualist species may cascade to affect patterns of abundance, diversity and distribution of the associated organisms, as well as ecosystem processes (Brown *et al.*, 2001). ③Moreover, we are beginning to acknowledge the importance of direct and indirect microbial interactions within hosts in determining host fitness and parasite population dynamics (Kemen, 2014; Kemen *et al.*, 2015; Kroll *et al.*, 2017). ④Belowground soil and rhizosphere processes may also affect aboveground interactions with pathogens and herbivores, and vice versa (van der Putten *et al.*, 2001; Wardle *et al.*, 2004; Frew, 2021), and mutualists and parasites may act simultaneously to determine host fitness (Bezemer & van Dam, 2005). ⑤Our results also highlight the importance of characterizing host–microbe interactions under natural conditions and temporal interaction sequences, which will allow more precise modeling of epidemiological and ecological community dynamics. ⑥In addition, if growth and defensive effects as a result of mutualism are common, they should ultimately affect the coevolutionary trajectories of the associated organisms (van Dam & Heil, 2010). ⑦Understanding how mutualism alters host susceptibility and parasite interactions will be important for understanding, predicting and managing disease in ecological communities and in agriculture.

图 5.58 讨论的第 7 段

6. 结论(Conclusion)

本篇文章结论部分没有单独成段,而是在讨论部分进行穿插讲解,讨论部分的最后一段，呈现了本文的主要结果，并进行了总括，可视为文章的结论部分。

7. 引用文献（References）

本篇文章共引用文献 103 篇，前言和讨论部分引证的文献与文中内容紧密贴合，文献质量也较高，值得读者进一步阅读，进行知识扩展。例如，Azcon-Aguilar and Barea，1996，*Mycorrhiza*，6：457-464，该文献虽然年份较久远，但属于菌根学经典期刊，文章引用次数超过 430 次，其文章的内容与本文的研究主题联系非常紧密，具有较高的参考价值。

8. 补充材料（Supporting Information）

本文补充材料内容较多，主要包括 2 个试验数据组、3 个附图和 18 个附表，所列内容大部分在文中的结果部分均有提及，此处不再逐一列举。

【案例3】家畜放牧与草地多样性及多功能性

【文献】Wang L, Delgado-Baquerizo M, Wang DL, Isbell F, Liu J, Feng C, Liu JS, Zhong ZW, Zhu H, Yuan X, Chang Q, Liu C. 2019. Diversifying livestock promotes multidiversity and multifunctionality in managed grasslands. *Proceedings of the National Academy of Sciences*, 116(13): 6187-6192.

【重点词汇】diversifying livestock 多样化的家畜（放牧），混合放牧；multidiversity 多元多样性；multifunctionality 多功能性。

【标题解读】标题是一个陈述句，前后关键词使用 promotes 连接，简明扼要地表明了文章的主旨，即多样化的家畜放牧措施促进了管理草地的生物多元多样性与多功能性。

1. 摘要（Abstract）

【重点词汇】given that 鉴于；diversification 多样化；nematodes 线虫；nutrient cycling 养分循环。

【段落解读】摘要（图 5.59）第①句为研究背景，作者从已知的、公认的事实，即增加植物多样性可以提高自然和管理草地的生态系统功能性、稳定性和服务能力入手，引入目前研究领域的空白——食草动物多样性，特别是放牧家畜的多样性，对于草地的影响。由此科学问题出发，第②和③句介绍了研究内容和方法：通过试验测定了家畜多样性（羊、牛或二者）对草地多元多样性（植物、昆虫、土壤微生物和线虫的多样性）及生态系统多功能性（植物生产、植物叶片含氮量和含磷量、地上昆虫丰度、养分循环、土壤碳库、水分调节和植物-微生物共生）的影响。第④～⑥句为研究的意义，家畜的多样化放牧通过增加生态系统的多样性大大增加了其多功能性。多元多样性和生态系统多功能性之间的联系总是强于单一多样性成分和功能之间的联系。作者的工作使人们深入了解了多营养级多样性对维持受管理的生态系统的多功能性的重要性，并表明在一个日益重视管理的系统中，家畜的多样化可以促进草地生物多样性和生态系统的多功能性。

> ①Increasing plant diversity can increase ecosystem functioning, stability, and services in both natural and managed grasslands, but the effects of herbivore diversity, and especially of livestock diversity, remain underexplored. ②Given that managed grazing is the most extensive land use worldwide, and that land managers can readily change livestock diversity, we experimentally tested how livestock diversification (sheep, cattle, or both) influenced multidiversity (the diversity of plants, insects, soil microbes, and nematodes) and ecosystem multifunctionality (including plant biomass production, plant leaf N and P, above-ground insect abundance, nutrient cycling, soil C stocks, water regulation, and plant–microbe symbiosis) in the world's largest remaining grassland. ③We also considered the potential dependence of ecosystem multifunctionality on multidiversity. ④We found that livestock diversification substantially increased ecosystem multifunctionality by increasing multidiversity. ⑤The link between multidiversity and ecosystem multifunctionality was always stronger than the link between single diversity components and functions. ⑥Our work provides insights into the importance of multitrophic diversity to maintain multifunctionality in managed ecosystems and suggests that diversifying livestock could promote both multidiversity and ecosystem multifunctionality in an increasingly managed world.

图 5.59　摘要

截自原文（Wang *et al.*, 2022, *PNAS*），序号为编者加。图 5.59～图 5.87 同此

2. 前言（Introduction）

【重点词汇】result from 由于；terrestrial ecosystems 陆地生态系统；aquatic ecosystems 水生生态系统；potential 潜在的，可能的。

【段落解读】前言的第 1 段（图 5.60），作者陈述了研究背景。第①句：由于栖息地的丧失和气候变化导致生物多样性的大量减少，促使大量的研究来考察生物多样性的丧失对生态系统功能的影响。第②句：大多数研究发现，在陆地生态系统中，增加植物多样性对生态系统功能有积极的正向作用。第③句：然而，在受管理的生态系统中，生物多样性在驱动生态系统功能中的作用仍探索不足。第④句：此外，尽管现在很清楚，在水生生态系统中，生态系统功能对食草动物的依赖程度甚至超过对植物多样性的依赖程度，但在陆地生态系统中，食草动物多样性的潜在重要性仍不清楚。

> ①The strong reduction in biodiversity resulting from habitat loss and climate change has prompted a large body of research to examine the effects of biodiversity loss on ecosystem functioning (1). ②Most studies have found a strong positive effect of increasing plant diversity on ecosystem functions in terrestrial ecosystems (2–11). ③However, the role of biodiversity, if any, in driving ecosystem functions in managed ecosystems remains much less explored (but see refs. 12–17). ④Furthermore, although it is now clear that ecosystem functioning depends even more on herbivore than on plant diversity in aquatic ecosystems (6, 10), the potential importance of herbivore diversity remains unclear in terrestrial ecosystems.

图 5.60　前言的第 1 段

【重点词汇】thereby 从而，因此；exerts 运用，施加（影响）；per capita demand 人均需求量；paramount 至高无上的，极其关键的。

【段落解读】前言的第 2 段（图 5.61）。紧接上文，探讨陆地生态系统中食草动物多样性的重要作用，以文章主题——草地放牧系统的研究现状为例展开叙述。第①句简介

该生态系统，家畜放牧是地球上最广泛的土地使用方式，包括中国北方草原，亦主要用于家畜放牧生产。第②~④句介绍该生态系统的功能和特点，并举例说明。家畜放牧可以改变生物多样性和生态系统功能。例如，放牧可以直接干扰土壤的物理（如通过土壤压实）和化学（如通过动物粪便改变养分循环）性质，从而影响植物的生产力和生态系统功能。此外，家畜放牧作为草原生物多样性变化的重要驱动力，不仅对植物多样性产生重要而直接的影响，而且对其他地上和地下生物的多样性，如昆虫和土壤动物等有影响。第⑤~⑦句陈述草原生态系统及放牧方式改善对于人类的重要意义。人类人口的增加以及对肉类和动物产品生产的人均需求，给包括中国在内的全世界的草原生态系统带来了巨大的压力。理论预测，增加草食动物的多样性可以增加草食动物的生产，一些证据表明，混合放牧可以增加家畜的生产。然而，混合放牧对多营养多样性（地上和地下生物的多态性）和多种生态系统功能（多功能性）的影响尚未完全明确。因此，第⑧句得出结论，引出研究目的，评估生物多样性在管理的生态系统中调节生态系统功能的重要性，对于预测高度管理的陆地生态系统的未来动态具有极其重要的意义。

> ①Livestock grazing is the most widespread land use on Earth (18), including in northern China (19), which is part of one of the largest remaining grasslands on Earth (i.e., the Eurasian steppe) where grassland is largely used to support livestock grazing for food production. ②Livestock grazing can alter both biodiversity and ecosystem functioning (20–22). ③For example, livestock grazing can directly disturb soils physically (e.g., via soil compaction) and chemically (e.g., altering nutrient cycling via animal dung), thereby affecting plant productivity and ecosystem function. ④Furthermore, livestock grazing, as an important driver of grassland biodiversity change, not only exerts important and direct effects on plant diversity (23), but also on the diversity of other above-ground and below-ground organisms such as insects (24) and soil animals (25). ⑤The increasing human population and per capita demand for the production of meat and animal products (26) has placed tremendous pressures on grassland ecosystems worldwide, including in China. ⑥Theory predicts that increasing herbivore diversity could increase the production of herbivores (27) and there is some evidence that mixed grazing can increase livestock production (28, 29). ⑦However, the wider impacts of mixed grazing on multitrophic diversity (multidiversity of above-ground and below-ground organisms) and multiple ecosystem functions (multifunctionality) remain completely unexplored. ⑧Evaluating the importance of biodiversity in regulating ecosystem function in managed ecosystems is of paramount importance to predict the future dynamics of terrestrial ecosystems in a highly managed world.

图 5.61　前言的第 2 段

【重点词汇】field-manipulated grazing experiment 田间控制放牧实验；microinvertebrates 小型的无脊椎动物；plant-microbe symbiosis 植物-微生物共生。

【段落解读】前言的第 3 段（图 5.62），介绍了研究内容和目标。为了达到研究目的，作者设置了一个为期五年的田间控制放牧实验，包括单一物种（牛或羊）和混合物种（羊和牛）的放牧，以评估多样化的牲畜（单一与混合牲畜物种）对生物多样的调节功能，包括地上（如植物和昆虫）和地下（如微生物和微小的无脊椎动物）生物及其多功能性，包括生产力、养分循环、土壤碳库、水调节和植物-微生物共生等，以期评估多元多样性在高度管理的生态系统中调节生态系统多功能性的重要性。

> Here, we used a 5-y field-manipulated grazing experiment, including livestock grazing by single species (cattle or sheep) and mixed species (sheep and cattle) to evaluate the role of diversifying livestock (single vs. mixed livestock species) in regulating multidiversity, including above-ground (e.g., plants and insects) and below-ground (e.g., microbes and microinvertebrates) organisms, and multifunctionality, including variables related to productivity, nutrient cycling, soil C stocks, water regulation, and plant–microbe symbiosis, and to assess the importance of multidiversity in regulating ecosystem multifunctionality in highly managed ecosystems (*SI Appendix*, Fig. S1).

图 5.62　前言的第 3 段

【重点词汇】predatory 捕食性的；normalization 常态化，标准化；quantify 量化；ectomycorrhizal fungi 外生菌根真菌；multithreshold 多阈值。

【段落解读】前言的第 4 段（图 5.63）介绍了本研究的分析方法及内容，即多样性指标及多功能性指标获得及计算的方法。第①句为多样性指标，作者通过最小-最大归一化获得六组地上和地下生物丰富度的分数：植物、食草昆虫、捕食性昆虫、土壤细菌、真菌和线虫，得到一个反映多物种多样性的单一指数以合并生物多样性特征。第②~⑦句为多功能性指标，作者量化了生态系统多功能性指数（ecosystem multifunctionality，EMF），包含 12 个地上和地下过程所包含的信息，包括植物产量（地上和地下植物生物量）、植物养分含量和家畜的养分来源（群落叶片含氮量和含磷量）、地上昆虫生物量（食草昆虫和捕食性昆虫丰度）、养分循环（土壤氮素的可利用性、土壤全氮和全磷）、土壤碳库（由体积密度控制的总有机碳）、水分调节（土壤湿度）和植物-微生物共生（土壤外菌根真菌的丰度）。这些变量是构成生产力、养分循环和养分库积累的良好代表指标，是放牧草地上生态系统功能的重要决定因素，还提供了关于菌根定植的信息。此外，其中一些功能（如植物生物量和叶片营养含量）对食草动物的营养（如蛋白质和能量）是必不可少的。生态系统多功能性指数是通过对 12 种生态系统功能的标准化分数（最小-最大归一化）进行平均量化。作者还使用多阈值法对多功能性进行了分析。

> ①To obtain a single index reflecting multitrophic diversity (multidiversity), we combined the biodiversity characteristics by averaging the standardized scores [minimum-maximum (min-max) normalization] of species richness across six groups of above-ground and below-ground organisms: plants, herbivorous insects, predatory insects, soil bacteria, fungi, and nematodes (30). ②We then quantified a multifunctionality index comprising information for 12 above- and below-ground processes, including plant production (plant above- and below-ground biomass), plant nutrient content, and a nutrient source for livestock herbivores (community leaf N and P content), above-ground insect biomass (herbivorous insect and predatory insect abundance), nutrient cycling (in situ measurements of soil N availability, and soil total N and total P), soil C stocks (total organic carbon controlled by bulk density), water regulation (soil moisture), and plant–microbe symbiosis (abundance of soil ectomycorrhizal fungi; see *SI Appendix*, Table S1 for further rationale on the selected functions). ③These variables constitute a good proxy for productivity, nutrient cycling, and build-up of nutrient pools, which are important determinants of ecosystem functioning in grazing grassland. ④They also provide information on mycorrhizal colonization (4, 15). ⑤Moreover, some of these functions (e.g., plant biomass and leaf nutrient content) are essential for livestock herbivore nutrition (e.g., protein and energy) and are critical for their fitness. ⑥The single index of ecosystem multifunctionality (EMF) was quantified by averaging the standardized scores (min-max normalization) of 12 ecosystem functions. ⑦We also conducted analyses using a multithreshold multifunctionality approach (7).

图 5.63　前言的第 4 段

3. 结果与讨论（Results and Discussion）

【重点词汇】synergistic and complementary effect 协同和互补效应；vegetation 植物，植被；niche 生态位；plant litter 凋落物；variety 种类，品种；breed 品种。

【段落解读】结果与讨论的第 1 段（图 5.64）。第①句首先总括结论：家畜的多样化有可能增加生态系统的多元多样性和多功能性。而后逐一展开结果与讨论。第②～④句陈述图 5.65（原文图 1）结果，图 5.65（原文图 1）表明将家畜的种类从一种增加到两种，可以显著地增加地上部的多样性、生态系统的多元多样性及多功能性。牛和羊表现出不同的采食模式和偏好，因此可能对植被结构产生协同和互补的作用。与单一家畜相比，多样化的家畜可能通过动物粪便、增加凋落物的类型为昆虫和土壤生物提供更广泛的生态位。第⑤句：这一结果表明，在给定的放牧强度下，家畜混合可作为管理草地的有效措施，保护生物多样性、调节多种生态系统服务功能，并促进和维持人类福祉。第⑥句表明，作者在此仅重点关注两种食草家畜：牛和羊。因此，第⑦句进一步探讨未来的研究将需要评估进一步增加家畜多样性或混合其他物种（如山羊和马）及品种（如不同品种的牛或羊）对增加全球草地生态系统多元多样性和多功能性的潜在贡献。第⑧～⑪

> ①Our results provide experimental evidence that diversifying livestock has the potential to increase multidiversity and multifunctionality in managed ecosystems. ②Here, we show that increasing from one to two species of livestock significantly and substantially increases above-ground diversity, multidiversity, multifunctionality (Fig. 1), and also the weighted EMF (*SI Appendix*, Fig. S12). ③Cattle and sheep exhibit distinctive feeding modes and preferences (31), and therefore could have a synergistic and complementary effect on vegetation structure (32). ④Furthermore, diversifying livestock may provide a wider variety of niches for insects and soil organisms compared with single livestock, for example, by increasing the types of animal dungs and plant litter. ⑤This result suggests that mixing livestock species, at a given animal density, could be potentially used as a tool for managing grasslands to conserve biodiversity, to regulate multiple ecosystem services, and to promote and sustain human well-being. ⑥As such, we argue that slight changes in grazing management (e.g., increasing diversity of herbivores, under a similar grazing intensity level) could favor biodiversity and multifunctionality in an increasingly managed world. ⑦Here, we focused on two of the most abundant livestock herbivores on Earth, and in China: cattle and sheep (33). ⑧Future studies will be needed to evaluate the potential contribution of further increasing livestock diversity beyond these two species or of mixing other livestock species (e.g., goats and horses) and varieties (e.g., different breeds of cattle or sheep) for increasing multidiversity and multifunctionality in China and elsewhere. ⑨Our results suggest that it may be possible to indirectly manage grassland biodiversity through livestock management, which would likely be less difficult and costly than directly managing the diversity of plants, insects, and microbes. ⑩Such livestock management could help to conserve multiple ecosystem functions and types of organisms, which threaten the sustainability of terrestrial ecosystems worldwide, especially in developing countries. ⑪Our findings suggest that diversifying livestock grazing might not only directly provide livestock products and increase the amount of biomass and the nutrient content of forage for livestock, but also, more importantly, help improve the biodiversity and ecosystem functioning of these economically and ecologically important regions.

图 5.64　结果与讨论的第 1 段

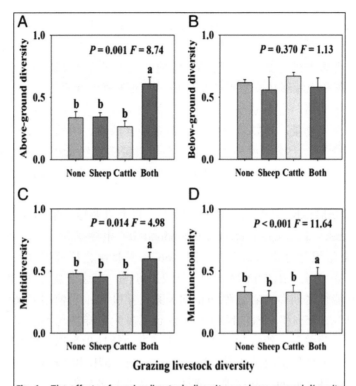

图 5.65　家畜放牧多样性对地上部多样性、地下部多样性、多元多样性，以及生态系统多功能性的影响
（原文图 1）

句：结果表明，通过家畜管理间接管理草原生物多样性是可能的，这可能比直接管理植物、昆虫和微生物多样性的难度和成本要低。这种家畜管理可以帮助保护多种生态系统功能和生物类型，这些功能和生物类型威胁着全世界陆地生态系统的可持续性，特别是在发展中国家。家畜放牧的多样化不仅可以直接提供家畜产品，增加家畜的生物量和饲草的养分含量，更重要的是有助于改善这些具有经济和生态意义的地区的生物多样性和生态系统功能。由结果、分析讨论到未来的研究设想，层层递进。学习引入结论、进行转折的结果讨论描述方式及相关英语表达，做到直白了当，简洁明晰，准确有力，尽量不使用长难句及各类从句。

【图表解读】图 5.65（原文图 1）展示了不同的家畜放牧方式对地上部多样性（A）、地下部多样性（B）、多元多样性（C）以及生态系统多功能性（D）的影响。由图可知，将家畜的种类从一种增加到两种，可以显著地增加地上部的多样性、生态系统的多样性及多功能性，而对地下部多样性没有显著影响。地上多样性计算为最小-最大归一化后的植物、草食动物和捕食者丰富度的平均值。地下多样性计算为最小-最大归一化后的土壤细菌、真菌和土壤线虫丰富度的平均值。多元多样性计算为最小-最大归一化后所有物种丰富度的平均值。生态系统多功能性计算为植食性昆虫和捕食性昆虫丰度、植物地上生物量、地下生物量、植物群落叶片含氮量和含磷量、土壤有效氮、土壤全氮和全磷、土壤有机碳密度、土壤湿度和土壤外生菌根真菌多度经最小-最大归一化后的平均值。使用图基（Tukey）方法校正多重比较。图中的 a、b 表示不同的处理方法之间存在显著差异。

【重点词汇】critically 严重地，很大程度上，极为重要地，批判性地；thresholds 阈值，临界值；correlated 相关的；electrical conductivity 电导率。

【段落解读】结果与讨论的第 2 段（图 5.66），总括结论后逐步深入生态系统的不同组分进行讨论。第①句：由图 5.67A（原文图 2）可得，在这个被管理的生态系统中，多元多样性和多功能性之间存在着强烈的正向关系；第②句：当使用多阈值多功能性方法时，在 25%、50%、75%和 90%的阈值上观察到了多元多样性与不同阈值的功能数量之间类似的正向和显著关系。第③句：当重新计算多功能性指数以降低高度相关的功能的权重时，也观察到了这种正向的关系。第④句：由图 5.67B 和 5.67C（原文图 2）表明多元多样性和多功能性之间的关联比地上或地下多样性和多功能性之间的关联要强。第⑤句：在使用随机森林模型考虑了土壤环境条件和放牧管理类型后，多元多样性和地上或地下多样性对驱动多功能性的显著影响也得以保持。

①Critically, we also found a strong positive relationship between multidiversity and multifunctionality in this managed ecosystem (Fig. 2A). ②Similar positive and significant relationships between multidiversity and the number of functions over different thresholds were observed here for the 25%, 50%, 75%, and 90% thresholds when we used a multithreshold multifunctionality approach (*SI Appendix*, Fig. S2). ③This positive relationship was also observed when we recalculated our multifunctionality index to down-weight highly correlated functions as described in Manning et al. (34) (*SI Appendix*, Figs. S9–S11), suggesting that our results are robust to the choice of multifunctionality index. ④In addition, the association between multidiversity and multifunctionality was stronger than the correlations between above- or below-ground diversity and multifunctionality (Fig. 2 *B* and *C*). ⑤The significant effects of multidiversity and above- or below-ground diversity in driving multifunctionality were also maintained after accounting for soil environmental conditions (soil pH, electrical conductivity, and bulk density), and grazing management types (livestock diversity) using random forest modeling (*Materials and Methods*) (*SI Appendix*, Fig. S3).

图 5.66 结果与讨论的第 2 段

【图表解读】图 5.67（原文图 2）展示了生态系统的多功能性与多元多样性（A）、地上多样性（B）和地下多样性（C）间的关系。蓝色拟合线来自于普通最小二乘回归。生态系统多功能性计算为最小-最大归一化后的 12 种生态系统功能的平均值（见原文附录，表 S1）。由图可知，在该生态系统中，多样性（包括地上部多样性、地下部多样性和多元多样性）和多功能性之间存在着强烈的正向关系。

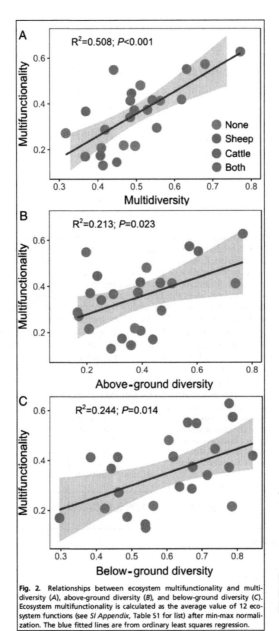

图 5.67　生态系统的多功能性与多元多样性、地上多样性和地下多样性间的关系（原文图 2）

【重点词汇】litter and organic matter decomposition 凋落物及有机物分解；in turn 反过来；plausible 似乎是可信的，合理的；substrate 基质，基层，底物；situ 原地，就地。

【段落解读】结果与讨论的第 3 段（图 5.68）。第①和②句描述了使用结构方程模型（structural equation modeling，SEM）以评估放牧家畜多样性对多功能性可能存在的直接影响，以及由多功能性的变化所介导的间接影响。作者发现，混合型家畜放牧通过促进多元多样性间接地提高了多功能性（图 5.69，原文图 3）。第③句描述了在使用多阈值多功能性方法时也呈现类似的结果（图 5.70，原文图 4）。第④和⑤句得出结论，这些发现表明家畜的多样性通过增加多元多样性间接地推动了多功能性。具体来说，家畜多样性主要通过调节地上部分的多样性来驱动多功能性，因为地下部分的多样性没有受到家畜多样性的明显影响（图 5.65，原文图 1）。第⑥和⑦句描述了昆虫多样性对生态系统多功能性的影响。在考虑地上生物多样性的每个组成部分时，作者发现昆虫丰富度对生态系统多功能性有很强的积极影响。昆虫的多样性是多功能性的主要控制者，通过调节关键的生态系统过程，如凋落物和有机质分解，这反过来又为其他参与养分循环和气候调节的重要土壤生物（如细菌和真菌）提供基质。第⑧句得出结论，即通过促进多元多样性，特别是昆虫的多样性，使牲畜多样化可能是一种可行的就地策略，以维持管理生态系统的多功能性。

> ①We then conducted structural equation modeling (SEM) to evaluate the possible existence of direct effects of grazing livestock diversity on multifunctionality, as well as indirect effects that are mediated by changes in multidiversity. ②We found that mixed livestock indirectly increased multifunctionality by promoting multidiversity (Fig. 3). ③Similar results were found when using a multithreshold multifunctionality approach (Fig. 4). ④These findings indicate that livestock diversity positively, but indirectly drives multifunctionality by increasing multidiversity. ⑤Specifically, livestock diversity drives multifunctionality mainly by mediating above-ground diversity (*SI Appendix*, Fig. S4), because below-ground diversity was not significantly affected by livestock diversity (Fig. 1). ⑥Further, in considering each component of above-ground biodiversity, we found that insect richness showed strong positive effects on EMF (*SI Appendix*, Table S2). ⑦The diversity of insects is a major controller of multifunctionality by regulating key ecosystem processes such as litter and organic matter decomposition, which in turn, provides substrate to other important soil organisms involved in nutrient cycling and climate regulation, such as bacteria and fungi (35, 36). ⑧We therefore suggest that diversifying livestock could be a plausible in situ strategy to maintain multifunctionality in managed ecosystems by promoting multidiversity, especially the diversity of insects (*SI Appendix*, Fig. S6 and Table S2).

图 5.68　结果与讨论的第 3 段

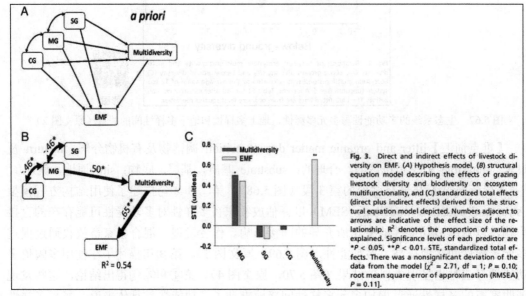

图 5.69　家畜多样性对生态系统多功能性的直接与间接影响（原文图 3）

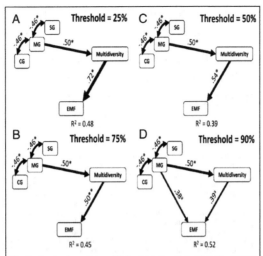

图 5.70 结构方程模型（原文图 4）

【图表解读】图 5.69（原文图 3）展示了家畜多样性对生态系统多功能性（EMF）的直接和间接影响。图 5.69A 为假设模型，图 5.69B 则描述放牧家畜多样性和生物多样性对生态系统多功能性影响的结构方程模型，图 5.69C 为结构方程模型得到的标准化总效应（standardized total effect，STE，直接效应和间接效应）。箭头旁边的数字表示该关系的效应大小。R^2 表示方差被解释的比例。各预测因子的显著性水平分别为* $P<0.05$，** $P<0.01$。由图可知，放牧家畜多样性直接影响生态系统多功能性或通过影响多元多样性间接影响了生态系统多功能性。

【图表解读】图 5.70（原文图 4）的结构方程模型描述了放牧家畜多样性和生物多样性对超过不同阈值 25%（图 5.70A）、50%（图 5.70B），75%（图 5.70C）和 90%（图 5.70D）的功能数量的影响。箭头旁边的数字表示该关系的效应大小。R^2 表示方差被解释的比例。结构方程模型表明，当使用多阈值多功能性方法时，在 25%、50%、75%和 90%的阈值上观察到了多元多样性与不同阈值的功能数量之间存在显著的正向关系。在所有情况下，数据与模型的偏差均不显著。

【重点词汇】simultaneously 同时地；trophic levels 营养级；multifunctionality 多功能性；empirical evidence 实验依据的证据。

【段落解读】结果与讨论的第 4 段（图 5.71）。第①～③句统合生态系统的不同部分得出结论，当同时考虑地上生物（植物和昆虫）和地下生物（微生物和线虫）的多个群体时，随着考虑更多的功能和更多的营养级，多元多样性和多功能性之间的关系更加显著，有更强的正相关。在考虑生态系统中的每个组分时，土壤细菌丰度对大多数所测的单个功能均表现出最强的正向效应。第④句陈述前人研究也发现土壤生物多样性与多种生态系统功能之间存在着密切的联系。然而多元多样性对多功能性的影响并不是由这一单一的生物群驱动的，因为即使在作者的分析中排除了土壤细菌的多样性，这种关系仍然保持。第⑤句转折，承上启下，第⑥和⑦句则说明自身研究同前人研究的相同与独特之处。相同之处在于发现了多功能性和多元多样性之间的正相关关系，其不同之处在于作者的研究结果还通过实验证明了家畜的多样化可以通过增加多元多样性来提高多功能性。讨论步步推进，将生态系统多样性和多功能性的各个变量逐步纳入，由最大的生态系统整体至生态系统的各个层级和组分，前后紧扣，论证核心结论。同时结合前人的研究结果，发掘自身研究与前人研究的一致性及独特性。

> ①Multidiversity and multifunctionality were more positively and significantly related to each other when multiple groups of above-ground organisms (plants and insects) and below-ground (microbes and nematodes) were considered simultaneously. ②That is, the relationship between biodiversity and ecosystem function was more positive and significant as more functions and more trophic levels were considered (SI Appendix, Table S2). In considering each component of ecosystem, below-ground soil bacterial richness showed the strongest positive effects on most individual functions measured, as well as EMF ($R = 0.647$, SI Appendix, Table S2). ③The empirical evidence for a strong link between soil biodiversity and multiple ecosystem functions is growing (5, 7, 37). ④However, the effect of multidiversity on multifunctionality was not driven by this single group of organisms because the relationship was maintained even after excluding soil bacterial diversity from our analyses ($R = 0.599$, SI Appendix, Table S2). ⑤These results are consistent with those of some previous studies that also found positive relationships between multifunctionality and multidiversity (15). ⑥Uniquely, our results also experimentally demonstrate how livestock diversification can be used to enhance multifunctionality by increasing multidiversity.

图 5.71 结果与讨论的第 4 段

【重点词汇】debris 碎片，残骸；trophic 营养的，有关营养的；have a negative impact on 对……有负面影响；human well-being 人类福祉。

【段落解读】结果与讨论的第 5 段（图 5.72）。总结得到 3 个主要发现和结论。第①句提出本研究的研究结果，表明家畜的多样化可以通过促进多元多样性，特别是地上昆虫和植物的多样性，从而增加生态系统的多功能性。第②句总结得出，许多营养类群的物种丧失可能对这些重要的生态系统产生负面影响，进而影响人类福祉。第③句总结得出，多样化的家畜放牧管理措施可以促进生物多样性，从而促进高度管理的草地的多种生态系统功能。

> ①Together, our work provides experimental evidence that diversifying livestock can increase ecosystem multifunctionality by promoting multidiversity, especially the diversity of above-ground insects and plants, which fuel the ecosystem via their debris inputs. ②Our work suggests that species loss across many trophic groups could have a negative impact on the functioning of these important ecosystems for human well-being. ③Also, our study suggests that diverse livestock grazing management practices could help promote biodiversity, thereby promoting multiple ecosystem functions in highly managed grasslands.

图 5.72 结果与讨论的第 5 段

4. 材料与方法（Materials and Methods）

【重点词汇】semiarid meadow steppe 半干旱草甸草原；forbs 非禾本草本植物。

【段落解读】材料与方法中的研究地点（图 5.73）。第①句介绍了本试验在中华人民共和国吉林省东北师范大学草原生态研究站（44°40′~44°44′N，123°44′~123°47′E）的半干旱草甸草原进行，属欧亚大草原的一部分。第②句介绍了气候条件，年均温 6.1℃、年均降水量为 393.0mm。第③～⑤句为主要植被情况，该草原植被以羊草为主，兼有芦苇、早熟禾、虎尾草等禾本科，细叶薹草、匍匐委陵菜、猪毛蒿等草本，以及乌里胡枝子、扁蓿豆等豆科植物，均可供牛羊食用。

> **Study Site.**① Our study was conducted in a semiarid meadow steppe at the Grassland Ecological Research Station of Northeast Normal University, Jilin Province, People's Republic of China (44°40′–44°44′N, 123°44′–123°47′E)②. This area is part of one of the largest remaining grasslands on Earth. Mean annual temperature and precipitation (2004–2013) are 6.1 °C and 393.0 mm, respectively (Changling County Climate Station, Jilin Province)③. Vegetation is dominated by the grass *Leymus chinensis* Tzvel, a common perennial species in the eastern Eurasian steppes.④ Other common species include but are not limited to the graminoids *Phragmites australis* Trin., *Calamagrostis epigejos* Roth., *Chloris virgata* Swartz, *Carex duriuscula* C. A. M.; the forbs *Kalimeris integrifolia* Turcz., *Potentilla flagellaris* Willd. Ex Schlecht., *Artemisia scoparia* Waldstem et Kitailael; and two legumes, *Lespedeza davurica* Schindl and *Medicepza ruthenica* C. W. Chang.⑤ All these plant species are edible for cattle and sheep, and the dominant grass—*L. chinensis*—is relative low quality due to high fiber, while some forbs are relative high quality due to high protein content.

图 5.73 材料与方法中的研究区域

【重点词汇】initiate 开始实施，发起；randomized block design 随机化区组设计；block 试验小区；grazing intensity 放牧强度；daily intake 日采食量；rotational grazing 轮牧；Simmental beef cattle 西门塔尔牛。

【段落解读】材料与方法中的试验设计（图 5.74）。从 2008 年起进行长期放牧试验，采用完全随机区块设计，共选择了六个地点。每个地点被分为四个地块，随机放牧处

> **Experimental Design.** A long-term grazing experiment was initiated in 2008 with a completely randomized block design. Six sites (blocks) were selected. Each site was divided into four plots, to which grazing treatments were randomized: no grazing (NG), sheep grazing (SG), cattle grazing (CG), and mixed grazing by sheep and cattle (MG). The same livestock biomass per unit area was applied in all of the grazing treatments to control grazing intensity while testing the effects of livestock diversity on biodiversity and ecosystem function. Sheep grazing plots were subject to grazing by 16 2-y-old northeast fine-wool sheep (body weight 32.0 ± 1.8 kg, mean ± SE) and cattle grazing plots were subject to grazing by 4 adult Simmental beef cattle (body weight 300.0 ± 7.5 kg, mean ± SE) described in Liu et al. (31). The number of cattle and sheep in each group were selected to provide comparable grazing intensity across livestock treatments. Based on their daily intake during pretrials (about 1.5 ± 0.3 kg and 6.0 ± 0.8 kg of forage eaten by sheep and cattle, respectively), we assume that 4 adult sheep are equivalent to 1 beef cow. The mixed cattle and sheep grazing plots included 16 2-y-old northeast fine-wool sheep and 4 adult Simmental beef cattle. Plots for the NG, SG, and CG were 25 m × 25 m in size, while plots for MG were 25 m × 50 m. Mixed grazing plots were twice as large as other plots to ensure equal grazing intensity between single and mixed grazing treatments, while also maintaining herd size for each livestock species. We used a 25 m × 50 m plot including 16 sheep and 4 cattle for the mixed grazing treatment (i.e., instead of 8 sheep and 2 cattle in 25 m × 25 m plots) as herd size is known to strongly influence livestock behavior (38). For example, it has been shown that in small groups, animals interrupt their foraging to scan the environment more frequently, which thus reduces time spent foraging, i.e., animal foraging efficiency (38). Overall, grazing was maintained at a moderate intensity (i.e., 6.67 sheep units per ha^{-1}) in each livestock treatment. We used the same set of cattle and sheep in all of the grazing treatments, i.e., rotational grazing treatment to avoid effects of using different individual animals in different treatments on diversity and functions. Each year, grazing occurred from June to September. To ensure that these differences in plot size (between MG and other treatments) had no direct effect on the mean or variance of samples collected, all sampling was conducted at the same spatial scales and within the same total area in each of the four livestock treatments.

图 5.74 材料与方法中的试验设计

理：不放牧（no grazing，NG）、单独放牧羊（sheep grazing，SG）、单独放牧牛（cattle grazing，CG），以及牛羊混合放牧（mix grazing by sheep and cattle，MG）。在所有的放牧处理中采用单位面积相同的家畜数量来控制放牧强度，在每个家畜处理中，放牧都保持在中等强度（即每公顷6.67个羊单位）。在所有的放牧处理中使用同一组牛羊，即轮流放牧处理，以避免在不同处理中使用不同的动物个体对多样性和功能的影响。每年的放牧时间为6月至9月。

【重点词汇】vegetation investigation 植被调查；parallel transect 平行样带；quadrat 样方；intervals 间隔。

【段落解读】材料与方法中的地上部生物量的测定（图5.75）。地上部植物生物量的测量：在2012年8月中旬进行了植被采样。在每个地块内以6.25m的间隔建立了3个25m的平行样带。然后沿每个样带以5m的间隔划分四块50cm×50cm的小区。利用这15个小区来测量每个小区的植物多样性（丰富度）。

> *Above ground: Vegetation investigation.* We conducted vegetation sampling in mid-August 2012. We established three 25-m parallel transects at 6.25-m intervals within each plot. Then, we located 50 cm × 50 cm quadrats along each transect at 5-m intervals. We used these 15 quadrates to measure plant diversity (richness) in each plot.

图5.75 材料与方法中的地上部生物量的测定

【重点词汇】sweep netting 捕虫网，网捕法；suction 抽吸，吸入；nozzle 管口，喷嘴；intersection 交汇点，交叉点；pooled subsample 子样品池；morphospecies morphospecies 形态种；nymphs 若虫；larvae 幼虫；mouth part 口器；suctions 吸力，吸引力；muslin 棉布；consultation with 查找，查阅。

【段落解读】材料与方法中的地上部昆虫的采样与鉴定（图5.76）。第①~⑭句为地上昆虫采样的方法。2012年7月初至9月下旬进行了四次昆虫取样，使用两种互补的取样方法：扫网法和吸入法。在每个小区内沿着两条2m宽、25m长的平行样带使用一张轻质平纹细布网进行昆虫采样。每次取样由每个样带的15次扫描组成，在每个样地进行两次取样，以确保这些样品在每个取样日期具有代表性。此外，还使用配备有直径为15.6cm的圆形喷嘴的"D-Vac"吸气式昆虫采样器对昆虫进行取样。在共16个采样点，将设备放置在由5m长的正方形形成的网格的交叉点上，该网格被叠加在每个实验地块的地图上。每个采样点（交叉点）的精确坐标通过地理定位系统（geographical positioning system，GPS）手机定位在每个地块上。每个采样点的面积为1m×1m。每个采样点由3个混合后的子样本组成。每个子样本的抽吸时间为50s。昆虫标本在有利的条件下（晴天，云层最小，少风或无风）从9:00至15:00采集。第⑮和⑯句为初步的形态学鉴定，所有食草和食肉昆虫标本都是根据口器、对其自然生活史的了解和参考文献来识别的。每个实验区的食草动物和食肉动物的物种丰富度包括在给定实验年的整个取样期内取样的所有物种。

【重点词汇】edaphic 土壤的，与土壤有关的；edaphic properties 土壤属性；soil nematode 土壤线虫。

【段落解读】材料与方法中的地下部真菌及细菌的采样与保存处理方法（图5.77）。第①~③句为采样设置，2012年8月中旬，在每个地块的15个小区中，随机选择9个

第五章 草学文献阅读　199

> *Above ground: Insect sampling and identification.*① Insect sampling was carried out four times from early July to late September in 2012, using two complementary sampling methods: sweep netting and suctions (39, 40).② We used sweep netting to sample insects by using a light muslin net along two 2-m wide and 25-m long parallel transects within each plot (41, 42).③ Each sampling was composed of 15 sweeps in each transect, and two samplings were carried out in each plot to ensure that those samples were representative on each sampling date. ④In addition, we used a "D-Vac" suction sampler (John W. Hock Company) equipped with a circular nozzle of 15.6-cm diameter to sample insects.⑤ A total of 16 sampling points were placed at the intersections of a grid formed by squares of 5 m-length sides that was superimposed upon a map of each experimental plot.⑥ The precise coordinates of each sampling point (intersection) was located in each plot using a geographical positioning system (GPS) handset.⑦ The area of each sampling point was 1 m × 1 m.⑧ Each sample consisted of three pooled subsamples taken for each sampling point.⑨ Each subsample was taken with a 50-s suction time.⑩ Insect specimens were collected under favorable monitoring conditions (sunny days with minimal cloud cover and calm or no wind), from 9:00 AM to 15:00 PM.⑪ All plots were visited on the same day and in random order on each sampling date.⑫ The contents of the sweep net were preserved in bottles containing ethyl acetate.⑬ All individuals were identified to species level (morphospecies), and specimens that could not be identified to species were separated into recognizable taxonomic units. ⑭Nymphs, larvae, and other immature insects were not considered due to problems of species identification (3.72% of samples).⑮ All herbivorous and predatory insect specimens were recognized based on mouth parts, knowledge of their natural histories, and consultation with the literature.⑯ Species richness of herbivores and predators for each experimental plot included all species sampled throughout the sampling period in a given experimental year.

图 5.76　材料与方法中的地上部昆虫的采样与鉴定

> *Below ground: Soil bacteria and fungi.*① Nine of the 15 quadrats (explained above for plant richness) were randomly selected in each plot for soil sampling in mid-August 2012.② A composite sample (that is, from five soil samples; top 15 cm) was taken per quadrat.③ Each sample was separated into three portions. ④The first portion was air dried for edaphic properties analysis (i.e., soil organic C, total N, total P, and soil moisture).⑤ The second portion was archived at −80 °C for microbial diversity and composition analysis.⑥ The third portion was directly used for soil nematode extraction.

图 5.77　材料与方法中的地下部真菌及细菌的采样与保存处理方法

（上文对植物丰富度有解释）进行土壤采样。每个分区取一个复合样品（即来自 5 个土壤的样品；深 15cm）。每个样品被分成三部分。第④句：第一部分被风干用于土壤性质分析（即土壤有机碳、全氮、全磷和土壤水分）。第⑤句：第二部分在-80℃下保存，用于微生物多样性和成分分析。第⑥句：第三部分则直接用于土壤线虫的提取。

【重点词汇】subsequently 随后；PCR amplification PCR 扩增；PCR reactions PCR 反应；triplicate 重复三次；barcode 条形码；Polymerase 聚合酶；buffer 缓冲液；agarose gels 琼脂糖凝胶；stain 染色，着色；quantitation reagent 定量试剂；fluorometer 荧光计。

【段落解读】材料与方法中的地下部真菌及细菌 DNA 提取及 PCR 扩增（图 5.78）。采用土壤 DNA 试剂盒从每个样品的 500mg 土壤中提取基因组 DNA。对提取的 DNA 样品进行细菌 16S rRNA 和真菌 ITS 序列进行靶向扩增，以确定土壤微生物群落多样性。

> Genomic DNA was extracted from 500 mg of soil for each sample using the E.Z.N.A. Soil DNA Kit (Omega Bio-Tek, Inc.) according to the manufacturer's instructions (43). Subsequently, all extracted DNA samples were stored at −20 ℃ before PCR amplification.
>
> Targeted amplification of bacterial 16S rRNA and fungal ITS sequences were performed to characterize soil microbial community diversity. The V1–V3 region of the 16S rRNA genes was amplified with 27F (44) and 533R primers containing A and B sequencing adapters (454 Life Science). The forward primer (B-27F) was 5′-*CCTATCCCCTGTGTGCCTTGGCAGTCGACTA-GAGTTTGATCCTGGCTCAG*-3′, with the sequence of the B adapter in italics. The reverse primer (A-533R) was 5′-*CCATCTCATCCCTGCGTGTCTCCGACGA-CT*NNNNNNNNNNNN*TTACCGCGGCTGCTGGCAC*-3′, with the sequence of the A adapter in italics and Ns denoting a unique 12-bp error-correcting Golay barcode used to tag each PCR product. For each sample, PCR reactions for bacteria were carried out in triplicate 20-μL reactions with 0.4 μL of each primer at 5 μmol·L^{-1}, 10 ng template DNA, 2 μL dNTPs at 2.5 mmol·L^{-1}, 0.4 μL FastPfu Polymerase (TransGen AP221-02: TransStart FastPfu DNA Polymerase; TransGen Biotech), 4 μL 5× FastPfu buffer, and certified DNA-free PCR water, according to the following procedures: 95 ℃ for 2 min; 25 cycles of 95 ℃ for 30 s, 55 ℃ for 30 s, 72 ℃ for 30 s, and 72 ℃ for 5 min. Primers ITS1 and ITS4 amplified the ITS region (45), also containing A and B sequencing adapters (454 Life Science). The forward primer (B-ITS4) was 5′-*CCTATCCCCTGTGTGCCTTGGCAGTCGACTT*CCTCCGCTTATTGATATGC-3′. The reverse primer (A-ITS1) was 5′- *CCATCTCATCCCTGCGTGTCTCCGACGAC-T*NNNNNNNNNNNN*TCCGTAGGTGAACCTGCGG*-3′. PCR reactions for each sample were carried out in triplicate 20-μL reactions with 0.8 μL of each primer at 5 μmol·L^{-1}, 10 ng template DNA, 2 μL dNTPs at 2.5 mmol·L^{-1}, 0.4 μL FastPfu Polymerase (TransGen AP221-02; TransStart FastPfu DNA Polymerase; TransGen Biotech), 4 μL 5× FastPfu buffer, and certified DNA-free PCR water, according to the following procedures: 95 ℃ for 2 min, 32 cycles of 95 ℃ for 30 s, 53 ℃ for 30 s, 72 ℃ for 30 s, and 72 ℃ for 5 min. Bacterial and fungal PCR amplifications were all performed on the ABI GeneAmp 9700 PCR system (Applied Biosystems). Then, replicated amplicons were pooled and visualized on 2% agarose gels using SYBR Safe DNA gel stain in 0.5× TBE. Subsequently, amplicons were cleaned using the AxyPrep DNA Gel Extraction Kit (Axygen Biosciences), quantified by PicoGreen dsDNA Quantitation Reagent and QuantiFluor-ST Fluorometer (Promega Corp.), and combined with equimolar ratios into a single tube. The barcoded pyrosequencing for bacteria and fungi was performed on a 454 GS FLX System platform (Roche 454 Life Science) at the Shanghai Majorbio Bio-Pharm Technology Co., Ltd., Shanghai, China.

图 5.78　材料与方法中的地下部真菌及细菌 DNA 提取及 PCR 扩增

【重点词汇】pyrosequencing 焦磷酸测序；ambiguous base 模糊碱基；chimera 嵌合体；operational taxonomic units（OTUs）操作分类单元，是在系统发生学研究或群体遗传学研究中，为了便于进行分析，人为地给定某一个分类单元。

【段落解读】材料与方法中的地下部真菌及细菌的 OTU 聚类分析（图 5.79）。第①句：使用 QIIME 软件，依据 Hamady 等的分析方法，对序列进行了分析。第②句：在本研究中，长度超过 200bp、平均质量评分大于 25，且没有模糊碱基的序列被纳入后续分析。第③句：通过 12bp 的条形码确定了土壤样本。第④句：经过去除嵌合体等操作后，将相似度高于 97%的序列聚为同一个 OTU。第⑤和⑥句介绍了系统发育丰富度及多样性指数的计算方法。

① The pyrosequencing reads were analyzed using Quantitative Insights Into Microbial Ecology (QIIME, qiime.org/), and the details of the analysis pipeline used followed the procedure described in Hamady et al. (46). ② In our study, sequences more than 200 bp in length with an average quality score >25 and without ambiguous base calls were included in the subsequent analyses. ③ The 12-bp barcode was examined to assign sequences to soil samples. ④ Usearch (version 7.1, qiime.org/) was used to check for chimeras and to cluster the trimmed and unique sequences into operational taxonomic units (OTUs) at the 97% similarity level (47, 48). ⑤ Phylotype richness (number of unique OTUs) across all samples of the microbial community diversity was calculated. ⑥ For calculations for the diversity metrics, samples were rarified to 3,000 sequences for bacteria and 2,438 sequences for fungi per soil sample.

图 5.79　材料与方法中的地下部真菌及细菌的 OTU 聚类分析

【重点词汇】elongation 伸长，伸长率；formaldehyde 甲醛；magnification 放大，放大率。

【段落解读】材料与方法中的地下部线虫的获得及鉴定（图 5.80）。使用贝尔曼（Baermann）漏斗法从 50g 新鲜土壤中提取线虫 48h。提取后，用 80℃的热水将线虫热死，以达到线虫的伸长，并固定在 4%的甲醛中。使用 100 倍放大镜鉴定至少 100 个个体（不足 100 则全计）到属的水平。

Below ground: Soil nematode extraction and identification. Nematodes were extracted for 48 h from 50 g fresh soil using the Baermann funnel method (49). After extraction, nematodes were heat killed with 80 °C hot water to achieve elongation of the nematodes and fixed in 4% formaldehyde. A minimum of 100 individuals (or all if below) were identified to genus level using 100× magnification (50).

图 5.80　材料与方法中的地下部线虫的提取及鉴定

【重点词汇】biomass 生物量；ball mill 球磨仪；nitrogen 氮；phosphorus 磷；the Kjeldahl method 凯氏定氮法；discrete 离散；soil cores 土芯；sieve 筛子，滤网。

【段落解读】材料与方法中的植物生物量及叶片含氮量、含磷量的测定（图 5.81）。植物生物量及叶片含氮量、含磷量：在每个地块的 15 个小区中随机选择 5 个（如上所述），用于测量植物生物量。烘干后称重。叶片的氮含量使用凯氏定氮法测量，含磷量使用全自动化学分析仪测定。冲洗收集根样，烘干后称重。

Ecosystem Functions.
Plant biomass and community leaf N and P. Five of the 15 quadrats (explained above) were randomly selected in each plot for quantifying plant biomass. To do so, we harvested all of the above-ground biomass (>2.5 cm above soil surface) in these five quadrats. The live plant samples were separated into leaf and shoot, and oven dried at 65 °C for 48 h and weighed. Then, we ground the above-ground leaf materials to a fine powder on a ball mill and analyzed for plant nitrogen and phosphorus. Leaf N content was analyzed using the Kjeldahl method (A 2300 Kjeltec Analyzer Unit; Foss Tecator), and leaf P content was analyzed using fully automated high technology discrete analyzer (Smartchem 450; AMS) after H_2SO_4-H_2O_2 digestion. We then collected below-ground root biomass to a depth of 30 cm using soil cores (diameter 7 cm) in each of these five quadrats as well. Roots were collected by rinsing the samples using sieves (mesh size 0.25 mm) on the same day, and then oven dried at 65 °C for 48 h and weighed.

图 5.81　材料与方法中的植物生物量及叶片 N、P 的测定

【重点词汇】accumulative abundance 累计丰度；predators 捕食者。

【段落解读】材料与方法中的昆虫丰度（图 5.82）。在整个采样期间记录了植食性昆虫及捕食性昆虫的累积丰度。

> *Insect abundance.* We recorded the accumulative abundance of insect herbivores and predators throughout sampling periods (explained above for insect sampling and identification).

图 5.82　材料与方法中的昆虫丰度

【重点词汇】soil organic C 土壤有机碳；titration 滴定；catalyzer 催化剂；ion-exchange resin membranes 离子交换树脂膜；anion 阴离子；cation 正离子，阳离子；polyethylene bag 聚乙烯袋；conical flask 锥形瓶；nitrate ions 硝酸盐离子；ammonium ions 铵离子；deionized water 去离子水；polyethylene 聚乙烯。

【段落解读】材料与方法中的土壤相关变量的测定（图 5.83）。用于测量土壤有机碳、全氮、全磷和土壤水分的土壤样品于 2012 年 8 月中旬采集（如上所述）。土壤有机碳是在消化后用 $K_2Cr_2O_7$ 滴定法测定的。土壤全氮是用 H_2SO_4 加催化剂 $CuSO_4$ 和 K_2SO_4 湿式消化后，用 Kjeltec 2300 分析装置（FOSS）测定的。土壤全磷是通过 $HClO_4$-H_2SO_4 消化法测定的。土壤水分通过 10g 新鲜土壤样品在 105℃下干燥 24h 至恒定重量的方法进行测定。具体步骤见原文，此处不再赘述。

> *Soil variables.* Soil samples for the measurement of soil organic C, total N, total P, and soil moisture were collected in mid-August 2012 (explained above). Soil organic C was determined with the $K_2Cr_2O_7$ titration method after digestion (51). Soil N was determined by Kjeltec 2300 Analyzer Unit (FOSS) after wet digestion with H_2SO_4 plus catalyzer $CuSO_4$ and K_2SO_4 (52). Soil P was measured by the $HClO_4$-H_2SO_4 digestion method (53). Soil moisture was determined gravimetrically using 10 g of fresh soil samples dried at 105 °C for 24 h to a constant weight. Soil N availability was determined in July–August 2013 using ion-exchange resin membranes (Ionics), which were made from anion and cation sheets that were cut into 2.5 cm × 10 cm strips described in Liu et al. (54). Membrane strips were pretreated using 0.5M HCl and 0.5 M $NaHCO_3$ to remove existing nutrient ions. We inserted one anion and one cation strip in each sampling quadrat to absorb nitrate ions (NO_3^-) and ammonium ions (NH_4^+), respectively. After 15 d, we collected membranes and then immediately rinsed each with deionized water to remove soil. Membranes were placed in each sampling quadrat to absorb nitrate ions (NO_3^-) and ammonium ions (NH_4^+), respectively. After 15 d, we collected membranes and then immediately rinsed each with deionized water to remove soil. Membranes were placed in polyethylene bags with ~20 mL deionized water, then transported to the laboratory in an ice-filled cooler and stored at 4 °C until analysis. To extract NH_4^+ and NO_3^- from the membranes, each pair of membranes was placed in a 250-mL conical flask with 70 mL 2N KCl and shaken at 40 rpm for 1 h using a reciprocal shaker before being filtered through a 1-μm Whatman glass filter. NH_4^+ and NO_3^- were analyzed with an Alliance Flow Analyzer (Futura). Soil NH_4^+ and NO_3^- were calculated by the formula: [(conc in μg N per mL) × 70 mL KCl)]/(50 cm^2 area of the strip × days in the ground). Soil N availability was determined as the sum of ammonium and nitrate extracted from the membrane pair. Information on ectomycorrhizal fungi was obtained from the online application FUNGuild described in Nguyen et al. (55). The relative abundance of ectomycorrhizal fungi was calculated as the sum of the relative abundance of all taxa (OTUs) sharing that particular functional group.

图 5.83　材料与方法中的土壤相关变量的测定

【重点词汇】the average multifunctionality index 平均多功能性指数；standardize 标准

化；synthetic 合成的，综合的；whole-ecosystem 整体生态系统。

【段落解读】材料与方法中的评估生态系统的多功能性和生物多样性（图 5.84）。第①~⑥句：使用了 12 个反映生态系统多功能性的变量，包括地上食草性昆虫丰度和捕食性昆虫丰度、地上植物生物量、植物群落叶片含氮量和含磷量，以及地下根系生物量、土壤全氮和全磷，以及可利用的土壤氮素、土壤有机碳、土壤含水量和土壤外生菌根真菌的丰度。所有单独的生态系统功能变量都通过转换进行标准化，通过计算得到平均多功能性指数。该指数在多功能性文献中被广泛使用。第⑦和⑧句：以同样的方式将生物多样性特征（植物丰富度、食草性和捕食性昆虫丰富度、土壤细菌丰富度、真菌丰富度以及线虫丰富度）结合起来，综合其他各种生物种群信息，得到能够反映整个生态系统生物多样性的指数。第⑨句：分别计算了地上和地下的多样性，重复了对单一函数的一些分析。

> *Assessing ecosystem multifunctionality and biodiversity.* ①We used 12 variables reflecting ecosystem multifunctionality including above-ground herbivorous insect abundance and predatory insect abundance, above-ground plant biomass, plant community leaf N and P, and below-ground root biomass, soil total N and P, and soil N availability, soil organic C density, soil moisture, and abundance of soil ectomycorrhizal fungi (*SI Appendix*, Fig. S1 and Table S1). ②We then calculated the average multifunctionality index. ③This index is widely used in the multifunctionality literature (6, 7, 56–58). Moreover, we also calculated the number of functions beyond a given threshold (25%, 50%, 75%, and 90%) using the multithreshold approach described in Byrnes et al. (57), as explained in Delgado-Baquerizo et al. (7). ④Before analyses, all individual ecosystem function (EF) variables were standardized by transformation as follows: EF = [rawEF − min(rawEF)]/[max(rawEF) − min(rawEF)], with EF indicating the final (transformed) ecosystem function value and raw EF indicating raw (untransformed) ecosystem function values. ⑤This way each transformed EF variable had a minimum value of zero and a maximum of 1. ⑥Theses standardized ecosystem functions were then averaged to obtain a multifunctionality index (4). ⑦Moreover, we calculated the weighted EMF to down-weight highly correlated functions as described in Manning et al. (34). ⑧We combined the biodiversity characteristics (plant richness, herbivorous and predatory insect richness, soil bacterial richness and fungal richness, and nematode richness) in the same manner to obtain a single index reflecting a synthetic whole-ecosystem biodiversity measure multidiversity, which integrated information on a wide diversity of groups of organisms. ⑨Moreover, we calculated above-ground multidiversity and below-ground multidiversity, respectively, but also repeated some of our analyses for single functions (*SI Appendix*, Table S2).

图 5.84　材料与方法中的评估生态系统的多功能性和生物多样性

【重点词汇】two-way ANOVA 双因素方差分析；Tukey's multiple comparisons 图基多重比较。

【段落解读】材料与方法中的数据分析（图 5.85）。放牧家畜的多样性对地上和地下多样性、多态性、生态系统功能和生态系统多功能性（EMF）的影响，采用双因素方差分析方法，以家畜多样性为主要因素，区块为随机因素。图基多重比较被用作事后分析，以检验所有处理之间的显著差异。分析使用 SPSS 软件 17.0 版。

> *Statistical analyses.* The effects of grazing livestock diversity on above- and below-ground diversity, multidiversity, ecosystem functions, and EMF were analyzed with a two-way ANOVA, with livestock diversity as the main factor, and block as the random factor. Tukey's multiple comparisons were used as a post hoc analysis to test for significant differences among all treatments. The analyses were carried out in SPSS software version 17.0.

图 5.85　材料与方法中的数据分析

【重点词汇】random forest analysis 随机森林分析；soil bulk density 土壤容重；electrical conductivity 电导率。

【段落解读】材料与方法中的随机森林模型（图 5.86）。利用随机森林模型以确定变量中多功能性的主要预测因素。随机森林模型被广泛应用于生态学中做可能性预测，并介绍了该模型的优势：当前算法中随机森林模型的精度是无可比拟的；随机森林模型可以有效处理大数据集；在分类过程中给出变量的重要性估计。

> **Random Forest.** Using the rfPermute R package, we conducted a classification random forest analysis to identify which factors were the main predictors of multifunctionality among the following variables: grazing management (livestock diversity), soil bulk density, soil pH, electrical conductivity, and multidiversity (or above- or below-ground diversity) (59). This random forest analysis has been used to identify the major predictors of multifunctionality in Delgado-Baquerizo et al. (7).

图 5.86　材料与方法中的随机森林模型

【重点词汇】in all cases 就所有情况而言；categorical variables 分类变量；residuals 残差。

【段落解读】材料与方法中的结构方程模型（SEM）（图 5.87）。使用 SEM 评估放牧家畜多样性对多功能性的直接和间接影响，以及使用多阈值方法评估超过特定阈值（25%、50%、75%和90%）的功能数量。并使用 χ^2 检验和波伦–斯泰恩自助法（Bollen-Stine bootstrap）检验对 SEM 的拟合优度进行检查。为确保区块设计不会对实验产生影响，作者更改了预测因子进行了重复分析。SEM 已经成为当前生态数据分析的主要方法之一。与其他多变量统计方法不同，SEM 的建模过程由理论假设驱动。SEM 结合了验证性因子分析和路径分析的思想，可同时考虑多个自变量和因变量间的复杂因果关系，通过建立、估计、检验和比较模型达到确定最佳模型，解析变量间可能的因果关系的目标，因而是一种高效的多元数据统计方法。

> **Structural Equation Modeling.** ① We used SEM to evaluate the direct and indirect effects of grazing livestock diversity on multifunctionality and number of functions beyond a given threshold (25%, 50%, 75%, and 90%) using the multi-threshold approach. ② In all cases the livestock diversity were categorical variables with two levels: 1 (a particular management type: cattle, sheep, and cattle + sheep) and 0 (remaining management types + control). ③ The goodness of fit of SEM models was checked using the following: the χ^2 test and the Bollen–Stine bootstrap test as done in Delgado-Baquerizo et al. (7). ④ We also repeated our analyses using as a response variable the residuals from an ANOVA using averaging EMF as our response variable and block as a predictor. ⑤ The aim for this analysis is to ensure that block design is not influencing our results on the effects of grazing livestock diversity and biodiversity on EMF (*SI Appendix*, Fig. S5). ⑥ SEM models were conducted with the software AMOS 20 (IBM SPSS, Inc.).

图 5.87　材料与方法中的结构方程模型

5. 引用文献（References）

本篇文章共引用文献 59 篇，不少是领域内的经典文献，读者可自行下载进一步阅读。

附　录

附录1　草学英文期刊名录

期刊名称	国家	出版机构	期刊主页网址
Grass and Forage Science	England	Wiley	https://onlinelibrary.wiley.com/journal/13652494
International Turfgrass Society Research Journal	USA	Wiley	https://onlinelibrary.wiley.com/journal/25731513
Crop, Forage & Turfgrass Management	USA	Wiley	https://acsess.onlinelibrary.wiley.com/journal/23743832
Crop and Pasture Science	Australian	CSIRO	https://www.publish.csiro.au/cp
Rangeland Journal	Australian	CSIRO	http://www.publish.csiro.au/nid/202.htm
Rangeland Ecology & Management	USA	Elsevier	https://www.journals.elsevier.com/rangeland-ecology-and-management
Grassland Science	Japan	Wiley	https://onlinelibrary.wiley.com/journal/1744697X
African Journal of Range & Forage Science	South Africa	Taylor & Francis	https://www.tandfonline.com/journals/tarf20
Grassland Research	China	Wiley	https://onlinelibrary.wiley.com/journal/27701743
Tropical Grasslands-Forrajes Tropicales	Colombia	Centro Internacional de Agricultura Tropical	http://www.scielo.org.co/revistas/tgft/iaboutj.htm

附录2 草学相关的其他英文期刊名录

期刊名称	国家	出版机构	期刊主页网址
Agricultural Economics	USA	Wiley	https://www.sciencedirect.com/journal/agricultural-economics
Advances in Agronomy	USA	Elsevier	https://www.sciencedirect.com/bookseries/advances-in-agronomy
Advances in Botanical Research	USA	Elsevier	https://www.sciencedirect.com/bookseries/advances-in-botanical-research
Agricultural and Forest Meteorology	Netherlands	Elsevier	https://www.sciencedirect.com/journal/agricultural-and-forest-meteorology
Agriculture, Ecosystems & Environment	Netherlands	Elsevier	https://www.sciencedirect.com/journal/agriculture-ecosystems-and-environment
American Journal of Botany	USA	Wiley	https://bsapubs.onlinelibrary.wiley.com/journal/15372197
Animal	England	Elsevier	https://www.journals.elsevier.com/animal/
Animal Feed Science and Technology	Netherlands	Elsevier	https://www.sciencedirect.com/journal/animal-feed-science-and-technology
Annals of Botany	Netherlands	Oxford University	https://academic.oup.com/aob
Annual Review of Animal Biosciences	USA	Annual Reviews	http://www.annualreviews.org/journal/animal
Annual Review of Phytopathology	USA	Annual Reviews	http://www.annualreviews.org/journal/phyto
Annual Review of Plant Biology	USA	Annual Reviews	http://www.annualreviews.org/journal/arplant
Applied Economic Perspectives and Policy	USA	Wiley	https://onlinelibrary.wiley.com/journal/20405804
Applied Vegetation Science	England	Wiley	https://onlinelibrary.wiley.com/journal/1654109x
BMC Biology	England	BioMed Central	https://bmcbiol.biomedcentral.com
BMC Ecology	England	BioMed Central	https://bmcecol.biomedcentral.com
BMC Ecology and Evolution	England	BioMed Central	https://bmcecolevol.biomedcentral.com
BMC Plant Biology	England	BioMed Central	http://bmcplantbiol.biomedcentral.com
Biology and Fertility of Soils	Germany	Springer	https://www.springer.com/374
Botanical Journal of the Linnean Society	England	Oxford University	https://academic.oup.com/botlinnean
China Agricultural Economic Review	England	Emarald	http://caer.cau.edu.cn/
Conservation Biology	USA	Wiley	https://conbio.onlinelibrary.wiley.com/journal/15231739
Critical Reviews in Plant Sciences	USA	Taylor & Francis	https://www.tandfonline.com/journals/bpts20
Crop Science	USA	Wiley	https://acsess.onlinelibrary.wiley.com/journal/14350653
Current Opinion in Plant Biology	England	Elsevier	https://www.sciencedirect.com/journal/current-opinion-in-plant-biology
Ecological Monographs	USA	Wiley	https://esajournals.onlinelibrary.wiley.com/journal/15577015
Ecology	USA	Wiley	https://esajournals.onlinelibrary.wiley.com/journal/19399170
Environmental and Experimental Botany	England	Elsevier	https://www.sciencedirect.com/journal/environmental-and-experimental-botany

续表

期刊名称	国家	出版机构	期刊主页网址
European Journal of Agronomy	France	Elsevier	https://www.sciencedirect.com/journal/european-journal-of-agronomy
European Journal of Soil Science	England	Wiley	https://bsssjournals.onlinelibrary.wiley.com/journal/13652389
Evolution	USA	Wiley	https://onlinelibrary.wiley.com/journal/15585646
Field Crops Research	Netherlands	Elsevier	https://www.sciencedirect.com/journal/field-crops-research
Food Policy	England	Elsevier	https://www.sciencedirect.com/journal/food-policy
Functional Ecology	England	Wiley	https://besjournals.onlinelibrary.wiley.com/journal/13652435
Genetics Selection Evolution	France	BioMed Central	http://gsejournal.biomedcentral.com
Geoderma	Netherlands	Elsevier	https://www.sciencedirect.com/journal/geoderma
Global Change Biology	England	Wiley	https://onlinelibrary.wiley.com/journal/13652486
Global Ecology and Biogeography	England	Wiley	https://onlinelibrary.wiley.com/journal/14668238
Industrial Crops and Products	Netherlands	Elsevier	https://www.sciencedirect.com/journal/industrial-crops-and-products
ISPRS Journal of Photogrammetry and Remote Sensing	Netherlands	Elsevier	http://www.journals.elsevier.com/isprs-journal-of-photogrammetry-and-remote-sensing
Journal of Agricultural and Food Chemistry	USA	American Chemical Society	http://pubs.acs.org/journal/jafcau
Journal of Agricultural Economics	Scotland	Wiley	https://onlinelibrary.wiley.com/journal/14779552
Journal of Animal Breeding and Genetics	Germany	Wiley	https://onlinelibrary.wiley.com/journal/14390388
Journal of Animal Science and Biotechnology	China	BioMed Central	https://jasbsci.biomedcentral.com/
Journal of Animal Science	USA	Oxford University	https://academic.oup.com/jas
Journal of Applied Ecology	England	Wiley	https://besjournals.onlinelibrary.wiley.com/journal/13652664
Journal of Biogeography	England	Wiley	https://onlinelibrary.wiley.com/journal/13652699
Journal of Dairy Science	USA	Elsevier	https://www.sciencedirect.com/journal/journal-of-dairy-science
Journal of Development Economics	Netherlands	Elsevier	https://www.journals.elsevier.com/journal-of-development-economics
Journal of Ecology	England	Wiley	https://besjournals.onlinelibrary.wiley.com/journal/13652745
Journal of Environmental Economics and Management	USA	Elsevier	https://www.journals.elsevier.com/journal-of-environmental-economics-and-management
Journal of Experimental Botany	England	Oxford University	https://academic.oup.com/jxb
Journal of Integrative Plant Biology	China	Wiley	https://onlinelibrary.wiley.com/journal/17447909
Journal of Natural Products	USA	American Chemical Society	http://pubs.acs.org/journal/jnprdf
Journal of Systematics and Evolution	China	Wiley	https://www.jse.ac.cn/EN/1674-4918/home.shtml
Land Degradation & Development	England	Wiley	https://onlinelibrary.wiley.com/journal/1099145x
Molecular Biology and Evolution	USA	Oxford University	https://academic.oup.com/mbe
Molecular Ecology	England	Wiley	https://onlinelibrary.wiley.com/journal/1365294x
Molecular Phylogenetics and Evolution	USA	Elsevier	https://www.sciencedirect.com/journal/molecular-phylogenetics-and-evolution
Molecular Plant	England	Elsevier	https://www.cell.com/molecular-plant/home

续表

期刊名称	国家	出版机构	期刊主页网址
Molecular Plant-Microbe Interactions	USA	American Phytopathological Society	http://apsjournals.apsnet.org/loi/mpmi
Molecular Plant Pathology	England	Wiley	https://bsppjournals.onlinelibrary.wiley.com/journal/13643703
Nature Ecology & Evolution	England	Springer	https://www.nature.com/natecolevol
Nature Plants	USA	Springer	https://www.nature.com/nplants
Nature Genetics	USA	Springer	https://www.nature.com/ng
Nature Communications	England	Springer	https://www.nature.com/ncomms
New Phytologist	England	Wiley	https://nph.onlinelibrary.wiley.com/journal/14698137
Pest Management Science	England	Wiley	https://onlinelibrary.wiley.com/journal/15264998
Physiologia Plantarum	Denmark	Wiley	https://onlinelibrary.wiley.com/journal/13993054
Phytopathology	USA	American Phytopathological Society	http://apsjournals.apsnet.org/loi/phyto
Plant & Cell Physiology	Japan	Oxford University	https://academic.oup.com/pcp
Plant and Soil	Netherlands	Springer	https://www.springer.com/11104
Plant Biotechnology Journal	England	Wiley	https://onlinelibrary.wiley.com/journal/14677652
Plant, Cell & Environment	England	Wiley	https://onlinelibrary.wiley.com/journal/13653040
Plant Cell Reports	Germany	Springer	https://www.springer.com/299
Plant Disease	USA	American Phytopathological Society	http://apsjournals.apsnet.org/loi/pdis
Plant Molecular Biology	Netherlands	Springer	https://www.springer.com/11103
Plant Pathology	England	Wiley	https://bsppjournals.onlinelibrary.wiley.com/journal/13653059
Plant Physiology	USA	Oxford University	https://academic.oup.com/plphys
Plant Physiology and Biochemistry	France	Elsevier	https://www.sciencedirect.com/journal/plant-physiology-and-biochemistry
Plant Reproduction	Germany	Springer	https://www.springer.com/497
Plant Science	Ireland	Elsevier	https://www.sciencedirect.com/journal/plant-science
Planta	Germany	Springer	https://www.springer.com/425
PNAS	USA	National Academy of Sciences	http://www.pnas.org
Poultry Science	Netherlands	Elsevier	https://www.sciencedirect.com/journal/poultry-science
Remote Sensing of Environment	USA	Elsevier	https://www.sciencedirect.com/journal/remote-sensing-of-environment
Science China Life Sciences	China	Springer	https://www.springer.com/11427
Seed Science Research	England	Cambridge University	https://www.cambridge.org/core/journals/seed-science-research
Soil Biology and Biochemistry	England	Elsevier	https://www.sciencedirect.com/journal/soil-biology-and-biochemistry
The American Naturalist	USA	The University of Chicago	http://www.journals.uchicago.edu/toc/an/current
The Crop Journal	China	Elsevier	https://www.sciencedirect.com/journal/the-crop-journal
The Plant Cell	USA	Oxford University	https://academic.oup.com/plcell

续表

期刊名称	国家	出版机构	期刊主页网址
The Plant Journal	England	Wiley	https://onlinelibrary.wiley.com/journal/1365313x
Theoretical and Applied Genetics	Germany	Springer	https://www.springer.com/122
Trends in Ecology & Evolution	England	Elsevier	https://www.cell.com/trends/ecology-evolution/home
Trends in Plant Science	England	Elsevier	https://www.sciencedirect.com/journal/trends-in-plant-science
Theriogenology	USA	Elsevier	https://www.sciencedirect.com/journal/theriogenology
Weed Science	USA	Cambridge University	https://www.cambridge.org/core/journals/weed-science

附录3 草学相关的高质量中文期刊目录

生态学领域

期刊名称	期刊主页网址	主办机构
生态学报	https://www.ecologica.cn/	中国生态学学会；中国科学院生态环境研究中心
应用生态学报	http://www.cjae.net/	中国科学院沈阳应用生态研究所；中国生态学学会
植物生态学报	https://www.plant-ecology.com/	中国科学院植物研究所；中国植物学会
中国生态农业学报	http://www.ecoagri.ac.cn/	中国科学院遗传与发育生物学研究所；中国生态经济学学会
生态环境学报	http://www.jeesci.com/	广东省土壤学会；广东省科学院生态环境与土壤研究所
生态学杂志	http://www.cje.net.cn/	中国生态学学会；中国科学院沈阳应用生态研究所
生态与农村环境学报	http://www.ere.ac.cn/	生态环境部南京环境科学研究所
生态科学	http://www.ecolsci.com/	广东省生态学会；暨南大学
中国微生态学杂志	http://zgwstxzz.cnjournals.com/	中华预防医学会；大连医科大学

农林领域

期刊名称	期刊主页网址	主办机构
中国农业科学	https://www.chinaagrisci.com/	中国农业科学院；中国农学会
中国农业大学学报	http://zgnydxxb.ijournals.cn/	中国农业大学
中国农业资源与区划	http://www.cjarrp.com/	中国农科院农业资源区划所；全国农业资源区划办公室；中国农业资源与区划学会
土壤学报	http://pedologica.issas.ac.cn/	中国土壤学会
北京林业大学学报	http://j.bjfu.edu.cn/	北京林业大学
南京农业大学学报	http://nauxb.njau.edu.cn/	南京农业大学
华中农业大学学报	http://hnxbl.cnjournals.net/	华中农业大学
华南农业大学学报	http://xuebao.scau.edu.cn/	华南农业大学
西北农林科技大学学报（自然科学版）	http://www.xnxbz.net/	西北农林科技大学
中国农学通报	http://www.casb.org.cn/	中国农学会
南方农业学报	http://nfnyxbnew.yywkt.com/	广西壮族自治区农业科学院
生物技术通报	http://biotech.aijournal.com/	中国农业科学院农业信息研究所
核农学报	https://www.hnxb.org.cn/	中国原子能农学会；中国农业科学院农产品加工研究所
农业环境科学学报	http://www.aes.org.cn/	农业农村部环境保护科研监测所；中国农业生态环境保护协会
水土保持学报	http://stbcxb.alljournal.com.cn/	中国科学院水利部水土保持研究所；中国土壤学会
水土保持研究	http://stbcyj.paperonce.org/	中国科学院水利部水土保持研究所
农业生物技术学报	http://journal05.magtech.org.cn/Jwk_ny/CN/volumn/home.shtml	中国农业大学；农业生物技术学报
东北农业大学学报	http://publish.neau.edu.cn/	东北农业大学

续表

期刊名称	期刊主页网址	主办机构
江西农业大学学报	https://www.sciengine.com/JXNYDXXB/home?slug=abstracts&abbreviated=zhongkeqikan	江西农业大学
浙江大学学报（农业与生命科学版）	http://www.zjujournals.com/agr/	浙江大学
沈阳农业大学学报	https://syny.cbpt.cnki.net/	沈阳农业大学
山西农业大学学报（自然科学版）	https://sxny.cbpt.cnki.net/	山西农业大学
湖南农业大学学报（自然科学版）	https://xb.hunau.edu.cn/	湖南农业大学
河南农业大学学报	https://nnxb.cbpt.cnki.net/	河南农业大学
河北农业大学学报	http://hauxb.hebau.edu.cn/	河北农业大学
土壤	http://soils.issas.ac.cn/	中国科学院南京土壤研究所
中国土壤与肥料	http://chinatrfl.alljournal.net.cn/	中国农业科学院农业资源与农业区划研究所；中国植物营养与肥料学会
干旱区资源与环境	https://ghzh.cbpt.cnki.net/	内蒙古农业大学沙漠治理研究所；中国自然资源学会；内蒙古自然资源学会
农业资源与环境学报	http://www.aed.org.cn/	农业农村部环境保护科研监测所；中国农业生态环境保护协会
水土保持通报	http://stbctb.alljournal.com.cn/	中国科学院水利部水土保持研究所；水利部水土保持监测中心

植物科学领域

期刊名称	期刊主页网址	主办机构
植物营养与肥料学报	http://www.plantnutrifert.org/	中国植物营养与肥料学会
植物保护学报	http://www.zwbhxb.cn/	中国植物保护学会；中国农业大学
植物遗传资源学报	http://www.zwyczy.cn/	中国农业科学院作物科学研究所；中国农学会
植物保护	http://www.plantprotection.ac.cn/	中国植物保护学会；中国农业科学院植物保护研究所
中国生物防治学报	http://www.zgswfz.com.cn/	中国农业科学院植物保护研究所；中国植物保护学会
植物病理学报	http://zwblxb.magtech.com.cn/	中国植物病理学会；中国农业大学

作物学领域

期刊名称	期刊主页网址	主办机构
作物学报	https://zwxb.chinacrops.org/	中国作物学会；中国农业科学院作物科学研究所；中国科技出版传媒股份有限公司

动物科学领域

期刊名称	期刊主页网址	主办机构
动物营养学报	http://www.chinajan.com/	中国畜牧兽医学会
中国畜牧杂志	http://www.zgxmzz.cn/	中国畜牧兽医学会
家畜生态学报	http://jcst.magtech.com.cn/	西北农林科技大学

附录4 国外草学相关高校单位名录

高校名称	学士	硕士	博士	主页网址
Abilene Christian University 阿比林基督教大学（美国）				https://acu.edu/
Angelo State University 安吉洛州立大学（美国）				https://www.angelo.edu/
Arizona State University 亚利桑那州立大学（美国）	√			https://www.asu.edu/
Brigham Young University 杨伯翰大学（美国）				https://www.byu.edu/
California Polytechnic State University 加州州立理工大学（美国）				https://www.calpoly.edu/
California State Polytechnic University-Humboldt 洪堡加州州立理工大学（美国）				https://www.humboldt.edu/
California State University-Chico 加州州立大学奇科分校（美国）				https://www.csuchico.edu/
Chadron State College 查德隆州立学院（美国）	√			https://www.csc.edu/
Colorado State University 科罗拉多州立大学（美国）	√	√	√	https://www.colostate.edu/
Fort Hays State University 海斯堡州立大学（美国）	√			https://www.fhsu.edu/
Idaho State University 爱达荷州立大学（美国）	√			https://www.isu.edu/
Kansas State University 堪萨斯州立大学（美国）		√		https://www.k-state.edu/
Montana State University 蒙大拿州立大学（美国）	√	√	√	https://www.montana.edu/
New Mexico State University 新墨西哥州立大学（美国）	√	√	√	https://www.nmsu.edu/
Northern Arizona University 北亚利桑那大学（美国）				https://nau.edu/
North Dakota State University 北达科他州立大学（美国）	√			https://www.ndsu.edu/
Oklahoma State University 俄克拉荷马州立大学（美国）	√	√	√	https://go.okstate.edu/
Oregon State University 俄勒冈州立大学（美国）	√			https://oregonstate.edu/
South Dakota State University 南达科他州立大学（美国）	√			https://www.ndsu.edu/
Southern Utah University 南犹他大学（美国）				https://www.suu.edu/
Sul Ross State University 苏尔罗斯州立大学（美国）				https://www.sulross.edu/
Tarleton State University 塔尔顿州立大学（美国）				https://www.tarleton.edu/home/

续表

高校名称	学士	硕士	博士	主页网址
Technológico de Monterrey 蒙特雷科技大学（墨西哥）				https://tec.mx/en/
Texas A&M University 得克萨斯农机大学（美国）	√	√	√	https://www.tamu.edu
Texas A&M University-Kingsville 得克萨斯农机大学金斯维尔分校（美国）				https://www.tamuk.edu/
Texas Christian University 得克萨斯基督教大学（美国）				https://www.tcu.edu/
Texas State University 得克萨斯州立大学（美国）				https://www.txst.edu/
Texas Tech University 得克萨斯理工大学（美国）	√	√	√	https://www.ttu.edu
The University of British Columbia 英属哥伦比亚大学（加拿大）				https://www.ubc.ca
Universidad Autónoma Agraria Antonio Narro 安东尼奥纳罗农业自治大学（墨西哥）				https://www.uaaan.edu.mx/
Universidad Autónoma Chapingo 查宾戈自治大学（墨西哥）				http://mediosav.chapingo.mx/
Universidad Autónoma de Chihuaua 奇瓦瓦自治大学（墨西哥）				https://uach.mx/
University of Alaska 阿拉斯加大学（美国）				https://www.alaska.edu/alaska/
University of Alberta 阿尔伯塔大学（加拿大）	√			https://www.ualberta.ca/index.html
University of Arizona 亚利桑那大学（美国）	√	√	√	https://www.arizona.edu/
University of California-Berkeley 加州大学伯克利分校（美国）	√	√		https://www.berkeley.edu/
University of California-Davis 加州大学戴维斯分校（美国）	√			https://www.ucdavis.edu/
University of Florida 佛罗里达大学（美国）	√			https://www.ufl.edu/
University of Idaho 爱达荷大学（美国）	√			https://www.uidaho.edu
University of Montana 蒙大拿大学（美国）	√			https://www.umontreal.ca/
University of Nebraska-Lincoln 内布拉斯加大学林肯分校（美国）	√	√	√	https://www.unl.edu
University of Nevada-Reno 内华达大学里诺分校（美国）				https://www.unr.edu/
University of Queensland 昆士兰大学（澳大利亚）				https://www.uq.edu.au
University of Washington 华盛顿大学（美国）	√			http://www.washington.edu
University of Wyoming 怀俄明大学（美国）	√	√	√	https://www.uwyo.edu/
Utah State University 犹他州立大学（美国）	√			https://www.usu.edu/
Washington State University 华盛顿州立大学（美国）	√			https://wsu.edu/
	25	11	9	

主要参考文献

常傲冰. 2015. 中医药文献检索与利用. 北京：科学出版社.

储济明. 2021. 文献检索教材建设研究：基于1984—2019年出版教材解析. 图书馆学研究，16：22-34.

管进. 2020. 医学文献检索与论文写作. 北京：人民卫生出版社.

花芳. 2014. 文献检索与利用. 2版. 北京：清华大学出版社.

罗爱静，于双成. 2015. 医学文献信息检索. 3版. 北京：人民卫生出版社.

马三梅，永飞，孙小武. 2019. 科技文献检索与利用. 2版. 北京：科学出版社.

饶宗政. 2020. 现代文献检索与利用. 北京：机械工业出版社.

孙文莺歌，马路. 2016. 参考文献管理软件比较分析. 中华医学图书情报杂志，25（9）：43-46.

童国伦，程丽华，张楷燕. 2014. EndNote & Word 文献管理与论文写作. 2版. 北京：化学工业出版社.

姚洁，黄建琼，陈章斌. 2017. 文献检索实用教材. 北京：清华大学出版社.

Keshav S. 2007. How to read a paper. Computer Communication Review, 37(3): 83-84.

van Eck N J, Waltman L. 2014. CitNetExplorer: A new software tool for analyzing and visualizing citation networks. Journal of Informetrics, 8(4): 802-823.